何食为安?!

——中国食品安全知识手册

吉鹤立　吉鹏　著

中国质检出版社
中国标准出版社
北　京

图书在版编目（CIP）数据

何食为安?！：中国食品安全知识手册 / 吉鹤立，吉鹂著．
—北京：中国质检出版社，2017.2 (2019.6 重印)
ISBN 978—7—5026—4366—9

Ⅰ．①何…　Ⅱ．①吉…②吉…　Ⅲ．①食品安全—中国—
手册　Ⅳ．① TS201.6—62

中国版本图书馆 CIP 数据核字（2016）第 268791 号

中国质检出版社
中国标准出版社 出版发行

北京市朝阳区和平里西街甲 2 号（100029）
北京市西城区三里河北街 16 号（100045）

网址：www.spc.net.cn

总编室：（010）68533533　发行中心：（010）51780238

读者服务部：（010）68523946

中国标准出版社秦皇岛印刷厂印刷
各地新华书店经销

*

开本 787×1092　1/16　印张 18　字数 286 千字
2017 年 2 月第一版　　2019 年 6 月第二次印刷

*

定价：38.00 元

食品安全，政府重视，老百姓关心。

政府重视食品安全，是政府的责任所在。

老百姓关心食品安全，是因为老百姓生活条件好了，不仅要求吃得饱、吃得好，还要求吃得安全、吃得健康。

中国经济改革 30 年，成为世界第二大经济体。但经济发展的同时，带来的环境污染，影响了食品原料的安全质量。老百姓拿到食品，吃之前，心里首先所想"安全吧"？其次才是"有营养吧"？

我从医数十年，经常接触到身体处于亚健康状态或已有疾病的人群，从诸多病例发现：这些人大多是吃出亚健康、吃出疾病的。饮食结构不合理、营养过剩是引起亚健康的重要因素，食品中可能含有的有毒有害物质被摄入是亚健康、产生疾病的另一因素。

食品中有毒有害物质，有的是生物个体本身含有的，有的是环境中有毒有害物质转移到食品原料中的，还有的是食品受到有毒有害物质污染的。

什么样的食品被称为健康食品？自然界中，有毒有害物质普遍存在，食品中可能存在有毒有害物质并不奇怪。我们如何认识、如何判别？《何食为安——中国食品安全知识手册》作了尝试。这本书首先介绍有毒有害物质在食品中存在的普遍性，接着介绍环境污染物转移到食品的情况、常见食品有毒有害物质识别及食品本身存在有毒有害物质等内容。

《何食为安——中国食品安全知识手册》自 2009 年出版以来，受到广大民众的青睐，从白发苍苍的老者到风华正茂的青年，从家庭妇女到餐饮厨师，看了无不拍手称好。这本篇幅不大的手册，结合生活实际，用老百姓日常的语言，简洁明快，通俗易懂。

这本书的素材是由上海食品、食品添加剂资深专家，现任上海市食品添加剂和配料行业协会吉鹤立常务副会长提供，由北京广告公司资深文案、出版社特邀作者吉鹂女士进行整理、编辑完成的。

吉鹤立先生主编的《中国食品添加剂及配料使用手册》是国家"十二五"重点规划图书，为食品生产企业正确、合理使用食品添加剂作出贡献；吉鹂女士著作《众神的大地》特别受到尼泊尔驻中国大使的赏识，主动要求为其写序，并为本书发行举办新闻发布会。另外，吉鹂女士为某些杂志的食品安全专栏写的文章收录在本书第6章。

我推崇《何食为安?!》，推荐给广大读者！

上海交通大学教授、仁济医院主任医师　沈其昀 医学博士

2017 年 2 月

民以何食为安？！

中国食品安全，消费者心中的痛

20 世纪 70 年代末，中国经济在注入市场经济政策后，活力倍增，持续高速发展达 30 年之久，让全世界瞩目。食品工业的发展，包括农产品加工更引人注目，1981 年、1991 年、2001 年、2011 年，食品工业产值分别为 690 亿元、2665 亿元、9546 亿元、78078 亿元，创造了世界奇迹。

中国食品工业中许多领域的发展是建筑在对资源无度索取基础上的。加工业是食品工业中发展最快的一个领域，这个领域包括了粮油加工、蔬菜及果品加工、畜禽及水产品加工、奶及奶制品业等。农作物栽培业、畜禽水产养殖业大丰收，伴之以水土流失、土壤肥力下降、有毒物质积蓄等，造成生态环境被破坏，食品安全问题越来越严重、越来越突出。

吃不饱，营养不良，会引起疾病；吃得好，营养过剩，也会引起疾病；吃得不干净，吃进有毒有害物质的食品，更会引起疾病。

什么叫食品安全？世界卫生组织（WHO）对"食品安全"的定义："食品安全是食物中有毒、有害物质对人体健康影响的公共卫生问题。"国际食品法典委员会（CAC）对"食品安全"的定义：指食品根据本身用途在制备和（或）食用时不会损害消费者健康的一种保证。在食品生产、加工、贮存、供应和准备过程中，必须采取所有措施，达到相应条件以确保消费者在摄入食品时不会对健康产生危害。

构成食品安全事件的，分为食源性疾病的食品安全和有毒有害物质存在导致的食品安全两大类，本书着重介绍有毒有害物质导致的食品安全问题。

简单来讲，食品中有毒有害物质存在达到一定的量，对人体健康产生影响。有毒蛋白、重金属元素、化学杀虫剂、兽药残留等都是有毒有害物质，引发食品安全的有毒有害物质很多，如果按照来源，可分为三个方面。

一、食品本身所具有的天然有毒有害物质

自然界中天然存在的动植物中，有的含有对人体有毒有害的物质。发了芽的土豆含有毒物质龙葵碱毒素，木薯富含淀粉，但同时含有对人体有毒的氰苷成分，新鲜的黄花菜中含有的秋水仙碱也是一种有毒物质。沿海居民非常熟悉的河豚鱼有毒，民间有拼死吃河豚的说法，说明河豚鱼味道鲜美，但河豚鱼体内有毒素，如不清除掉，很容易引起食物中毒。

自然界中，有许多动植物及真菌含有对人体有毒物质，且被人们知晓、识别。但是由于知识的不普及，或者是部分人好奇的冒险心理，造成食品安全问题，如食用有毒蘑菇中毒，食用河豚鱼中毒等。

二、工业化进程加快，生态环境恶化，产生有毒有害物质

这类物质包括农药残留、兽药残留、抗生素、重金属元素、霉菌毒素及环境激素等。

2008 年 12 月，爱尔兰食品安全局在一次例行检查中发现被宰杀的生猪遭到二恶英污染，所含二恶英成分是欧盟安全标准上限的 80~200 倍。二恶英类物质是目前已经认识的环境激素中毒性最大的一种，具有不可逆转的"三致"毒性，即致畸、致癌、致突变。它可以通过干扰生殖系统和内分泌系统的激素分泌，造成人的永久性性功能障碍以及性别的自我认知障碍等；引发女性子宫癌、乳腺癌等；还可能造成儿童的免疫能力、智力和运动能力的永久性障碍。在中国农村，屡禁不止的焚烧秸秆会产生大量的二恶英类物质。

三、诚信丧失，耻于做人

部分食品厂商为牟取利润，在食品中非法添加非食用的化工原料，造成了食品安全隐患。比如"苏丹红"事件、"硼砂"事件、"三聚氰胺"事件就是这一类事件的典型代表。某些地方，在猪的饲料里添加瘦肉精成为养猪行业的潜规则，十几年来，屡禁不止。为了提高猪的瘦肉率，有些养猪户在饲料里掺入盐酸克仑特罗，也就是俗称的瘦肉精。人食用含有一定

量瘦肉精的猪肉后会出现头晕、恶心、心跳加速，严重的甚至导致死亡。

有人讲，食品工业是良心工业，一些心术不正的人生产经营食品，只是为了赚钱，明知某一物质对人体有害，还往食品中添加，这已不仅是法律层面上的问题，更涉及一个人的伦理道德问题。

总结以上所讲，食品安全问题来源：食品原料所具有的、食品被污染的、食品中被人为加进去的。

食品安全按性质分为传统食品安全和非传统食品安全两大类。

食源性疾病中毒是传统食品安全，还有是在不知情时使用不安全的原料或生产时食品受到污染，这些属于传统食品安全；

明知原料不安全还要使用、明知生产不安全还要生产、明知某物质不可添加偏要添加，这一类食品安全应该是非传统食品安全。非传统食品安全事件往往是违法犯罪的刑事案件。

某种食品是不是安全，不是由谁说了算，而是要经过安全性风险评估。我国设有国家食品安全风险评估中心，由国家卫生和计划生育委员会管理。

我们一日三餐离安全有多远

社会上，有人喊出：我们还有什么可以吃？

国人饮食和西方人不同，喜欢自家烧煮烹饪。现在我们一日三餐，使用的食品原料每每被曝光出安全性问题。

为了防止地下害虫啃食韭菜的根，有人预先在土壤里施放了大量农药，所以市场上出现了"毒韭菜"；为了防止菜地里缸豆不生虫害，直接向缸豆上喷洒农药，含有大量农药的缸豆被称为"毒缸豆"；为了保证黄豆芽好看还不烂根，有人在发黄豆芽时违法地加进了尿素、兽药、激素等化学物质，这种豆芽被人们称为"毒豆芽"；买到样子好看、看似新鲜的银鱼，原来是用甲醛浸泡过的等等。市场上，还可以看到白白的清香大米原来是用陈米抛光后，添加香精制得的；腐竹生产时，添加了吊白块（次硫酸钠和甲醛的混合物）。所以老百姓购买食品时，首先想到的是"这个东西安全吗"？

一日三餐的食品安全问题是老百姓最为关心的民生问题，过去没得吃，吃不饱；现在有得吃，却不敢吃！一日三餐的食品安全问题已经成为社会问题。

政府加强对食品安全的监管是必要的，作为消费者如何保护自己？首先应学会一些识别食品安全的知识。每当食品安全事件曝光，政府就会采取一系列措施，但是潜在的、隐蔽的食品安全问题，只能是消费者自己认真对待了。

我们一日三餐离安全究竟有多远？我们许多地方的生态环境被破坏，短期恢复是不可能的，但这项工作还是要做，要为子孙后代着想。更重要的是人的精神面貌要改变，经济要发展，但浮躁、急功近利的心要收一收。只有当每一个人都想着自己的食品安全，也想着他人的食品安全；自己不吃的食品也不要给别人吃，这个时候，我们一日三餐的食品安全才能得到保证。

真正的食品安全，任重而道远

在联合国世界卫生组织倡议下，世界许多国家政府将食品安全列为国家公共安全，加大监管力度。食品安全属于公共卫生优先事项。每年有数百万人因食用不安全食品而患病，还有许多人因此丧失生命。过去十年间，各大洲均有食源性疾病严重暴发的文献记载，许多国家的疾病发生率还呈大幅度上升趋势。

全球食品安全关切的主要问题有：

微生物危害蔓延（包括沙门氏杆菌或大肠埃希氏菌，即大肠杆菌等细菌）；

化学食品污染物；

对新食品技术的评估（如转基因食品）；

在大多数国家中建立强大的食品安全系统，确保全球安全食物链。

世界卫生组织关于食品安全工作包括旨在确保所有食品尽可能安全。

食品安全政策和行动必须涵盖从生产到消费整条食品链。世界卫生组织正在努力把从农场到餐桌的健康风险降到最低限度，防止发生疫情，并倡导加强食品安全普及宣传工作。

我国很早已经关注食品安全了，1995 年制定了《中华人民共和国食品卫生法》。2009 年制定的《中华人民共和国食品安全法》，将食品安全监管由过去对食品最终产品的监管推广到从原料到产品的全程监管。"国务院质量监督、工商行政管理和国家食品药品监督管理部门依照本法和国务院规定的职责，分别对食品生产、食品流通、餐饮服务活动实施监督管理。""县级以上地方人民政府依照本法和国务院的规定确定本级卫生行政、农业行政、质量监督、工商行政管理、食品药品监督管理部门的食品安全监督管理职责。"

2015 年，人大常委会对《中华人民共和国食品安全法》作了修改，提出"食品安全工作实行预防为主、风险管理、全程控制、社会共治，建立科学、严格的监督管理制度""食品生产经营者对其生产经营食品的安全负责""国务院食品药品监督管理部门依照本法和国务院规定的职责，对食品生产经营活动实施监督管理""县级以上地方人民政府对本行政区域的食品安全监督管理工作负责"。

新颁布的《中华人民共和国食品安全法》被认为是我国历史上最严的一部法律。

捍卫我们的食品安全，为中国人的食品安全而奋斗，应是所有国人时刻铭记的警世恒言，她应该融入商贩的道德良心，她应该变成政府监管部门的"火眼金睛"，她应该成为每个家族"严防死守"的最后一个隘口——当然这也对我们每个人提出了一个简单而又艰巨的任务：让我们尽可能多地学习和了解食品安全基本知识，这正是本书出版的现实理由，也是撰写者和出版人共同的心愿。

著者
2017 年 2 月

目录

第一章　我们的日常食品安全吗 >>

第二章　工业化进程和环境因素对食品安全的影响　≫

第三章　食品添加剂问答 ≫

第四章 怎样选择健康安全的食品 ≫

第五章　天然食品中的营养及有害成分 ▶▶

▌第一章▐
我们的日常食品安全吗

引　言

我们的祖先早就开始研究人们日常吃的食物是否安全可食。传说中的神农尝百草故事就说明了这一点，食品安全要关注食物原料本身是否含有有毒有害物质，这些物质包括食物本身产生的、外界有毒生物进入食物原料中的、人们在处理食物原料时被混进去的。

有的时候，人们在日常生活中对食品安全认识会产生一些误区，比如很多人都以为味精对人体有害，因此做菜的时候都不放味精。味精是俗称，为谷氨酸的钠盐。谷氨酸其实是维持人的生命活动的必须物质，医学上谷氨酸主要用于治疗肝性昏迷，还用于改善儿童智力发育。日常饮食，每人每天摄入 2~3g 根本不会有什么问题，面粉中麦胶蛋白，其中谷氨酸的含量高达 38.87%。但有些我们习惯上认为不可能有问题的食品，却隐藏着危险因素，比如鱼翅。鲨鱼本身无毒，但由于鲨鱼处于食物链的顶端，体内可能集聚大量有机汞。

本章介绍日常食品如蔬菜、水果、肉类、水产品等中一些重要的、然而可能不为大家所熟悉的食品安全知识，希望对大家有所帮助。

什么是转基因食品

何谓转基因食品？转基因食品就是利用现代分子生物技术，将某些生物的基因片段按照人的意志转移到人们需要进行改造的物种中去，藉以改造生物的遗传物质，使其在外在性状、营养要求、消费品质等方面达到人们的要求。将转基因生物作为食品原料，直接食用或以此原料制造的食品，统称为"转基因食品"。

转基因生物，遗传物质是以非自然发生的方式改变的生物。这种基因重组技术通常被称为"现代生物技术"或"基因技术"，有时候也称为"重组脱氧核糖核酸技术"或"遗传工程"。它可使选定的个体基因从一种生物转变为另一种生物，并且还可在不相关的物种之间转变。

生物界中，基因重组是生物进化的动力。在生物界中，遗传物质以自然发生的方式改变，通过自然选择，出现新的生物物种，

人为的方法，通过转基因实现的基因重组，这种重组是有目的的。得到了新的物种，它具有很强的生命力。例如，有抗虫害、耐受锄草剂特性等。如科学家看中了北极熊的基因，认为它有抵抗冷冻的作用，于是将其分离取出，再植入番茄之中，培育出耐寒番茄。

从本质上讲，转基因技术是传统育种技术的发展，它的出现才不过20余年时间，从现在的科技水平来看，大多还没有发现对人的身体健康构成危害，但是无法预料其潜在危害，即对食用转基因食品消费者的第二代、第三代、第四代是否会构成危害。

总之，转基因技术还要再发展，而且不断完善，技术的成熟会最终消除消费者顾虑的。

转基因食品安全不安全

转基因食品的安全性从其问世起就受到人们的质疑。

转基因生物，自然发生，通过自然选择，存在于自然界，它的各种性状出现，包括有毒的、无毒的都是生存的需要，从进化角度讲都是合理的。例如，同属于伞形科的芹菜有无毒芹菜和有毒芹菜，真菌类的磨菇有无毒磨菇和有毒磨菇，这些都是基因转移或突变以后，长期的自然选择结束。人类生存，由自然界提供生物，通过长期选择，知道哪些无毒可食、哪些有毒不可食。

人为的方法，按照人的意志，通过转基因实现的基因重组，得到新的物种，出现了人们需要的性状，如抗虫害、抗病毒、抗除草剂等。现在问题是表现出这些新性状的基础物质对人体身体健康有无影响呢？

既然通过自然选择方法得到新物种，人们经过长时间的识别，认识到有的对人有害、有的无害。那么通过人工方法转基因产生新物种也要经过识别，且这种识别恐怕不是短时间内能够做到、认识到的。所以说转基因食品的安全性受到人们质疑不是没有道理的。

正面的报告，全世界的消费者还没有一例因食用转基因食品而危害身体健康的事例。

负面的报告，间接的事例很多：

2005 年 11 月 16 日，澳大利亚联邦科学与工业研究组织（CSIRO）发表的一篇研究报告显示，一项持续 4 个星期的实验表明，被喂食了转基因豌豆的小白鼠的肺部产生了炎症，小白鼠发生过敏反应，并对其他过敏原更加敏感。

1997 年，德国农民克劳纳开始种植转基因 Bt-176 玉米试验，开始 3 年，玉米长势喜人、毫无虫害，当 2001 年，他将这种玉米用来喂养母牛时，牛开始剧烈腹泻并停止产奶，最后，他总共损失了 70 头牛。

2009 年 12 月一期《生物科学国际期刊》上发表的研究结果表明，3 种孟山都公司的转基因玉米能让老鼠的肝脏、肾脏和其他器官受损。3 种转基因玉米品种，一种设计能抗广谱除草剂，另外两种含有细菌衍生蛋白质，具有杀虫剂特性。

转基因食品的安全性需要严肃、认真研究。谁研究转基因产品，谁就有义务研究自己产品的安全性，这是对人类负责；反之，如果为了私利，不进行安全性研究，或是知道对人有危害，还要推向市场牟利，这是对人类的犯罪。

吃水果小心水果仁

在我们日常食用的水果中，比如桃、杏、杨梅、樱桃、李子等，果肉鲜美，富含人体需要的各种营养成分，但种子或其他部位含有有毒的糖苷，最为典型的是苦杏仁，苦杏仁中有毒成分叫苦杏仁苷，入口咀嚼时，遇水释放出一种剧毒物质氢氰酸，能抑制细胞色素氧化酶活性，细胞呼吸链氧化磷酸化过程受抑制，造成细胞内窒息，中枢神经系统抑制，呼吸中枢麻痹。

苦杏仁

甜杏仁

除苦杏仁外，苦桃仁、枇杷仁、亚麻仁、杨梅仁、李子仁、樱桃仁、苹果仁也含有苦杏仁甙。杏仁分苦杏仁和甜杏仁两种，苦杏仁含苦杏仁甙约3%，水解产生氢氰酸0.17%。苦杏仁甙的致死剂量为1g，甜杏仁也并非完全无毒，只不过含苦杏仁甙较少而已，大量生食甜杏仁亦会中毒。苦杏仁甙中毒，轻度中毒者1h后出现头痛、头晕、无力、恶心，4~6h后症状消失；中度中毒者除上述症状外，并有呕吐、意识不清、腹泻、心慌，胸闷等；重度中毒者，上述症状更为明显，并出现脸部、黏膜发绀、气喘、痉挛、牙关紧闭、昏迷、瞳孔散大，对光反射消失，最后呼吸麻痹而死亡。

此外，苹果的嫩叶，樱桃、李子、桃的幼枝、芽、叶、皮皆含有苦杏仁甙成分，不可作为牛羊的饲料。

吃银杏不可过量

银杏是我国特产，种子俗称白果。外形椭圆，外壳为浅黄色，果仁淡绿，种皮浅棕，入口清香，略带苦味。是很好的药材，有润肺平喘、行血利尿等功效，是中医主治结核、哮喘病、遗精、浊带、小便频数等病症的良药。可作为药膳进补。与猪肉、牛、羊肉和禽蛋相配，采用炒、蒸、煨、炖、焖、烩、烧、熘等多种方法，非常美味。

但是银杏的种皮和果仁含有白果酚、白果酸和白果二酚，食用过量会引起中毒。儿童服用7~150粒就会中毒，成人服用40~300粒也会中毒。中毒出现的时间在食后1~12h不等。症状以中枢神经系统为主，表现为呕吐、昏迷、嗜睡、恐惧、惊厥，或神志呆钝，体温升高，呼吸困难，面色青紫，瞳孔缩小或散大，对光反应迟钝，及腹痛、腹泻等，白细胞总数及嗜中性粒细胞升高。少数病例并有末梢神经功能障碍表现，呈两下肢完全性弛缓性瘫痪或轻瘫，触痛觉均消失。多数患者经救治可获恢复，但也有少数因中毒严重或抢救过迟而死亡。

白果

银杏对人有益，但食用前首先要去毒。去壳后，果仁外面还有一层皮，这层皮是有毒的，且很难剥去。可放在锅里加热，水开了用筷子稍加搅拌，这样种皮就会全部自动脱落。

香蕉没熟不能吃

香蕉是热带水果。从中医角度讲，香蕉味甘性寒，可清热润肠，促进肠胃蠕动。香蕉含淀粉和蛋白质，富含钾、镁和维生素。尽管香蕉含较多的淀粉，因为多是抗性淀粉，亦称为不消化淀粉，所以多食香蕉不会导致肥胖。日本研究人员研究发现，吃外皮发黑的香蕉更能排解人体内的毒性物质，帮助人体抗癌。

香蕉未成熟时，外皮呈青绿色，口感涩，涩味原因是这时的香蕉中含有大量鞣酸的缘故。这种香蕉不能吃。因为鞣酸具有很强的收敛作用，可以将软实的粪便结成干硬的粪便，从而造成便秘。另外，香蕉不可过量食用，香蕉中含有较多的镁、钾等元素，这些矿物质虽然有利人体健康，但是若在短时间内摄入过多，就会引起血液中镁、钾含量急剧增加，造成体内钾、钠、钙、镁等的比例失调，对健康产生危害；此外，还会因胃酸分泌减少而引起胃肠功能紊乱和情绪波动。

香蕉

菠萝为什么要用盐水浸泡

菠萝又名凤梨，原产巴西，16世纪时传入我国。菠萝含有大量的果糖、葡萄糖、维生素A、维生素B、维生素C、磷、柠檬酸和蛋白酶等物。味甘性温，具有解暑止渴、消食止泻之功，为夏令医食兼优的时令佳果。

菠萝

但是菠萝含菠萝蛋白酶，这种酶刺激口腔黏膜，出现口腔刺痛的现象；还可发生过敏反应，出现腹痛、腹泻、呕吐或者头痛、头昏、皮肤潮红、全身发痒、四肢及口舌发麻，甚至还出现呼吸困难、休克等一系列过敏症状反应。所以食用前，先将菠萝切片放在淡盐水中浸泡使蛋白酶失活，避免口腔刺痛和过敏反应。凡有菠萝过敏的人应该绝对忌食。菠萝中还含草酸，不但影响人体对钙、铁的吸收，还有可能引起结石。因此吃时应适量，不可因为贪吃而影响健康。

绿叶蔬菜的亚硝酸盐是怎么产生的

亚硝酸盐中亚硝酸对人体有害，亚硝酸在胃里和蛋白质的降解物结合生成亚硝胺是致癌物，是导致胃癌发生的元凶。

大量分析数据表明，影响人体健康的亚硝酸盐来源，不是一般人认为用了食品添加剂亚硝酸盐的火腿、肴肉等食品，而主要来源于绿叶蔬菜。

蔬菜中含有硝酸盐，是由于菜农大量施用化学肥料，尤其是氮肥（尿素和碳酸氢铵），超过了蔬菜生长的需要量，有些菜农在蔬菜收摘之前还在施肥，这些蔬菜来不及把它们全部用来合成营养物质，只好以硝酸盐的形式留在蔬菜中，特别是绿叶蔬菜，碧绿生青，不知情的"马大嫂"们特别喜爱这样的蔬菜。蔬菜中含有的硝酸盐对人体健康不会产生什么影响，然而蔬菜在贮藏一段时间之后，由于酶和细菌的作用，硝酸盐被还原成亚硝酸盐，亚硝酸盐是一种有毒物质，它在人体内与蛋白类降解物质结合，可生成强致癌性的亚硝胺类物质。绿叶蔬菜中的硝酸盐含量，一般而言，食用果实类蔬菜含量低；而食用根、茎、叶的蔬菜含量就要高一些。顺序可大体排为：绿叶菜类 > 白菜类 > 葱蒜类 > 豆类 > 茄果类 > 菌菇类。

菠菜

青菜

雪里红

萝卜

芹菜 花椰菜

研究证明：绿叶蔬菜在 30℃ 的屋子里贮存 24h，绿叶蔬菜中的维生素C 大多被破坏，而亚硝酸盐的含量则上升了几倍、几十倍。市场上采购蔬菜应注意挑选新鲜的，切勿贪图便宜而购买变质蔬菜。此外，新鲜蔬菜在冰箱内贮存期不应超过 3d，凡是已经发黄、萎蔫、水渍化、开始腐烂的蔬菜都不要食用。已经烹饪好的绿叶蔬菜，要当餐食用，不要上一餐剩余的绿叶蔬菜留着下顿再吃。调查发现，我国膳食中 80% 左右的亚硝酸盐来自蔬菜。在许多情况下，蔬菜中的亚硝酸盐很可能比农药危害更大。农药残留可进行安全性检查，而蔬菜中亚硝酸盐不在检查之列，因此食用绿色蔬菜一定要注意保持新鲜。

国际食品法典委员会对蔬菜中硝酸盐的限量标准：蔬菜中硝酸盐积累程度分为四级：一级 ≤432mg/kg，允许生食；二级 ≤785mg/kg，不宜生食，允许盐渍和熟食；三级 ≤1440mg/kg，只能熟食；四级 ≥3100mg/kg，不宜食用。我国大力发展的无公害蔬菜，其中硝酸盐积累程度应 ≤432mg/kg。蔬菜是一种易于富集硝酸盐的植物，人体摄入的硝酸盐有 70%~80% 来自蔬菜，尤其是白菜、甘蓝、菠菜、芹菜、结球莴苣、小油菜、韭菜等叶菜类蔬菜。

谨防草酸摄入过多

草酸是存在于许多种植物体内的一种有机酸，也是一种肾毒性和腐蚀性的酸性有毒物质。长久接触草酸的水溶液，可引致关节痛。在一般人的尿液里，都含有微量草酸。

草酸与血钙结合成草酸钙沉淀，导致低钙血症，从而严重扰乱体内钙的代谢，使神经肌肉的兴奋性增高（表现为肌肉震颤、痉挛等）和心脏机能减退，血液的凝血时间延长。

草酸与体内的钙镁结合，形成不溶解的草酸盐晶体，沉积于脏器内，造成对脏器的损害；草酸盐也可在血管中结晶，并渗入血管壁，引起血管坏死，导致出血；草酸盐晶体有时也能在脑组织内形成，从而引起中枢神经系统的机能紊乱；草酸钙沉积于肾脏、膀胱中，形成结石。喜欢吃素食的人易患结石病，其原因就是经常摄入较多剂量草酸的缘故。同时，草酸盐还阻碍食物中铁的吸收。

婴幼儿、孕妇、骨折的病人，尽量减少食用含草酸过多的蔬菜。有实验证明，过多偏食菠菜影响锌的吸收。大豆食品含草酸盐和磷酸盐，能同肾脏中的钙融合，形成结石。

可可就属于含草酸量最高的食品之一，每100g可可中含有500mg草酸；绿色蔬菜中，每100g苋菜含草酸1142mg、菠菜为606mg、空心菜为691mg、雪菜为471mg，竹笋、番茄、青蒜、荸荠、芹菜、青椒、香菜、洋葱、茭白、毛豆及甜菜、花生、茶等含较多的草酸。黄瓜、南瓜、西瓜、丝瓜等则完全不含草酸。

牛奶与巧克力、菠菜与豆腐不能同食，是因为牛奶中钙、巧克力中草酸结合；豆腐中钙、镁和菠菜中的草酸结合，它们形成盐，既影响钙的吸收，又会沉积在排泄器官中。

可可豆

苋菜

空心菜

雪菜

黄花菜为什么不可直接食用

黄花菜又名金针菜，鲜黄花菜不能直接食用，因为里面含有一种叫秋水仙碱的物质。它自身虽然无毒，但进入人体被氧化成氧化二秋水仙碱。氧化二秋水仙碱对胃肠黏膜和呼吸器官黏膜有强烈的刺激作用，会引起头痛、呕吐、腹泻等症状，严重者还可能有血便、血尿。中毒潜伏期一般为0.5~4h。

鲜黄花菜

加工后的黄花菜

鲜黄花菜含的秋水仙碱是水溶性的，所以可以将鲜黄花菜在开水中焯一下，然后用清水充分浸泡、冲洗，使秋水仙碱最大限度地溶于水中，此时再行烹调，可保安全食用。食用鲜黄花菜后，一旦出现呕吐、腹泻等症状，尽快到医院就诊。

西红柿为什么要放熟了吃

未熟的青西红柿吃了常感到不适，轻则口腔感到苦涩，严重的时候还会出现中毒现象，那是因为还没有熟的青西红柿含有龙葵碱（又称茄碱）的物质。龙葵碱对碱性稳定，但可被酸水解。但当西红柿由青转红以后，龙葵碱也就转变成无毒的其他物质了。

现在市场上很多西红柿都是用乙烯利催熟的，催熟西红柿中可能还存在龙葵碱，表皮含乙烯利对人有害。另外，催熟时产生的一种中间物质，这种物质很容易使人体组织缺氧而出现中毒症状。这种中毒类似于亚硝酸中毒，如果治疗不及时也容易出现生命危险。

催熟西红柿

催熟西红柿与自然成熟西红柿是可以区分的。催熟的西红柿不论大小都通体全红，而自然成熟的西红柿在柿蒂周围仍有些绿色；催熟西红柿手感很硬，而自然成熟的西红柿较软；催熟的西红柿外观呈多面体，成熟的西红柿圆滑；催熟的西红柿皮红籽绿，或者是尚未长籽，皮内发空，自然成熟的西红柿籽粒是土黄色的，肉质红色，沙瓤多汁。

草莓好吃要小心

草莓营养丰富，含维生素 B_1、维生素 B_2、胡萝卜素、核黄素、氨基酸、果胶及矿物质等多种有效成分。《本草纲目》中记载草莓可以润肺、健脾、补血、益气，是滋补和美容的佳品，素有"水果皇后"的美誉。

因为草莓非常受消费者欢迎，于是种植者为了追求更多的利润，想方设法提高产量，扩大市场的供给量。本来草莓正常上市时间应该是五六月份，现在即使在冬季原本不是草莓生长的季节也有大量草莓上市，称为反季节草莓。正常的草莓外观呈心形，鲜美红嫩，果肉多汁，香气清甜。反季节草莓则个头很大，颜色新鲜，但闻不到草莓特有的香气，有的中间有空心，更有的形状畸形不规则。出现这种情况，一般是使用了过量的植物生长激素所致。用生长激素类药物栽培草莓，生长周期短，颜色鲜艳，但固有的香味却减少了，吃起来缺少甜味，如同嚼蜡。

正常草莓

用了激素的草莓

特大畸形草莓

吃草莓的时候，一定要洗净！正常季节上市的草莓表面有许多微生物，尤其是霉菌。如果是大棚里种的反季节草莓，为防虫害，就使用了农药。由于大棚几乎是密封环境，农药不易散发，草莓的表面残留农药较多，所以必须洗净才能吃。

尽量不要食用使用激素催熟中空的或畸形的草莓，这种草莓营养素少，品质差。

草莓中含有草酸，草酸在体内遇到钙容易形成草酸钙沉积在肾或尿路中，肾功能较差或患有尿路结石者，草莓要少吃。

芦荟不可过量食用

芦荟别名龙角、卢会、象胆，百合科植物，含有大量的氨基酸、维生素、多糖、蒽醌类化合物、酶、矿物质等。具有杀菌消炎、增强免疫功能，消除体内毒素、有毒自由基，解除便秘、预防结肠炎等功能。

但是，无论是内服还是外用，超量使用芦荟都会出现中毒症状。消费者使用芦荟应注意剂量，最好去皮。芦荟的表皮下有黄色黏性液体，里面含很高的大黄素苷，芦荟的成分主要含芦荟大黄素苷，在所有大黄苷类泻药中，芦荟的刺激性最强。在泻下的同时，多伴有显著腹痛和盆腔充血。因此，若内服芦荟过量，就会刺激胃肠黏膜，从而引起消化道一系列中毒

芦荟

反应，严重者则可能引起肾炎。孕妇服用过量容易引起流产。据此，中医用药规定，芦荟内服用量一般不宜超过 5g，有报道称芦荟中毒量为 9~15g。

鉴别真假黑木耳

黑木耳中掺假的物质有糖、盐、面粉、淀粉、石碱、明矾、硫酸镁、泥沙等。掺假的方法是，将以上某物质用水化成糊状溶液，再将已发开的木耳放入浸泡，晒干，使以上这些物质黏附在木耳上，因此，木耳的质量大大增加。有些假木耳，用的是化学药品，对人体健康是有害的。掺假黑木耳的鉴别有以下几种方法。

（1）看色泽：真木耳，朵面乌黑有光泽，朵背略呈灰白色，假木耳的色泽发白，无光泽。

（2）看朵形：真木耳，耳瓣舒展，体质轻，假木耳呈团状。

（3）试水分：真木耳，一般质地较轻，含水量都在 11% 以下，假木耳水分多，用手掂掂，会感到分量重。用手研磨后，手指上会留下掺假物。

（4）品滋味：真木耳，清淡无味，假木耳皆有掺假物的味道。如尝到甜味的，说明是用饴糖等糖水浸泡过的；有咸味的，是用食盐水浸泡过的；有涩味的，是用明矾水浸泡过的。

鲜木耳与日光性皮炎

有人可能认为刚采摘的木耳鲜嫩可口，这是错误的认识。

新鲜木耳含有一种卟啉类感光物质，人食用后，会随血液循环分布到人体表皮细胞中，受太阳照射后，会引发日光性皮炎。这种有毒感光物质还易被咽喉黏膜吸收，导致咽喉水肿。

拒绝腐烂生姜

生姜性味辛温，有散寒发汗、化痰止咳、和胃止呕等多种功效。研究表明，老年人常食生姜可以延缓衰老。营养学家发现，生姜中含有的辛辣成分被人体吸收后，能够抑制体内过氧化脂质的生成，其抗氧化作用比目前应用的抗氧化剂——维生素E的作用还明显，因而具有很好的抗衰老作用。生姜中还含有一种化学结构与阿司匹林中的水杨酸相近的特殊物质，这种物质能降血脂、降血压、防止血液凝固、抑制血栓形成。此外，生姜中所含的姜酚有很强的利胆作用，因而可用于预防和治疗胆囊炎、胆石症。

生姜放在潮湿的地方容易腐烂，腐烂的生姜产生一种叫黄樟素的致癌物质。美国食品药物管理局（FDA）的研究显示，黄樟素是白鼠和老鼠的致肝癌物，在小鼠的饲料中添加 0.04%~1% 的黄樟素，150~730d 可诱导小鼠产生肝癌。

即使只吃少量烂姜，对身体也有很大危害。

生姜

快速识别有毒菌菇

食用菌类是一种特殊的蔬菜，它属于真菌类低等植物，主要有香菇、蘑菇、荤菇、平菇、木耳、银耳、鸡枞等。这类蔬菜有野生或半野生的，也有人工栽培的。在食用的时候，千万要注意的是不要误食毒菌，否则就会造成中毒，如头痛、恶心、呕吐、腹泻、昏迷、幻视、精神失常，甚至死亡。鉴别毒菌的方法是：可吃的菇类颜色大多是白色或棕黑色，肉质肥厚而软，皮干滑并带丝光。毒菇则大多是颜色美丽，外观较为丑陋，伞盖上和菇柄上有斑点，有黏液状物质附着，用手接触可感到滑腻，有时具有腥臭味，皮容易剥脱，伤口处有乳汁流出，并且很快变色。

附：部分有毒菌菇介绍

1. 赭红拟口蘑（又称赭红口蘑）

赭红拟口蘑分布于台湾、甘肃、陕西、广西、四川、吉林、西藏、新疆等地区。

夏秋季生于针叶树腐木上或腐树桩上，群生或成丛生长。

子实体中等或较大。菌盖有短绒毛组成的鳞片。浅砖红色或紫红色，甚至褐紫红色，往往中部浮色。菌盖直径4~15cm。菌褶带黄色，弯生或近直生，密，不等长，褶缘锯齿状。菌肉白色带黄，中部厚。菌柄细长或者粗壮，长6~11cm，粗0.7~3cm，上部黄色，下部稍暗，有红褐色或紫红褐色小鳞片，内部松软后变空心，基部稍膨大。

赭红拟口蘑有毒，误食此菌后，往往产生呕吐、腹痛、腹泻等胃肠炎病症，但也有人无中毒反应。

2. 白毒鹅膏菌

全国各地皆有分布。

夏秋季分散生长在林地上。

子实体中等大，纯白色。菌盖初期卵圆形，开伞后近平展，直径7~12cm，表面光滑。菌肉白色。菌褶离生，稍密，不等长。菌柄细长，圆柱形，长9~12cm，粗2~2.5cm，基部膨大呈球形，内部实心或松软，菌托肥厚近苞状或浅杯状，菌环生柄之上部。

极毒。毒素为毒肽和毒伞肽。中毒症状主要以肝损害型为主，死亡率很高。

赫红拟口蘑

白毒鹅膏菌

3.毒鹅膏菌

又称绿帽菌、鬼笔鹅膏、蒜叶菌、高把菌、毒伞。

主要分布在南方的江苏、江西、湖北、安徽、福建、湖南、广东、广西、四川、贵州、云南等地区。

夏秋季在阔叶林中地上单生或群生。

子实体一般中等大。菌盖表面光滑，边缘无条纹，菌盖初期近卵圆形至钟形，开伞后近平展，表面灰褐绿色、烟灰褐色至暗绿灰色，往往有放射状内生条纹。菌肉白色。菌褶白色，离生，稍密，不等长。菌柄白色，细长，圆柱形，长5~18cm，粗0.6~2cm，表面光滑或稍有纤毛状鳞片及花纹，基部膨大成球形，内部松软至空心。菌托较大而厚，呈苞状，白色。菌环白色，生菌柄之上部。

毒鹅膏菌

此菌极毒，据记载幼小菌体毒性更大。该菌含有毒肽（*phallotoxing*）和毒伞肽（*anatoxins*）两大类毒素。中毒后潜伏期长达24h左右。发病初期恶心、呕吐、腹痛、腹泻，此后一两天症状减轻，似乎病愈，患者也可以活动，但实际上毒素进一步损害肝、肾、心脏、肺、大脑中枢神经系统。接着病情很快恶化，出现呼吸困难、烦躁不安、谵语、面肌抽搐、小腿肌肉痉挛。病情进一步加重，出现肝、肾细胞损害，黄胆，急性肝炎，肝肿大及肝萎缩，最后昏迷。死亡率高达 50% 以上，甚至 100%。对此毒菌中毒，必须及时采取以解毒保肝为主的治疗措施。

4. 毒蝇鹅膏菌

又称哈蟆菌、捕蝇菌、毒蝇菌、毒蝇伞。

分布于我国黑龙江、吉林、四川、西藏、云南等地。

夏秋季在林中地上成群生长。此菌属外生菌根菌，与云杉、冷杉、落叶松、松、黄杉、桦、山毛榉、栎、杨等树木形成菌根。

子实体较大。菌盖宽 6~20cm。边缘有明显的短条棱，表面鲜红色或橘红色，并有白色或稍带黄色的颗粒状鳞片。菌褶纯白色，密，离生，不等长。菌肉白色，靠近盖表皮处红色。菌柄较长，直立，纯白，长 12~25cm，粗 1~2.5cm，表面常有细小鳞片，基部膨大呈球形，并有数圈白色絮状颗粒组成的菌托。菌柄上部具有白色腊质菌环。

毒蝇鹅膏菌

此蘑菇因可以毒杀苍蝇而得名。其毒素有毒蝇碱、毒蝇母、基斯卡松以及豹斑毒伞素等。误食后约 6h 以内发病，产生剧烈恶心、呕吐、腹痛、腹泻及精神错乱，出汗、发冷、肌肉抽搐、脉搏减慢、呼吸困难或牙关紧闭，头晕眼花，神志不清等症状。使用阿托品疗效良好。此菌还产生甜菜碱、胆碱和腐胺等生物碱。

5. 细环柄菇

分布于黑龙江、吉林、山西、江苏、云南、广东、香港、青海、新疆和西藏等地。

夏秋季生于林中地上，群生或散生。

子实体一般较小，菌盖直径 3~7cm，初期半球形，后呈扁平且中部凸起，污白色，中央有褐色鳞片，向边缘有短条纹。菌肉白色。菌褶白色，离生，稍密。菌柄柱形，向下渐长，长 4~8cm，粗 0.3~0.6cm，白色，菌环以下有絮状或毛状鳞片，质脆。

可食用，但有人认为有毒，不宜随意采食。

细环柄菇   大青褶伞

6. 大青褶伞

又称摩根小伞。

分布于我国香港、台湾、海南等地。

夏秋季生于林中或林缘草地上，群生或散生。

子实体大，白色。菌盖直径 5~25（30）cm，半球形，扁半球形，后期近平展，中部稍凸起，幼时表皮暗褐色或浅褐色，逐渐裂为鳞片，顶部鳞片大而厚，呈褐紫色，边缘渐少或脱落，菌盖部菌肉白色或带浅粉红色，松软。菌褶离生，宽，不等长，初期污白色，后期呈浅绿至青褐色，褶缘有粉粒。菌柄圆柱形，长 10~28cm，粗 1~2.5cm，纤维质，表面光滑，污白色至浅灰褐色，菌环以上光滑，环以下有白色纤毛，基部稍膨大，内部空心，菌柄、菌肉伤处变褐色，干时有香气。菌环膜质，生柄之上部。

夏秋季生于林中或林缘草地上，群生或散生。

有毒，不宜食用。其外形特征与高大环柄菇相似，明显区别是后者菌褶白色，可食用。

7. 细褐鳞蘑菇

分布于河北、香港等地。

夏秋季生于林中地上。

子实体中等至较大。菌盖直径 5~10cm，初期半球形，后期近平展，中部平或稍凸，表面污白色，具有带褐色、黑褐色纤毛状小鳞片，中部鳞片灰褐色，边缘有少量菌幕残物。菌肉白色，稍厚。菌褶初期灰白至粉红色，最后变黑褐色，较密，不等长，离生。菌柄圆柱形，长 6~12cm，粗 0.81cm，污白色，表面平滑或有白色的短细小纤毛，基部膨大，伤处变黄色，内部松软。菌环薄膜质，双层，生柄的上部呈白色，上面有褶纹，下面有白色短纤毛。

细褐鳞蘑菇

有毒，有很强的石碳酸气味，食用后引起呕吐或腹泻等中毒症状。此菌外形特征接近于双环林地蘑菇，但此种幼时菌盖顶部不呈四方形，菌盖鳞片细小。

8. 毛头鬼伞

又称鸡腿蘑（河北、山西）、毛鬼伞。

分布于我国黑龙江、吉林、河北、山西、内蒙古、甘肃、新疆、青海、西藏等地区。

春至秋季在田野、林缘、道旁、公园内生长，雨季甚至可在毛屋顶上生长。此菌有时生长在栽培草菇的堆积物上，与草菇争养分，甚至抑制其菌丝的生长。

子实体较大。菌盖呈圆柱形，当开伞后很快边缘菌褶溶化成墨汁状液体。菌盖直径 3~5cm，高 9~11cm，表面褐色至浅褐色，随着菌盖长大

毛头鬼伞

而断裂成较大型鳞片。菌肉白色。菌柄白色，圆柱形，较细长，且向下渐粗，长 7~25cm，粗 1~2cm，光滑。

该蘑菇一般可食用。但含有石碳酸等胃肠道刺激物，还含有腺嘌呤、胆碱、精胺、酪胺和色胺等多种生物碱以及甾醇脂等。食后可能引起中毒，与酒类如啤酒同吃，容易引起中毒。

毛头鬼伞可人工栽培，不过因为成熟快，容易出现菌褶液化，必须掌

握采摘时间。还可以用菌丝体进行深层发酵培养。

9. 半卵形斑褶菇

分布于台湾、甘肃、陕西、新疆、青海、西藏、四川等地区，多见于高山牧场，如青藏高原的松潘地区草地上，而未见于内蒙草原上。

半卵形斑褶菇

夏秋季在草地、林中空地及牛、马粪上单生或群生。

子实体一般中等。菌盖直径一般 4cm，有时可达 8cm，近圆锥形、钟形至半球形，顶部有的略带土黄色，光滑而黏，有时龟裂。菌肉污白色。菌褶初期灰白，后期呈现灰黑相间的花斑，直生，稍密，长短不一。菌柄圆柱形，长 10~25cm，粗 0.4~1.2cm，白色至污白色，顶部有纵条纹，菌环以下渐增粗，内部松软变空心。菌环膜质生柄之中、上部。

有毒，中毒后可引起幻觉反应。

10. 毒粉褶菌

又称土生红褶菌。

分布于我国吉林、江苏、安徽、台湾、河南、河北、黑龙江等地区。

夏秋季在混交林地往往大量成群或成丛生长，有时单个生长。属树林外生菌根菌，可与栎、山毛榉、鹅卫枥等树木形成菌。

毒粉褶菌

子实体较大。菌盖一般污白色，直径可达 20cm，初期扁半球形，后期近平展，中部稍凸起，边缘波状，常开裂，表面有丝光，污白色至黄白色，有时带黄褐色。菌肉白色，稍厚。菌褶初期污白，后期呈粉或粉肉色，直生至近弯生，稍稀，边缘近波状，长短不一。菌柄白色至污白色，往往较粗壮，长 9~11cm，粗 1.5~3.8cm，上部有白粉末，表面具纵条纹，基部有时膨大。

有毒，不可食。误食中毒后，潜伏期短的约半小时，有时长达 6h，发病后出现强烈恶心、呕吐、腹痛、腹泻、心跳减慢、呼吸困难、尿中带血，中毒症状往往近似含有毒伞肽的毒伞。抗癌试验表明，此菌对小白鼠肉瘤 180 的抑制率为 100%，对艾氏癌的抑制率为 100%。

11. 介味滑锈伞

分布于吉林、云南、陕西、山西等地。

夏秋季常生在针阔叶混交林中地上，单生或群生。

子实体一般中等大。菌盖表面光滑，黏，初期扁平球形，后期中部稍突起，深蛋壳色至深肉桂色，直径一般 5~12cm，边缘平滑。菌肉白色。菌褶浅锈色，稍密。菌柄柱形，长约 10cm，粗 1~2cm，污白色或带锈黄色。

有毒，有强烈的芥菜气味，口尝有辣味。不宜食用。

介味滑锈伞

12. 大鹿花菌

分布于我国吉林、西藏等地区。

在针叶林中地上，靠近腐木单生或群生。

子实体较小至中等大，菌盖直径 8.9~15cm。呈不明显的马鞍形，稍平坦，微皱，黄褐色。菌柄长 5~10cm，粗 1~2.5cm，圆柱形，较盖色浅，平坦或表面稍粗糙，中空。

可能有毒，毒性因人而异，不可食用。

大鹿花菌

13. 粪锈伞

子实体一般较小。菌盖近钟形，半膜质，表面黏，光滑，中部淡黄色或柠檬黄色，有皱纹，向边缘渐变为米黄色，直径 2~4.5cm，边缘有细长条棱，可接近顶部。菌肉很薄。菌褶近弯生，密或稍稀，窄，深肉桂色，褶沿色淡。菌柄细长，柱形，长 5~10cm，粗 0.2~0.3cm，质脆，有透明感，光滑或上部有白色细粉粒，污黄白色，空心，基部稍许膨大。春至秋季在牲畜粪上或肥沃地上单生或群生。

分布于黑龙江、吉林、辽宁、河北、内蒙古、山西、四川、云南、江苏、湖南、青海、甘肃、陕西、西藏、福建、广东、新疆等地。怀疑有毒，不可食。

14. 美丽粘草菇

分布于我国湖北、湖南、四川、吉林、新疆、香港等地。

夏秋季生于林中地上，单生或群生。

子实体中等大，白色，菌盖直径 6~10cm，初期近圆形，后期近平展。菌肉白色。菌褶白色变粉红色。菌柄细长，长 6~15cm，粗 0.6~1.3cm，圆柱形。菌托苞状而大。

有毒，不可食用。

粪锈伞

美丽粘草菇

15. 臭黄菇

分布于我国河北、河南、山西、黑龙江、吉林、江苏、浙江、安徽、福建、湖南、广西、广东、四川、云南、甘肃、陕西、西藏等地区。

夏秋季在松林或阔叶林地上群生或散生。属外生菌根菌，与榛、桦、山毛榉、栗、铁杉、冷杉等树木形成菌根。

又称鸡屎菌（广西）、油辣菇（四川）、黄辣子、牛犊菌（广西）、牛马菇（福建）。

子实体中等大。菌盖土黄至浅黄褐色，表面黏至黏滑，边缘有小疣组成的明显的粗条棱。菌盖直径 7~10cm，扁半球形，平展后中部下凹，往往中部土褐色。菌肉污白色，质脆，具腥臭味，麻辣苦。菌褶污白至浅黄色，常有深色斑痕，长短一致或有少数短菌褶，弯生或近离生，较厚。菌柄较粗壮，圆柱形，长 3~9cm，粗 1~2.5cm，污白色至淡黄色，老后常出现深色斑痕，内部松软至空心。

此菌在四川等地被人晒干，煮洗后食用。但在不少地区往往食后中毒。主要表现为胃肠道病症，如恶心、呕吐、腹痛、腹泻，甚至精神错乱、昏睡、面部肌肉抽搐、牙关紧闭等症状。一般发病快，初期及时催吐可减轻病症。

臭黄菇

可药用。制成"舒筋丸"可治腰腿疼痛、手足麻木、筋骨不适、四肢抽搐。对小白鼠肉瘤 180 和艾氏癌的抑制率均为 70%。该菌子实体含有橡胶物质，可以利用此菌合成橡胶。

16. 粉红枝瑚菌

又称珊瑚菌、扫帚菌、刷把菌（四川）、鸡爪菌、则梭校（西藏）、粉红丛枝菌。

粉红枝瑚菌

分布于我国黑龙江、吉林、河北、河南、甘肃、四川、西藏、安徽、云南、福建等地。

多生于阔叶林中地上，一般成群丛生。此菌与山毛榉等阔叶树木形成外生菌根。

子实体浅粉红色或肉粉色，由基部分出许多分枝，形似海中的珊瑚。子实体高达 10~5cm，宽 5~10cm，干燥后呈浅粉灰色。每个分枝又多次分叉，小枝顶端叉状或齿状。菌肉白色。

不宜采食，食后往往中毒，但经煮沸浸泡冲洗后可食用。中毒症状为比较严重的腹痛、腹泻等胃肠炎症状。对小白鼠肉瘤 180 的抑制率为 80%，而对艾氏癌的抑制率为 70%。

17. 白黄粘盖牛肝菌

分布于我国辽宁、吉林、云南、香港、辽宁、陕西、西藏、四川、广东等地。

夏秋季于松林中地上单生或群生。

子实体较小。菌盖直径 1.5~9cm，半球形，表面黏，白色、淡白色或带黄褐色，老后呈红褐色，幼时边缘有残留菌幕。菌肉白色，后渐变淡黄色。菌管直生或弯生，白色。管口小，近圆形。每毫米 3~4 个，有腺眼。柄长 4~6cm，粗 0.8~1.5cm，柱形，基部稍膨大，内实，初白色，后与菌盖同色，有腺眼。食后往往引起腹泻，但经浸泡、煮沸淘洗后可食用。属外生菌根菌，与松等形成菌根。

白黄粘盖牛肝菌

18. 毛头乳菇

又称疤疼乳菇。

分布于我国黑龙江、吉林、河北、山西、四川、广东、甘肃、青海、内蒙古、新疆、西藏等地区。

毛头乳菇

夏秋季在林中地上单生或散生。属外生菌根菌，与区、榛、桦、鹅耳枥等树木形成菌根。

子实体中等。菌盖深蛋壳色至暗土黄色，具同心环纹，边缘白色长绒毛，乳汁白色，不变色，味苦。菌盖直径 4~11cm，扁半球形，中部下凹呈漏斗状，边缘内卷。菌肉白色。菌褶直生至延生，较密，白色，后期浅粉红色。

有毒，含胃肠道刺激物。食后引起胃肠炎或产生四肢末端剧烈疼痛等病症，还有含毒蝇碱等毒素的记载。子实体含橡胶物质。

蜂蜜在什么情况下会产生毒性

蜜蜂本身无毒，有毒的蜂蜜极其罕见，一般是由于蜜蜂采集有毒的花蜜（或花粉）酿造而成的。其实蜜蜂一般不喜采食有毒的花蜜，只是当干旱季节到来的时候，蜜源缺乏，蜂箱内又缺乏蜂蜜时才采集的。毒物来自雷公藤、昆明山海棠、洋地黄、附子、曼陀罗、钩吻、夹竹桃、乌头等花源。

蜜蜂采蜜图

有的水发制品口感为什么滑而且涩

在鱿、墨鱼等水发制品加工过程中，氢氧化钠是必不可少的加工助剂。氢氧化钠是强碱，对人体有害。用于食品加工，最终必须将其从制品中除去。

如果所吃的水发制品，在口腔里很滑溜并且有涩感，说明有氢氧化钠残留，而且已经浸润至物料的内部。对氢氧化钠没有除尽的水发制品，最好不要食用。真正发好的水发制品，应该是内外口感一致、无涩感的。想要去除水发制品内部残留的氢氧化钠，草草漂洗是不行的。比较好的办法是在水发制品清洗后再加些六偏磷酸钠泡一下，因为六偏磷酸盐的磷酸根很容易渗入制品的内部，与氢氧化钠结合，形成无害的磷酸盐。加醋酸也可中和掉氢氧化钠，但效果不及六偏磷酸钠，且口感不佳，原因是醋酸根不容易渗入内部。

建议血压高或肾脏不太好的人尽量少吃鱿、墨鱼等水发制品。

糖醇的优点和缺点是什么

现在有很多口香糖标明"无糖"。因为使用了糖醇代替传统的蔗糖。糖醇由葡萄糖、麦芽糖、乳糖、木糖分别氢化而得到山梨糖醇、甘露糖醇、麦芽糖醇、乳糖醇和木糖醇等的总称。优点是食用安全、无毒；不会引起龋齿；进入体内转化能量；代谢过程中，无需胰岛素参与。但是糖醇也有缺点，过多食用，会引起腹泻。因为糖醇在人的肠道被吸收时，不同于葡萄糖的吸收。葡萄糖的吸收是主动吸收，是以胰岛素为载体由血液进入细胞；而糖醇的吸收是没有载体的被动扩散式吸收。在肠道，葡萄糖主动吸收速度很快，每天可吸收数百克；糖醇被动吸收，故吸收速度缓慢，每天吸收，根据糖醇分子结构不同，每天最多不超过100g。如果一次性摄入过多的糖醇，积蓄在肠道内一时间吸收不了，会引起肠道渗透压升高而导致腹泻。这是一种生理性腹泻，不是食物中毒。数年前，上海曾报道有人食用以山梨糖醇为甜味料制作的无糖月饼导致腹泻，被定为食物中毒，这是对糖醇认识不足。肠道中糖醇一旦排空，腹泻自动停止。这种腹泻对身体无大碍。

建议成人糖醇每日最大使用量：

山梨糖醇	50g
甘露糖醇	20g
麦芽糖醇	100g
木糖醇	50g
乳糖醇	20g

你用过嫩肉粉吗

嫩肉粉可使肉嫩化，多用于牛肉、猪肉的嫩化。在加工火腿、红肠、酱肉、捆蹄及炖、爆、炒肉和加工肉丸时，嫩肉粉广泛应用。家庭做菜也可用嫩肉粉。按原料的 2% 添加，搅拌均匀，冰箱过夜。

嫩肉粉主要成分为复合磷酸盐、亚硝酸钠、抗氧化剂等。市场上嫩肉粉有两种：一种是以磷酸盐为主要成分；另一种是以蛋白酶为主要成分的产品。磷酸盐为主要成分的嫩肉粉一般用得比较多。嫩肉粉中的复合磷酸盐成分包括三聚磷酸钠、六偏磷酸钠、焦磷酸二氢二钠等。以磷酸盐为主体的嫩肉粉的嫩肉原理是磷酸根渗透到肌肉纤维内部，可改变肉中的 pH，提高肌肉持水性，增大肌球蛋白的溶解性，使肌动球蛋白发生离解，最终达到持水嫩化的目的。使用嫩肉粉能使肉质鲜嫩，外观、口感改善，成品富有弹性，可提高出品率 10%~20%。含蛋白酶的嫩肉粉在广东地区用的比较多，这是一种被称为"木瓜蛋白酶"酶制剂，可水解蛋白质，用于肉制品中，也可以使肉嫩化。

过期食用油为什么不能吃

植物油放置久了，会出现酸败现象，尤其是从大豆、花生等中提取的粗油，酸败更严重，其原因是油中的亚油酸等不饱和脂肪酸容易与空气中的氧发生化学反应，食品科学称为"油脂氧化"。油脂氧化生成具有特殊气味的小分子醛、酮类及羧酸等氧化物、过氧化物。哈喇味就是油脂氧化、酸败的结果。

已经酸败的油脂不能食用，这种油脂加热时烟大呛人，其中含分解物环氧丙醛等，食用后易中毒。酸败油脂急性中毒的毒性作用有 3 个方面：

（1）对胃肠道的直接刺激作用，即进食后，相继出现恶心、呕吐、腹痛、腹泻等；

（2）产生的过氧化物等有毒物质使血红蛋白中铁由 2 价转变为 3 价，血红蛋白因此失去携氧功能，造成机体缺氧，出现黏膜，皮肤青紫；

（3）酸败物质的氧化物对机体酶系中的琥珀酸氧化酶、细胞色素氧化酶等重要酶系有直接破坏作用，干扰细胞内的三羧酸循环、氧化磷酸化，使细胞内能量代谢发生障碍，产生细胞内窒息，使患者出现急性呼吸、循环功能衰竭现象。

实验表明，动物长期食用酸败油脂可出现体重减轻、发育障碍、肝脏肿大等现象，并可诱发肿瘤。含油脂食品，因油脂氧化同样使食品变质而不可食用。

为防止食用油油脂氧化，可在食用油里添加抗氧化剂。

解读食品保质期

食品保质期是食品商品特征之一。预包装食品标签必须注明食品保质期。

为了保证消费者身体健康，规定某种食品在一定的时间范围内品质不变，这就是现代食品保质期的概念。按照食品商品的标签规定，每种食品必须在食品的外包装上注明保质期限。食品的安全标准中规定有细菌总数这一指标，在保质期内，细菌总数没有超出这一指标的就是安全食品；油脂或含有油脂的食品，其安全标准中有油脂酸价的指标，在保质期内，酸价没有超出的就是安全食品。

食品保质期受如下因素影响：

（1）原料新鲜度。保质期的长短跟原材料本身新鲜程度有密切关系。如果原料本来就不新鲜，并且微生物污染太重、油脂氧化、褐变等情况，食品就很容易变质。

（2）产品成分。比如产品中自由水太多，容易导致微生物的生长繁殖、淀粉容易老化、脂肪容易酸败、蛋白质容易变性、褐变容易产生；产品糖度或盐度高，微生物不容易生长繁殖；产品酸度高，大部分细菌在酸性食品中不能良好生长繁殖；含有抑菌物质的食品可长期保存，例如，酒精可杀菌、抑菌等。

注：存在于食品中的水分有两种：束缚水、自由水。前者和食品原料一些分子结合，不会随意流动，不会为微生物利用；后者在食品原料分子间运动，可被微生物利用。

（3）环境的影响。食品应避光、低温，最好隔氧保存。

食品在保质期内，要求口感、风味不应变化。

过去有的食品标签上注有"保存期"，它的概念和保质期的差异在于：产品口感、风味有改变，但不影响内在质量，仍可食用。新的《中华人民共和国食品安全法》取消了保存期概念。

牛磺酸是药品吗

牛磺酸在中国药典命名为 2-氨基乙磺酸。是一种对人体非常有益的功能性营养物质。生理功能主要有：促进婴幼儿脑组织和智力发育；提高神经传导和视觉机能；防止心血管疾病；增加脂质和胆固醇的溶解性，抑制胆固醇结石的形成；改善内分泌，增强人体免疫力；还具有一定的降血糖作用和改善记忆的功能等。另外，牛磺酸还是解热镇痛药的非处方药类，用于缓解感冒初期的发热。

牛磺酸作为营养强化剂在国外被使用于许多食品中，2007 年美国年消费量超过 12000t、日本年消费 5000t。我国牛磺酸产量不低，年产量约为 3000t，但是其中 90% 用于出口，药用占 5%，食品添加剂占 5%。真正在食品中使用不多，每年只有 150t 左右，而且大多数用在保健食品中。

味精对人体有害吗

味精是世界上用量最多的调味剂之一。学名谷氨酸钠。谷氨酸是人体蛋白质组成的氨基酸中的一种，是脑组织氧化代谢的氨基酸之一，有降低血液中氨含量的作用，还可改善神经有缺陷的儿童的智力等。人的生命活动离不开谷氨酸。

味精在食盐咸味中呈现鲜味，微酸性更鲜。食品中 0.2%~0.8% 的味精能有效增加食品的天然风味。

人体自身也可以合成谷氨酸，但谷氨酸的来源还是靠食物中蛋白质。各种动植物蛋白质中都含有谷氨酸，小麦粉面筋中谷氨酸含量达 35%，每食用 100g 小麦面粉即摄入谷氨酸 2g 左右。谷氨酸钠可直接加到食品中，也可以制成复合调味料。

国际上许多权威机构都做过味精的各种毒理试验，到目前为止，还未发现味精在正常使用范围内对人体有任何危害的证据。

一般而言，汤水中味精浓度在 5g/kg 左右时就有很好的鲜味。味精的推荐用量为 1~8g/ 日。谷氨酸钠在食盐存在时呈现"鲜味"，正常人每天摄入最多不宜超过 6g。跟踪定量发现一般人每天摄入味精只有 1~2.5g，非常安全。但是老年人食用味精要像食用食盐一样慎重，患有高血压、肾炎、水肿等疾病的病人要注意。日本科学家研究发现，日摄味精数十克会影响视力，严重时可能会导致失明。

鸡精真的是鸡的精华吗

鸡精是一种很好的调味品。质量好的鸡精中含有鲜鸡的提取物、味精、肌苷酸和鸟苷酸（商品简称 I+G），再配以盐、糖、香辛料、鸡味香精等物质调制而成。

发达国家调味品发展从一代的普通味精开始，第二代强化 I+G 的强力味精（所谓的 I+G，即分别是肌苷酸和鸟苷酸英文缩写。痛风病人应少吃含这类核苷酸的食品），第三代就是鸡精。鸡精因含多种调味剂，其味道比较综合、协调。在国外已经使用了数十年而不衰，足见其受欢迎的程度。鸡精可以替代味精应用于许多食品，尤其是适合使用于汤类。水产品除外。有些人很忌讳味精，做菜时不使用味精，选择鸡精。其实这是一种误解，首先应该认识到摄入规定剂量的味精其实是无害的；其次也需了解鸡精中也含有味精成分，合格的鸡精中味精占有 35%~40%，鸡的成分不占有太大的比例。

亚硝酸盐是怎么产生的

亚硝酸盐是食品添加剂，用在肉制品加工中，规定肉制品中亚硝酸的最大残留量为 30mg/kg。

但食品中亚硝酸盐并不都是人为添加的，天然食品中也广泛存在着亚硝酸盐。千万不要忽视食品原料中硝酸盐的存在！

硝酸盐和亚硝酸盐广泛存在于自然界的土壤及水域。一些植物体内也含有硝酸盐，不同的品种含量不同，如绿色蔬菜中的甜菜、莴苣、菠菜、芹菜及萝卜等硝酸盐含量都比较高。这是由于农作物栽培，使用含氮农药、含氮肥料造成的。硝酸盐可转化成亚硝酸盐。

有些腌制蔬菜，工艺有问题，致使亚硝酸盐含量偏高，据报道，个别腌制蔬菜中亚硝酸盐含量高达 78mg/kg。喜吃酸菜的东北地区，胃癌发病率较高，可能就是因为长期摄入较多亚硝酸盐所致。

亚硝胺对人体是如何产生危害的

大量的动物实验已确认，亚硝胺是强致癌物，并能通过胎盘和乳汁引发后代肿瘤。同时，亚硝胺还有致畸和致突变作用。人群中流行病学调查表明，人类某些癌症，如胃癌、食道癌、肝癌、结肠癌和膀胱癌等都可能与亚硝胺有关。

要知道亚硝胺是如何形成的，先要从硝酸盐说起。从上文我们已经知道，我们每日摄入的食品中，粮食、蔬菜、鱼肉、蛋奶等，多少都含有硝酸盐。硝酸盐在微生物的作用下会转化为亚硝酸盐。亚硝酸盐极易与含胺物质化合，生成亚硝胺。烟熏或盐腌的鱼及肉中含有较多的胺类，这些胺类物质，无论是在体外还是体内，当有亚硝酸存在时，会发生反应产生亚硝胺。香港曾报道咸鱼内含有较多的二甲基亚硝胺（DMN）。另外，在霉变的食品中亦有亚硝胺形成。在人体胃的酸性环境中，亚硝酸盐和蛋白质降解的胺类物质生成亚硝胺。

通常条件下，膳食中的少量亚硝酸盐不会对人体健康造成危害，只有过量摄入亚硝酸盐，体内同时缺乏维生素 C 的情况下，才会对人体引起危害。此外，长期食用亚硝酸盐含量较高的食品，或直接摄入含有亚硝胺的食品，有可能诱发癌症。

要预防亚硝胺中毒，首先在食品加工中防止微生物污染，降低食品中亚硝盐含量也至关重要；同时加强对肉制品的监督、监测，严格控制亚硝酸盐的使用量；少吃或不吃隔夜剩饭菜。因为剩菜中的亚硝酸盐含量明显高于新鲜制作的菜肴；少吃或不吃咸鱼、咸蛋、咸菜。因为其中也含有较多的亚硝胺化合物；在腌制食品时，要注意掌握好时间、温度和食盐的用量。

此外，每天食用水果及蔬菜。水果中维生素 C 可阻断胃内亚硝胺的合成，降低胃内亚硝胺的含量；菠菜、草莓、花椰菜、莴苣、胡萝卜、土豆、日本萝卜等能抑制亚硝化作用。有的蔬菜汁能抑制 N-甲基-N-硝基-N-亚硝基胍或甲基亚硝基脲引起的烷化作用，其有效性顺序为：萝卜 >

圆白菜＞豌豆＞黄瓜＞芹菜＞牛奶＞西红柿。

据调查，常吃大蒜的人身体中亚硝酸盐含量显著低于少食大蒜者，其原因可能是由于大蒜对硝酸盐还原菌有抑杀作用，通过进食大蒜阻断亚硝酸盐产生是预防胃癌的又一可能措施。

茶叶，尤其是绿茶的作用不可低估。除了已知的抗氧化、防衰老作用，还具有抑制亚硝胺形成的作用。

馒头不是越白越好

早期从广东输入香港的馒头很白，很受市民欢迎。在普通面粉中添加过氧化苯甲酰进行氧化漂白，蒸出的馒头白白净净，很有卖相，很诱人。

但馒头真的是越白越好吗？

大家都知道，馒头是由面粉制成的，小麦磨制的面粉，混入了破碎的皮质，因为其中含有核黄素、β-胡萝卜素等，呈现微带黄色，这是正常的。面粉生产厂家在面粉中添加一种叫过氧化苯甲酰的氧化漂白剂。它可以氧化核黄素、β-胡萝卜，使其褪色。过氧化苯甲酰不仅可使面粉增白，还可加速面粉陈化，防止面粉霉变。《食品添加剂通用法典标准》规定，面粉中过氧化苯甲酰添加剂量不超过60mg/kg。过氧化苯甲酰不稳定，会转化为苯甲酸。含有过氧化苯甲酰的馒头加热时，过氧化苯甲酰转化为苯甲酸，当温度超过100℃时，苯甲酸随水蒸气而升华掉一部分，还有极少量的苯甲酸进入人体，在肝脏中被解毒，对人体不会构成危害。

我国根据消费者的要求，认为面粉中没有添加过氧化苯甲酰的必要性，2011年，当时的卫生部发文，从2011年5月1日起取消了过氧化苯甲酰作为食品添加剂在食品中的应用。市场上如果发现有过氧化苯甲酰处理的面粉属于非法添加。

食品中微生物是哪里来的

食品中微生物来源有如下几个方面。

1.食品原料带来的，尤其是变质食品原料
用发霉的花生米做出的花生酱虽然味美可口，但其中的黄曲霉素可能

已超标。黄曲霉素可致肝癌。

2. 食品生产操作人员带来的

食品卫生检测,大肠菌群是一个指标,这个卫生指标表示食品被粪便污染的程度。食品中大肠菌群主要来源于食品生产人员。有疾病的生产人员更会给食品带来其他污染。

3. 食品生产设备清洗不彻底残留的

典型的例子就是磨大豆、磨大米的磨子较长时间使用而不清洗,存在有大量的微生物。许多豆制品、糕团、年糕在非常短的时间内变坏与此有关。

4. 食品生产车间不卫生,微生物残留量不达标

车间里不卫生,微生物及它们的孢子体到处飘扬,对食品造成微生物污染。

5. 包装材料存留的

包装材料许多种类,由于生产、运输、贮藏等不注意卫生管理,也会导致微生物污染。

鱼胆不可食

鱼胆不可食用,切记!

鱼胆主要的成分是胆盐、氰化物和组胺。胆盐和氰化物可破坏细胞膜,使细胞受损伤,氰化物还能影响细胞色素氧化酶的生理功能。组胺物质可引起人体过敏反应。鱼胆汁毒素能引起脑、心、肾、肝等脏器的损害,严重的鱼胆中毒可致中毒者死亡。鱼胆中毒潜伏期为 0.5~12h。鱼胆中毒表现症状如下。

消化道症状:腹痛(以脐周为主)、恶心、呕吐、腹泻。

肝脏损害表现:肝区痛、黄疸、肝肿大等。可持续 1~2 个月。

肾脏损害表现:轻者出现尿成分变化,重者可出现少尿、浮肿、急性肾功能衰竭。

神经系统表现:可出现末梢型感觉及运动障碍,如唇、舌及四肢远端麻木、双下肢周围神经瘫痪。

心肌损害表现：可有心动过速、心脏扩大、心衰及阿斯综合征。

吃鱼要小心

有些鱼有毒。关于毒鱼，情况较为复杂。美国最新一项研究显示，全球有毒鱼类物种达1200多种，它们生活在淡水或海水水域，既有硬骨鱼，也有软骨鱼。有毒鱼类的数目要超过所有有毒脊椎动物的总和。

按鱼毒的种类区分，常见的有以下几种。

（1）含神经毒素的鱼：如众所周知的河豚，它的卵巢、肝脏、血液和肾脏中均含有侵害神经组织的剧毒物质。仅半毫克的河豚毒素就可使人致死。

（2）含血毒的鱼：这种鱼的血液中含有鱼血毒素。在江河中生活的黄鳝和鳗鱼都含有血毒。血毒经高温处理可以失效。但人类喜欢生吃黄鳝血，说有滋补作用，有时可对胃造成毒害。

（3）含卵毒的鱼：含卵毒的主要是某些裂腹鱼亚科的鱼类。成熟的鱼卵毒性最大。毒物是珠朊型蛋白。高温处理后仍有毒性。人吃进100~200g鱼卵即会中毒。但肉无毒。

（4）含胆毒的鱼：以鲩鱼、鳙鱼（大头鱼）、鲢鱼（鳊鱼）和鲤鱼的胆毒毒力最强。常引发人的中毒。胆毒主要损害肾、肝、心、脑等组织。有人误认为鱼胆可以治病而吞食是错误的。

（5）含组胺酸过多的鱼：鱼内含过多的组胺酸也可引发人的中毒，这一类鱼大部是青色的皮肤，红色的肉。如青鳞鱼、鲐鱼、师鱼和金线鱼等。当在适宜的条件下，存在于这些鱼体内的组胺酸经过分解，可生成大量的组胺与一种叫秋刀鱼毒素的物质，使人中毒。

有些鱼本身无毒，会把毒素累积到自己身上，人们再吃这些鱼时就会中毒。现在由于环境污染日趋严重，毒素通过食物链富集浓缩，鱼越大越名贵，食用起来可能也就越危险。

因此，吃鱼时，除了要注意鱼本身是否新鲜，还要尽量避免买那些有毒的鱼。带有煤油味的鱼虾是酚污染，还有重金属或农药污染的鱼，体内含有生物毒素的鱼等。不要总是吃体型大的海鱼，如鲨鱼、金枪鱼、旗鱼、鲭鱼和方头鱼，容易发生汞中毒。尤其是孕妇、哺乳期妇女和儿童不要食用这些鱼。

畸形的鱼：畸形的鱼不要吃，死的甲鱼、鳝鱼更不可食；鱼肉中还可能存在华枝睾吸虫等寄生虫，除了加工时要彻底洗干净外，烹调时要注意煮熟煮透。

吃鱼有益于身体健康，但一定要学会吃鱼，这一点非常重要！

含雪卡毒素的深海鱼

雪卡毒素属于神经毒素，毒性比河豚毒素更强。无色无味，脂溶性，不溶于水，耐热，不易被胃酸破坏，主要存在于热带珊瑚鱼的内脏、肌肉中，尤以内脏中的含量最高。

带有雪卡毒素的热带珊瑚鱼广泛存在于太平洋、印度洋等热带、亚热带海域的珊瑚礁周围和近海岸。全世界约有400多种。我国有30多种，主要分布在广东、南海诸岛，其中包括海产品市场和餐桌上常见的老虎斑、东星斑、西星斑、杉斑、苏眉等石斑鱼和鲈鱼等。

经常吃上述种类的鱼容易增加中毒的机会。近年来，雪卡毒素中毒事件有逐渐蔓延的趋势，其原因就是海洋污染和全球气候变暖对珊瑚礁造成巨大伤害。2006年，广东省雪卡毒素中毒的人数已超过数百人，汕头、中山、深圳等地都发生过大规模雪卡毒素中毒事件，罪魁祸首则大多是广东人喜食的石斑鱼。

雪卡毒素属于神经毒素，多会积聚在鱼类的肝脏、胆、卵等内脏，为安全起见，不要吃鱼的内脏。此外，加热、冷藏及晒干等办法皆不能把毒素清除。需要提醒的是，食用时还要避免同时喝酒及吃花生或豆类食物，以免加重中毒的程度。

雪卡毒素中毒的症状与有机磷中毒有些相似，一些人开始感到唇、舌和喉的刺痛，接着在这些地方出现麻木；另一些病例首先的症状是恶心和呕吐，接着是口干、肠痉挛、腹泻、头痛、虚脱、寒战、发热和肌肉痛等症状，接触冷水犹如触电般刺痛，中毒持续恶化直到患者不能行走。中毒症状可持续几小时到几周，甚至数月，最严重者会导致死亡。

鱼翅少吃为好

鱼翅名贵而美味，为什么不能多吃呢？其实不是鱼翅本身的问题，这还要从汞说起。汞又称水银，对人体有极大毒性。汞通过对核酸、核苷酸和核苷的作用，阻碍了细胞的分裂过程。无机汞和有机汞都可引起染色体异常并具有致畸作用。鲨鱼体内含有的是有机汞，名为甲基汞。无机汞和元素汞在进入身体里后，很容易被身体排出体外，但甲基汞和肌体有着很好的亲和力，甲基汞进入人体内，每天只能排出体内总量的1％，积累到一定剂量对人体危害是很大的。

鲨鱼体内的甲基汞是从哪来的呢？

当汞以无机汞的形式排放到水里，水体中，汞在微生物作用下，转化为吸收率高、毒性较强、易溶于水的甲基汞。甲基汞能在水中迅速扩散，并在水生生物中逐级累积，鲨鱼处于食物链高层，所以甲基汞最终会在鲨鱼体内大量积聚。鲨鱼鱼翅中含有大量的甲基汞，经常食用鱼翅于身体健康有害，千万不能多吃！

赤潮引起的贝类中毒

贝类又称软体动物，海产软体动物中毒亦可称为贝类中毒。引起中毒的海产软体动物有鲍鱼、泥螺、织纹螺、贻贝、毛蚶、文蛤、长牡蛎等。

贝类的毒化与"赤潮"有关。有些赤潮生物分泌赤潮毒素，当鱼、贝类处于有毒赤潮区域内，摄食这些有毒生物，生物毒素可在体内积累，其含量大大超过人们食用时人体可接受的水平。这些鱼虾、贝类如果不慎被人食用，就会引起人体中毒，严重时可导致死亡。由赤潮引发的赤潮毒素统称贝类毒素即贝毒。贝毒中毒症状为：初期唇舌麻木，发展到四肢麻木，并伴有头晕、恶心、胸闷、站立不稳、腹痛、呕吐等，严重者出现昏迷、呼吸困难。赤潮毒素引起人体中毒事件在世界沿海地区时有发生。

常见污染贝类有如下几种。

麻痹性贝类中毒：紫贻贝、巨石房蛤、扇贝、巨蛎等。临床表现：毒素主要麻痹人的神经系统，初起为唇、舌、指尖麻木，随后腿、颈麻木。

腹泻性贝类中毒：仅限于双壳贝，尤以扇贝、紫贻贝最甚，其次是杂色蛤、文蛤和黑线蛤。临床表现：通常以胃肠道紊乱为主，症状为恶心、呕吐、腹泻、腹痛，伴有寒颤、头痛、发热。

目前，我国以麻痹性贝类中毒（PSP）和腹泻性贝类中毒（DSP）为常见类型，黄海主要为腹泻性毒素，南海主要为麻痹性贝毒。目前，对有毒贝类中毒尚无解毒药物，仅采取排毒措施、对症治疗及支持治疗。

慎食甲状腺及淋巴腺

人和动物都有淋巴腺。淋巴腺是保卫组织，分布于全身各部，为灰白色或淡黄色如豆粒至枣大小的"疙瘩"，俗称"花子肉"。动物的脖子是淋巴最多的地方。淋巴器官则是机体免疫的主要场所，极易积存病原体和有害物质。食用猪脖子肉特别注意要剔除肉中的小疙瘩。

宰杀鸡鸭时，往往从脖子下部的表皮下面发现一个个类似黄豆大小的结节，那就是禽类的淋巴结节，表示这只家禽有炎症或者其他的问题。鸡鸭颈好吃，但要除去这些小结节才安全。

动物的甲状腺中含有甲状腺素，如果误食，过量的甲状腺素进入人体，扰乱了正常的内分泌活动而使机体呈类似甲状腺机能亢进的症状。猪甲状腺位于气管喉头的前下方，是一个呈椭圆形颗粒的肉质物，附在气管上，俗称"粟子肉"，不可食。误食甲状腺的临床症状是：21h内，头晕、目眩晕、头痛、胸闷、恶心、呕吐、便秘或腹泻，并伴有出汗、心悸等现象。3~4d后，局部或全身有出血性丘疹，皮肤发痒，间有水泡、皮疹，水泡消退后普遍脱皮。少数人下肢和面部浮肿、肝区痛、手指震颤。严重的，发高热、心动过速，从多汗转为汗闭、脱水。

鸡臀尖不可食

鸡臀尖又称鸡屁股，是肛门上方的三角状肥肉块，很多人喜欢吃。其实还真是不要吃的好。为什么呢？鸡臀尖是鸡身上淋巴较为集中的地方，小突尖底下有一个特别的组织叫腔上囊，这是左右对称的两块淡黄色的淋巴腺体。含有大量的巨噬细胞，鸡吃了一些污染毒物，例如杀虫剂杀死的虫体、散落在马路上的粮食被沥青污染或饲料内含有致癌物质，经消化吸收以后，被巨噬细胞吞噬送到囊内贮存，这些致癌物质不能排出体外，即使鸡肉煮熟仍不能被破坏。

长期食用未切除腔上囊的鸡，将会引起胃肠道或肝脏的癌症。所以建议在杀鸡时，将鸡臀尖即鸡屁股切除扔掉。

吃动物肝脏要小心

动物肝脏含有丰富的蛋白质、维生素、微量元素和胆固醇等营养物质，对促进儿童的生长发育，维持成人的身体健康都有一定的益处。但是，肝脏是动物的最大解毒器官，动物体内的各种毒素，大多要经过肝脏来处理、转化、结合，因此，肝脏中暗藏着杀机。上海某高校食堂曾发生教师食用炒猪肝中毒，检查结果是猪肝中含有"瘦肉精"。动物体内其他组织发生病变时，有时肝脏也会首先发生肿大、瘀血。由于肝脏贮血较多，血量丰富，所以进入动物体内的细菌、寄生虫，往往在肝脏生长繁殖。此外，肝脏本身也容易发生病变，如动物的肝炎、肝硬化、肝癌等。因此，食用肝脏时一定要注意。

（1）要选择健康肝脏。肝脏瘀血、异常肿大、内包白色结节、肿块或干缩、坚硬，或胆管明显扩张，流出污浊的胆汁或见有虫体等，都可能为病态肝脏，不宜食用。

（2）对可食肝脏，食前必须彻底消除肝内毒物。一般的方法是反复用水浸泡3~4h。如需急用，也可在肝表面切上数刀，以增加浸泡效果，彻底去除肝内积血之后，方可烹饪食用。烹饪时要充分加热，使之彻底熟透，不可半生食用。

（3）当心鱼类肝脏中毒。鱼类中的鲅鱼、鲨鱼、旗鱼和硬鳞脂鱼等鱼的肝脏，经常引发中毒事件。这些鱼类中肝脏，更易使人中毒。鲨鱼等鱼肝中毒的原因，有两种说法：一为摄入过量维生素A所致，另一种则认为是鱼油毒素引起。预防措施是，水产经营部门在批发、零售水产品时，应先去除上述这些鱼类的肝脏。

（4）因为动物肝脏富含胆固醇，因此胆固醇高所引起的疾病患者要少吃或不吃肝脏，如高血脂症、动脉粥样硬化、冠心病及动脉硬化引起的高血压患者。

肝脏含有大量维生素 A，虽然维生素 A 有益于身体健康，但是一次性地大量摄入也会中毒。每天摄入过量维生素 A 的时，还会引发骨质疏松症。另外，动物肝含胆固醇、嘌呤较高，患有高血脂症、高尿酸血症或痛风的病人应尽量避免食用。

反式脂肪的危害

反式脂肪是最近几年经常在媒体上出现的一个新词汇。

自然界中存在的脂肪酸，无论是饱和的或是不饱和的，其碳链上的残基排列都是顺式结构。不饱和脂肪酸，在加热的情况下，碳链上的残基排列会发生变化；大豆油加氢氢化后，产生了反式脂肪。

几乎所有的油炸食品都含有反式脂肪，如饼干、奶油蛋糕、炸面包圈、沙拉酱等。目前，含反式脂肪酸产品被食品加工业者广泛添加于食品中。因为食品中添加反式脂肪后，会增加口感，让食物变得更松脆美味。婴儿食品植脂末、珍珠奶茶中都有氢化植物油，含有大量反式脂肪。

现代研究表明，反式脂肪对心血管疾病、糖尿病人及胎儿生长发育等会产生不利影响。比如引发心血管疾病：由于反式脂肪分子结构与一般的顺式脂肪不同，反式脂肪不易被人体吸收。含不饱和脂肪的红花油、玉米油、棉籽油可以降低人体血液中的胆固醇水平，但当它们被氢化为反式脂肪后，作用就恰恰相反，反式脂肪能升高 LDL（低密度脂蛋白胆固醇），同时降低 HDL（高密度脂蛋白胆固醇）。而科学研究发现，LDL 正是引发血压升高、动脉硬化等心血管疾病的元凶。此外，还会引发肥胖症：经常吃薯片、奶油及油炸食品的人更容易发胖。这是因为反式脂肪因不容易被人体消化，容易在腹部积累。更可怕的是，反式脂肪会影响人类生育，胎儿通过胎盘、新生婴儿通过母乳均可以吸收反式脂肪，这会影响对必需脂肪的吸收。此外，对生长发育期的婴幼儿和成长中的青少年也有不良影响。反式脂肪会对青少年的中枢神经系统的生长发育造成不良影响，抑制前列腺素的合成。还会减少男性荷尔蒙分泌，对精子产生负面影响，中断精子在身体内的生成。另外，还发现过度摄入反式脂肪会降低记忆力：青壮年时期如果摄入过量反式脂肪，老年时患老年痴呆症的比例更大。这与反式脂肪引起的高密度脂蛋白胆固醇含量下降有关。而高密度脂蛋白胆固醇可以有效防止心脏病及其他心血管疾病。

反式脂肪是一种对人体不可忽视的危害因素，因此，平时应减少富含氢化油食物（如含大量人造奶油的奶油蛋糕、牛油曲奇和洋快餐——炸薯条、炸鸡腿等）的摄入量。许多国家已经开始生产低含量或无反式脂肪的产品。美国已禁止在食品中使用含反式脂肪酸的食品原料。

这样吃油健康吗

现在大家对健康都十分重视，其表现之一是十分重视对油脂的摄入。但是，在日常生活中难免会有一些误区。

1. 吃植物油，不吃动物油

人们认为动物油含饱和脂肪酸和胆固醇，吃了易引发冠心病、肥胖症等，因而专吃植物油，其实这很片面。动物油（鱼油除外）含饱和脂肪酸，易导致动脉硬化，但它又含有对心血管有益的多烯酸、脂蛋白等，可起到改善颅内动脉营养与结构、抗高血压和预防脑中风的作用。猪油还具有构成人体饱腹感和保护皮肤和脏器、维持体温等功能。

只吃植物油会促使体内过氧化物增加，过氧化物与人体蛋白质结合形成脂褐素，在器官中沉积，会促使人衰老。此外，过氧化物增加还会影响人体对维生素的吸收，增加乳腺癌、结肠癌发病率。过氧化物还会在血管壁、肝脏、脑细胞上形成，引起动脉硬化、肝硬化、脑血栓等疾病。理想的食油方式应该是植物油、动物油搭配食用，有利于防止心血管疾病。植物油含不饱和脂肪酸，可防止动脉硬化。所以用动物油1份、植物油2份制成混合油食用，可以取长补短。

2. 标有不含胆固醇字样的油才是好油

许多人忌讳食品中胆固醇，认为它是有害物质。有些厂家为此特地在自己植物油产品标签上特别注明"本品不含胆固醇"。其实胆固醇及其衍生物质是构成一切机体结构的基本成分。人体需要胆固醇，可以自己合成，不足部分由外界摄入。作为一种反馈，如果从外界摄入胆固醇较多，体内合成就会自动减少。动物性油脂含有胆固醇，适量摄入，对人体有益无害。

3.橄榄油最贵，所以营养价值当然也最高

橄榄油提炼比较困难，生产成本较高，所以价格也较高。

橄榄油有很多好处，比如，它可以软化血管，对心脑血管疾病能起到一定的防治作用，还可以降低糖尿病人的血糖含量，预防癌症和老年失忆症等。橄榄油还能促进上皮组织的生长，可用于烧伤烫伤的创面保护，而且不留疤痕。橄榄油的维生素含量是最高的，它所含的欧米伽-3脂肪酸也是不可替代的。

尽管如此，也不能光吃橄榄油，因为每一种植物油都有自己的独特之处，因此，最好的选择是各种油换着吃。其他的植物油如葵花油、大豆油和玉米油，含有丰富的不饱和脂肪酸，可以增强身体的免疫力，改善皮肤状况，加速胃溃疡的痊愈，降低血压和胆固醇，是大脑正常运转所必需的原料，也应经常食用。

▌第二章▐
工业化进程和环境因素
对食品安全的影响

引　言

　　数十年来，中国发展有特色的社会主义，实行经济改革，工业化进程大大加快。但是由于工农业的大发展是以粗放生产为手段进行的，国家的经济上去了，人们赖以生存的环境在许多地方遭到不同程度的破坏。许多有毒有害物质在工农业生产时进入环境。有毒有害物质转移，进入到人们的食物链，被人们吸收，这就是10多年来逐渐频繁出现的食品安全问题困扰着人们的原因。使得有人产生"我们还有什么可以吃！"的担心。

　　食品被有毒有害物质污染，有的可以鉴别，但是大多数仅凭感官无法鉴别，而是要通过化学分析或精密的仪器分析才能知晓。食品被污染的有毒有害物质包括：生物污染、化学污染、物理污染。本书只介绍生物污染和化学污染。

　　食品的化学污染包括农药、兽药、激素、工业污染化学物质、包装材料及其添加剂等。化学性污染危害最严重的是化学农药、有害金属、环境激素等。

　　食品的生物污染包括病毒、细菌、真菌、寄生虫和昆虫等污染食品。

　　食品化学污染的危害：

　　（1）有毒有害物质积累引起器官病变；

　　（2）生长发育异常；

　　（3）致畸、致癌。

　　食品生物污染的危害：

　　（1）致病菌引起急性食物中毒；

（2）细菌进入人体感染致病；

（3）霉菌毒素进入人体致癌；

（4）寄生虫及虫卵进入体内寄生致病；

（5）昆虫或其残体使人致敏等。

希望大家在了解这方面知识以后，可以引起足够的重视，在自己日常生活中努力避免摄入有害的被污染的食品。

食品的农药污染

农药是一类特殊的化学品，它既能防治农林病虫害，也会对人畜产生危害。因此，农药一方面造福于人类，另一方面也给人类赖以生存的环境带来危害，据文献报道，农药利用率一般为10%，也就是说大约90%的农药残留在环境中，造成对环境的污染。大量散失的农药挥发到空气中，流入水体中，沉降聚集在土壤中，污染农、畜、渔、果产品，并通过食物链的富集作用转移到人体，对人体产生危害。农药可以间接对人体造成危害。间接途径就是农药对环境造成污染，经食物链的逐步富集，最后进入人体，引起慢性中毒。高效剧毒的农药，毒性大，且在环境中残留的时间长，当人畜食用了含有残留农药的食物时，就会造成积累性中毒。这类危害往往要经过较长的时间积累才显示出症状；它又是通过食物链的富集作用，最后才进入人体，不易及时发现，而且这类污染范围广，危害的人众多。

目前，世界各国的化学农药品种约1500多种，其中常用的达300余种。2012年我国卫生部、农业部规定了食品中322种农药最大残留限量强制性安全标准。

农药可以通过人的皮肤、呼吸道和消化道进入人体。常见急性农药中毒事故大多数是由误食被农药严重污染的食品引起的。然而，人们可能常摄入的是一些被农药轻微污染的食物，而造成农药中毒素在人体内的累积，累积到一定程度就会发生病变，因而我们更要警惕慢性农药中毒。

食品的农药污染途径：

（1）直接施用农药造成食品及食品原料的污染：胡萝卜、草莓、菠菜、萝卜、马铃薯、甘薯等最容易从土壤中吸收农药；番茄、茄子、辣椒、卷心菜、白菜等吸收能力较小；

（2）给动物使用杀虫农药时，可在动物体内产生药物残留；

（3）农产品贮存期间为防止病虫害、抑制成长而施用农药，也可造成食品农药残留；

（4）农药可残留在土壤中，被作物吸收、富集，而造成食品间接污染；

（5）农药残留被一些生物摄取累积于体内，通过食物链转移至另一生物，经过食物链的逐级富集后，可使进入人体的农药残留量成千倍甚至上万倍的增加；

（6）意外事故造成的食品污染。

下面主要介绍各类农药可能会对食品造成的污染及清除方法。

有机氯类农药

有机氯农药主要分为以苯为原料和以环戊二烯为原料的两大类。

最早使用的有机氯农药是以苯为原料，包括应用最广的杀虫剂 DDT 和六六六及 DDT 的类似物甲氧 DDT、乙滴涕，杀螨剂如三氯杀螨砜、三氯杀螨醇、杀螨酯等。

从 20 世纪 40 年代开始，DDT、六六六两种农药，广泛用于防治作物、森林和牲畜的害虫。稍后出现的环戊二烯类杀虫剂由于药效稳定持久，防治面广，在许多国家也得到较多的应用。后来由于这些农药残留毒性的发现，对它们的使用才进行了控制。

六六六、DDT 等我国早已禁用，但至今仍有违规使用的情况，尤其林丹、七〇五四、毒杀芬、氯丹等。有机氯农药为脂溶性化合物，由于挥发性小，非常稳定，不易水解和降解，在土壤中不可能大量地向地下层渗漏流失，而能较多地被吸附于土壤颗粒，一般情况下，有机氯农药中的六六六在土壤中消失时间约需 6 年半。DDT 在土壤环境中消失时间约需 10 年。

有机氯农药从食物链底层开始，从水体中经浮游生物吸食，鱼虾吃浮游生物，最终进入水鸟、人体，其富集可提高到 800 万倍。果蔬及粮、谷、薯、茶、烟草都可残留有机氯，禽、鱼、蛋、奶等动物性食物污染率高于植物性食物，而且不会因其贮藏、加工、烹调而减少，很容易进入人体积蓄，危害包括中毒和致癌两种情况。

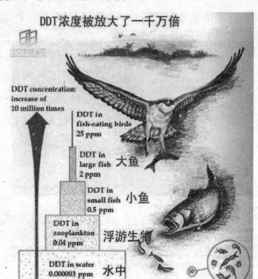

因农药的氯苯结构较为稳定，不易为生物体内酶系降解，所以积存在动、植物体内的有机氯农药分子消失缓慢，能在肝、肾、心脏等组织中蓄积，由于这类农药脂溶性大，所以在脂肪中蓄积最多。蓄积的残留农药也能通过母乳排出，或转入卵蛋等组织，影响子代。因此，各国对有机氯农药在食品中的残留有严格规定，德国、日本、美国等不允许在食品中检测出环戊二烯类杀虫剂。

我国于 20 世纪 60 年代开始禁止在蔬菜、茶叶、烟草等作物上施用DDT、六六六，在一般作物上也注意控制使用。1983 年我国开始禁用六六六和滴滴涕等有机氯农药。

有机氯农药的去除

有机氯不溶于水，各种食品原料，不能通过水洗除去有机氯农药。

在粮食中，有机氯农药主要残留在粮皮中，所以粮食碾磨，可除部分有机氯农药；水果经削皮后，能除去大部分残留农药；蔬菜加热烹调也能除去一部分有机氯农药。果蔬清洗时，用臭氧水清洗，达不到预期效果，90℃水漂烫使酶失活防止褐变，但同时也去除大部分有机氯农药。

有机磷类农药

有机氯农药禁用后，有机磷农药取而代之，成为我国使用量最大的农药。有机磷农药一般用于对于生长期短、病虫害多的蔬菜，如青菜、小白菜、黄瓜、西红柿、甘蓝、茄子等。

有机磷农药的特点是：防治对象多，应用范围广，环境中不残留，降解快（一般在几周到几个月），牲畜体内一般不积累，因而残毒低。有机磷农药是用于防治植物病、虫、害的含有机磷的一类化合物。但有不少品种对人、畜的急性毒性很强，在使用时要特别注意安全，近年来，高效低毒的品种发展很快，逐步取代了一些高毒品种，使用上更安全有效。

有机磷农药的毒性为神经毒。它经皮肤、黏膜、消化道、呼吸道吸收后，很快分布全身各脏器，以肝中浓度最高，肌肉和脑中最少。它主要抑制人脑中乙酰胆碱酯酶的活性，使得乙酰胆碱不能水解而过量蓄积，使得神经过度兴奋，引起神经系统症状的中毒症状。

有些品种可经转化而增毒，如1605氧化后毒性增加，敌百虫在碱性溶液中转化为敌敌畏而毒性更大。

潜伏期：按农药品种及浓度，吸收途径及机体状况而异。一般经皮肤吸收多在2~6h发病，呼吸道吸入或口服后多在10min~2h发病。

发病症状：不管是通过皮肤、呼吸道、消化道哪一种方式吸收的，中毒的表现基本相似，但首发症状可有所不同。如经皮肤吸收为主时常先出现多汗、流涎、烦躁不安等；经口中毒时常先出现恶心、呕吐、腹痛等症状；呼吸道吸入引起中毒时视物模糊及呼吸困难等症状可较快发生。

有机磷农药的去除

浸泡去除法：有机磷杀虫剂难溶于水，此种方法仅能除去部分污染的农药。但水洗是清除蔬菜瓜果上其他污物和去除残留农药的基本方法。主要用于叶类蔬菜，如菠菜、金针菜、韭菜花、生菜、小白菜等。一般先用水冲洗掉表面污物，然后用清水浸泡，浸泡不少于10min。果蔬清洗剂可促进农药的溶出，所以浸泡时可加入少量果蔬清洗剂。浸泡后要用清水冲洗 2~3 遍。

碱性水去除法：大多数有机磷类杀虫剂在碱性环境下，可迅速分解。一般在 500mL 清水中加入食用碱 5~10g 配制成碱水，将初步冲洗后的水果蔬菜置入碱水中，根据菜量多少配足碱水，浸泡 5~15min 后用清水冲洗水果蔬菜，重复洗涤 3 次左右效果更好。

贮存去除法：有机磷农药在环境中可随时间的推移而缓慢地分解为对人体无害的物质。所以对易于保存的瓜果蔬菜可通过一定时间的存放，减少农药残留量。此法适用于苹果、猕猴桃、冬瓜等不易腐烂的种类。一般存放 15d 以上。注意，不要立即食用新采摘的未削皮的水果。

氨基甲酸酯类农药

氨基甲酸酯杀虫剂属于植物源杀虫剂。具有高效、残留期短的优点，对人的毒性比有机磷农药更低。

氨基甲酸酯类农药可经呼吸道、消化道及皮肤、黏膜进入体内，主要分布在肝、肾、脂肪和肌肉组织中。在体内代谢迅速，经水解、氧化和结合等代谢产物随尿排出，24h 一般可排出摄入量的 70%~80%。经皮肤和黏膜吸收量少而慢。在农田喷药及生产制造过程的包装工序中，皮肤污染的机会很多，应特别加以注意。

氨基甲酸酯类农药毒性作用机理与有机磷农药相似，也为神经毒。主要是抑制胆碱酯酶活性，使酶活性中心丝氨酸的羟基被氨基甲酰化，因而失去酶对乙酰胆碱的水解能力。氨基甲酸酯类农药不需经代谢活化，即可直接与胆碱酯酶形成疏松的复合体。由于氨基甲酸酯类农药与胆碱酯酶结合是可逆的，且在机体内很快被水解，胆碱酯酶活性较易恢复，故其毒性作用较有机磷农药中毒为轻。

轻度中毒：出现毒蕈碱样症状，头昏、头痛、乏力、恶心、呕吐、流涎、多汗及瞳孔缩小，血液胆碱酯酶活性轻度受抑制，病程较短，复原较快。

重度中毒：氨基甲酸酯类农药重度中毒出现肌肉震颤、昏迷、大小便失禁等。大量经口中毒严重时可发生肺水肿、脑水肿、昏迷和呼吸抑制。中毒后不发生迟发性周围神经病。

氨基甲酸酯类农药的去除

瓜果蔬菜食用前用清水浸泡 1h 左右，可破坏残留的农药。随着温度升高，氨基甲酸酯类杀虫剂分解加快。也可通过加热去除部分农药。常用于芹菜、菠菜、小白菜、圆白菜、青椒、菜花、豆角等。方法是先用清水将表面污物洗净，放入沸水中 2~5min 捞出，然后用清水冲洗 1~2 遍。

拟除虫菊酯类农药

拟除虫菊酯类农药是一类模拟天然除虫菊酯化学结构合成的农药，属中低毒性农药，对人畜较为安全。而且是迄今药效最高的杀虫剂之一。

拟除虫菊酯类农药可经呼吸道、消化道和皮肤进入体内。生产性中毒常发生于田间施药时个人防护不当，农药污染衣物及皮肤而引起。长时间皮肤吸收，口服可引起中毒。这类农药是一种神经毒剂，作用于神经膜，可改变神经膜通的透性，干扰神经传导而产生中毒。但是这类农药在哺乳类肝脏酶的作用下能水解和氧化，且大部分代谢物可迅速排出体外。中毒潜伏期短，经口中毒则大多在 10min~1h 出现中毒症状。

中毒症状：经皮吸收中毒首发症状多为皮肤黏膜刺激症状，体、面污染区感觉异常，包括麻木、烧灼感、瘙痒、针刺及蚁行感等，常有面红、流泪和结膜充血，用热水洗后感觉异常会加重。部分病例局部有红色丘疹样皮损。眼内污染立即引起眼痛、畏光、流泪、眼睑红肿和球结膜充血。呼吸道刺激有喷嚏、流涕、咳嗽和咽充血等。全身中毒症状相对较轻，多为头昏、头痛、乏力、肉跳（肌束震颤）及恶心、呕吐等一般神经和消化道中毒症状，但严重者也有流涎、肌肉抽动甚至抽搐，伴意识障碍和昏迷。个别病例有变态反应，包括过敏性皮炎、类花粉热哮喘（类枯草热哮喘），甚至类似过敏性休克等。

拟除虫菊酯类农药的去除

浸泡、清洗可清除农作物表面大多数拟除虫菊酯农药，用洗涤剂洗涤效果更好。阳光可使拟除虫菊酯类降解，在保证农作物不受损害的情况下，适当地曝晒，有助于拟除虫菊酯类农药去除。在阳光下，农作物中有机氯、有机汞农药残留也会下降。

认识除草剂

现在许多地方的农业生产使用除草剂，但是很多人对除草是什么样化合物认识不清。

20 世纪 60 年代后期，美国在越战中，在越南大量喷洒落叶剂"橙剂"就是一种除草剂。"橙剂"除草的作用是使植物的叶子落下而使整株植物致死。

"橙剂"中含有毒性很强的四氯代苯和二氧芑，即通常所说的二恶英类化合物。其化学性质十分稳定，在环境中自然消减 50% 就需要耗费 9 年的时间。它进入人体后，则需 14 年才能全部排出。它还能通过食物链在自然界循环，遗害范围非常广泛。

根据美国一家实验研究，受"橙剂"影响，美越战老兵所患的病中，已有 9 种疾病被证实与"橙剂"有直接关系，包括心脏病、前列腺癌、氯痤疮及各种神经系统疾病等。研究数据表明，参加过"牧场行动计划"的老兵，糖尿病的发病率也要比正常人高出 47%；心脏病的发病率高出 26%；患何杰金氏淋巴肉瘤病的概率较普通美国人高 50%；他们妻子的自发性流产率和新生儿缺陷率均比正常人高 30%。

现在，世界各国禁止"橙剂"使用，而是使用毒性较低的除草剂。

我国使用量最大的除草剂剂有草甘磷、乙草胺、百草枯、莠去津等 14 个品种。2000 年使用量 3.84 万 t，2012 年约 9.81 万 t。除草剂使用量稳步上升，现在农作物种植已经离不开除草剂。

被标为低毒除草剂对人究竟有没有危害

除草剂属农药一类，除草剂对人体有危害，对自然界生态平衡有重大影响。

1. 除草剂中毒

急性中毒：据世界卫生组织和联合国环境署报告，全世界每年有 100 多万人除草剂中毒，其中 10 万人死亡。在发展中国家情况更为严重。我国每年除草剂中毒事故达近百万人次，死亡约 2 万多人。据 1995 年 9 月 24 日中央电视台报道，广西宾阳县一所学校的学生因食用喷洒过剧毒除草剂的白菜，造成 540 人集体农药中毒。

慢性危害：化学除草剂在人体内不断积累，短时间内虽不会引起人体出现明显急性中毒症状，但可产生慢性危害，如破坏神经系统的正常功能，干扰人体内激素的平衡，影响男性生育力，免疫缺陷症。农药慢性危害降低人体免疫力，从而影响人体健康，致使其他疾病的患病率及死亡率上升。

除草剂致癌、致畸、致突变：国际癌症研究机构根据动物实验确证，广泛使用的除草剂具有明显的致癌性。据估计，美国与化学除草剂有关的癌症患者数约占全国癌症患者总数的 20%。

2. 除草剂对其他生物的危害

直接杀伤：除草剂在使用过程中，必然杀伤大量非靶标生物，致使害虫天敌及其他有益动物死亡。环境中大量的农药还可使生物产生急性中毒，造成生物群体迅速死亡。

慢性危害：化学除草剂的生物富集是农药对生物间接危害的最严重形式，植物中的除草剂可经过食物链逐级传递并不断蓄积，对人和动物构成潜在威胁，并影响生态系统。除草剂生物富集在水生生物中尤为明显。

破坏生态平衡：农田环境中有多种害虫和天敌，在自然环境条件下，它们相互制约，处于相对平衡状态。除草剂的大量使用，良莠不分地杀死大量害虫天敌，严重破坏了农田生态平衡，并导致害虫抗药性增强。我国产生抗药性的害虫已遍及粮、棉、果、茶等作物。严重污染了生态环境，使自然生态平衡遭到破坏。

环境激素

2000—2001 年在天津南郊水沟里和辽宁朝阳发现了大量三条腿的青蛙。研究表明，是由于环境内分泌干扰物的物质所致。

三条腿青蛙

环境内分泌干扰物对人类最明显的危害是生殖机能下降，最近50年间，全世界男性精子数量下降了50%，不育不孕夫妇比例已达到10%~15%。我国1981—1996年16年间，成年有生育能力男性精液质量检测报告分析公开发表的数据也表明，男性精子数下降近30%。而造成这一切的首因就是环境内分泌干扰物。

合成雌激素（DES，已烯雌酚）作为药物被用于防止流产，但是过多的使用量使女性生殖器发生迟发性癌症。

壬酚就有类似微弱雌激素的作用，它促进癌细胞的增殖。

聚氯联苯等二恶英类物质等对甲状腺激素的有扰乱作用。

根据国内外的已有研究成果，指出67种化学物质有扰乱内分泌作用的可能性。其中7种用来制造涂料、树脂、可塑剂、洗衣剂的化学物质被确定为是最危险的。它们是：丁基锡、辛基苯酚、壬基苯酚、邻苯二甲酸二丁酯、八氯苯乙烯、苯酰苯、邻苯二甲酸环已基。

杀虫剂、除草剂、杀菌剂（如DDT、DDE、艾氏剂等）等农药以及聚氯联苯等二恶英类也是怀疑对象。

塑料包装材料、玩具中的添加剂的许多成分可能就是环境激素，如双酚A、二甲酸二丁酯。

环境激素双酚A

双酚A被用来合成聚碳酸酯（PC）和环氧树脂等材料，被用于制造硬质塑料（奶）瓶、幼儿用的吸口杯、食品和饮料（奶粉）罐内侧涂层。1998年，美国华盛顿州立大学的遗传学家发现，被注射双酚A的雌性小鼠存在严重的生殖问题，还会产生有缺陷的卵子，这种情况会影响小鼠三代。此前也有动物实验发现，双酚A或与乳腺、前列腺及生殖系统疾病有关，还能诱发某些癌症；耶鲁大学医学院近期研究还发现双酚A与猴子大脑功能失常和情绪紊乱有关。

双酚A类似雌激素对人内分泌有影响，会致儿童性早熟和生殖器畸形。纽约市西奈山医疗中心儿童环境健康中心主任认为，儿童特别易受双酚A的危害——女孩乳房会较早发育，这可能会是乳癌的危险因素；男孩更有可能发生生殖器畸形。上海市松江区中心医院儿科医生乔丽丽及其同事曾经研究指出，在110例初诊性早熟女童中，血清中双酚A含量与性早熟症状严重程度呈明显的正相关关系。

为防患于未然，我国卫生部2011年1月规定婴儿奶瓶生产禁止使用双酚A。

环境激素邻苯二甲酸酯类

2011年5月24日，中国台湾地区有关方面向国家质检总局通报，发现某公司制售的食品添加剂"起云剂"含有化学成分邻苯二甲酸二（2-乙基己基）酯（DEHP），该"起云剂"已用于部分饮料等产品的生产加工。邻苯二甲酸二（2-乙基己基）酯（DEHP）是一种普遍用于塑胶材料的塑化剂，在台湾地区被确认为第四类毒性化学物质，为非食用物质，不得用于食品生产加工。

台湾地区的"塑化剂"事件迅速波及大陆。一场讨伐"塑化剂"运动在大陆极为快速地展开。香料香精工业是重灾区，许多产品凡发现含有"塑化剂"的一律封存。香料香精生产企业人人自危。

后来卫生部根据有关方面的检测结果，在2011年8月份及时发出公告，规定来自天然的香料含有邻苯二甲酸酯类物质每千克不得超过60mg。

台湾地区称为"塑化剂"的物质，大陆称为增塑剂，这是一类用于塑料工业的添加剂。

台湾地区"塑化剂"事件以后，卫生部迅速颁布了17种邻苯二甲酸酯类物质不得添加于食品中，考虑到自然界中转移到食品的情况，还对其中3种物质作了强制性规定。

邻苯二甲酸酯类物质添加到塑料等制品中，最后转移到自然界，通过食物链进入到人体。

少量的邻苯二甲酸酯类物质进入人体，并不会造成多大的危害。但是自然界存在的邻苯二甲酸酯类物质的潜在危害不可小视。邻苯二甲酸二丁酯、邻苯二甲酸环己基早就被怀疑对人的生育有很大影响。

重金属及有害元素污染

我国食品安全国家标准规定的重金属及有害元素主要是指汞、镉、铅、砷等元素。近年来，发现铝的危害也不可忽视，故铝也被列入监控范围。

汞、镉、铅、砷等元素的一些化合物对食品造成的污染主要渠道是农业上施用的农药（砷酸铅、砷酸钙、亚砷酸钠、甲基汞等）、家用电器的废弃物和未经处理的工业废水、废渣的排放。食品原料中重金属和有害元素指标主要体现了产品生产基地的环境情况。造成粮食和蔬菜中重金属含量超标的主要原因是：江河湖泊的水质污染通过灌溉引起的土壤污染，以及大气中的重金属被植物富集；水产品的污染则是含有汞、镉化合物的工业废水直接排放到江、河、湖泊，造成水体污染，人们长期食用被污染的水产品，毒物能通过食物链而富集，在人体中积累而引起慢性中毒。

20世纪50年代在日本熊本县水俣湾发现的水俣病，就是由于甲基汞进入鱼体并在其中不断富集，人们吃了这样的鱼而发病。因为该病是在水俣湾发现，所以又叫水俣病。甲基汞极易被人体肠道所吸收，并随血液分布到全身各组织，进入脑组织中的甲基汞被氧化成Hg^{2+}，并不再返回血液，逐渐富集在脑中，导致脑损伤；其他如肾脏也能富集。Hg^{2+}的富集，使人体发生慢性中毒，中毒的主要症状有：头痛、头晕、肢体麻木和疼痛、肌肉震颤和运动失调等，严重的可致死。

20世纪50年代在日本富山县出现一种怪病，开始病人腰、腿关节疼痛，几年后骨骼萎缩，自行骨折，这种病被人称为"痛痛病"。经调查发现，原来是日本一家金属矿业公司的一座炼锌厂的废水中含有大量镉的有毒化合物，使稻米和饮水被污染的缘故。

重金属及有害元素污染而造成的食品安全性问题不容忽视。这些有害物质进入体内除了以原有形式为主外，还可转变成具有高毒性的化合物形式。这些物质在体内有蓄积性，存在时间很长，能产生急性和慢性毒性反应，还有可能产生致畸、致癌和致突变作用。

食品中铅对人体的危害

铅是对人体危害极大的一种重金属，在人体内没有任何生理功能，理想的血铅水平应为零。然而，由于环境中铅的普遍存在，致使各种食品中不可避免地都含有铅，它对神经系统、骨骼造血机能、消化系统、男性生殖系统等均有危害。对儿童影响更大，特别是大脑处于神经系统发育敏感期的儿童。研究表明，儿童的智力低下发病率随铅污染程度的加大而升高，儿童体内血铅每上升10mg/100mL，儿童智力则下降6~8分。由于儿童自身的行为特点和生理特征，使得儿童铅中毒的几率是成人的30倍，工厂排放的废水废气、汽车尾气以及油炸、烧烤、膨化类零食是造成儿童铅中毒的主要原因，其他如印刷品、文具、燃煤、玩具、装潢材料、皮蛋等都是铅毒的来源。联合国世界卫生组织（WHO）对水中铅的控制线已降到0.01μg/mL。我国食品安全国家标准重金属残留限量规定铅含量最高（豆类）为0.8mg/kg，鲜乳为0.05mg/kg。

人类食品中铅污染早有存在，只是不被人们知晓。历史上的罗马帝国盛极一时，但在短短几十年中突然衰弱以至于灭亡，其原因一直众说纷纭。考古学家在研究大量古罗马时代遗留下来的尸骨中发现，当时人的骨骼中含铅量极高，是正常的80倍之多，儿童则更加厉害，这些人可能全部死于铅中毒。为什么会有这么多铅沉积？原来是罗马人通常都以铅管输送饮用水，用铅杯喝水，用铅锅煮食，甚至用氧化铅代替糖调酒。吃下如此多的铅，一定会全身无力。而连续吃下大量的铅还有另一个恶果，就是丧失生育能力。后期的罗马皇帝经常鼓励夫妻生育更多子女，可能是为预防人口减少，虽然并无精确详细的人口消长数字证实有这种现象。现代科技证明即使吸收微量的铅，对生殖能力也会有影响，所以罗马帝国的灭亡有可能是因为罗马人因为喝了含铅的酒和水，最终不战而亡。

铅在各种食品中的污染几乎无所不在，所以食品质量标准都有铅含量的最大限量。

自然环境中，我们的饮用水中有铅，土壤中有铅，空气尘埃中也有铅。

旧式的手摇压力爆米花机存在了数十年，爆出的玉米花或大米花人人爱吃，但是这种爆米花机爆出来的食品含铅较高。因为爆花机的铁罐内和封口处有一层铅或铅锡合金，当铁罐加热时，一部分铅以铅烟或铅蒸气的形式出现，当迅速减压爆米时，铅便容易被疏松的米花所吸附而使米花受到污染。很多行业及制品：采矿、冶炼、交通运输、印刷、塑料、涂料、陶瓷、橡胶、农药、蓄电池都有铅或铅的化合物。其中蓄电池生产中用铅量最大，不经处理随意废弃对环境危害非常大。

食品中镉的污染

镉是稀有元素，地壳中平均含量仅有 0.5mg/kg，主要以镉的硫化物形式存在于各种锌、铅和铜矿中。在工业上主要用于电镀，也用于制造颜料、塑料稳定剂、合金、电池等，这些用途共占镉总消耗量的 90%。此外，还用于生产电视显像管磷光体、高尔夫球场杀真菌剂、核反应堆的慢化剂和防护层、橡胶硫化剂等。

进入大气的镉的化学形态有硫酸镉、硒硫化镉、硫化镉和氧化镉等，主要存在于固体颗粒物中，也有少量的氯化镉能以细微的气溶胶状态在大气中长期悬浮；水体的镉污染来自地表径流和工业废水。电镀工业排放的废水中含有镉，而由硫铁矿石制取硫酸和由磷矿石制取磷肥时排出的废水中含镉量较高，每升废水含镉可达数十至数百微克；另外，含镉废渣堆积，使镉的化合物进入土壤。磷肥中含镉，是土壤镉污染的主要来源。由于磷肥的施用面广而且量大，所以，从长远来看，土壤、作物和食品中来自磷肥和某些农药的镉，可能会超过来自其他污染源的镉。

使用污水灌溉引起粮食、蔬菜污染。同一植株，从根部吸收镉之后，各部位的含镉量依根＞茎＞叶＞荚＞籽粒的次序递减。根部的镉含量一般可超过地上部分的 2 倍。同一块菜地，不同品种蔬菜镉的平均含量相差很大，顺序为油菜＞大白菜＞生菜＞菠菜＞莴笋＞茄子＞豆角＞西红柿＞青椒＞黄瓜，从样品超标率来看叶菜类蔬菜镉污染大于根果类蔬菜。

镉不是人体所必需的元素。对人有毒，可通过食物链富集到人体中。在身体内积累，可引起严重肝肾损伤、肺炎、肺水肿和死亡，并可导致骨质疏松和骨质软化。镉还可以通过吸烟等经由呼吸道进入人体，液体中的镉还可通过皮肤进入人体。成人每天从食物中摄入镉 20~50μg。每吸烟 20 支就会摄入镉 15μg。吸烟的时候，侧流烟气中的镉含量比主流烟气中的高，因此对吸二手烟的人来说危害更大。用硫化镉和硒化镉制成的耐热的黄色和红色颜料，对使用者有潜在的毒害作用。此外，儿童吞咽印刷品也可摄入油墨中的镉。人体排镉时间相当长，某个时期摄入的镉，10~25 年才可排出一半，所以会在体内积累。

汞的富集对人的危害

汞又称水银，是稀有金属，地球上并不是很多。但是人类利用汞的历史已有 2000 多年。在各种金属中，汞的熔点是最低的，只有 -38℃，也是唯一在常温下呈液态并易流动的金属。在高温下汞很易蒸发到空气中。汞对人体有巨大的毒性，通过对核酸、核苷酸和核苷的作用，阻碍了细胞的分裂过程。无机汞和有机汞都可引起染色体异常并具有致畸作用。汞及汞化物进入人体后，会蓄积在不同的部位，从而造成这些部位受损。如金属汞主要蓄积在肾和脑；无机汞主要蓄积在肾脏，而有机汞主要蓄积在血液及中枢神经系统。

金属汞蒸气有高度扩散性和较大脂溶性，侵入呼吸道后可被肺泡吸收并经血液循环至全身。血液中的汞，可通过血脑屏障进入脑组织，然后在脑组织中被氧化成汞离子，损害脑组织。在其他组织中的金属汞也可被氧化成离子状态并转移到肾而被蓄积起来。金属汞慢性中毒的临床表现为易激动、口吃、焦虑、思想不集中、记忆力减退、精神压抑等。此外胃肠道、泌尿系统、皮肤、眼睛均可出现一系列症状；大量吸入汞蒸气会出现急性中毒，其表现为肝炎、肾炎、尿血和尿毒症等。

汞的无机化合物有硝酸汞[$Hg(NO_3)_2$]、升汞（$HgCl_2$）、甘汞（$HgCl$）、溴化汞（$HgBr_2$）、砷酸汞（$HgAsO_4$）、硫化汞（HgS）、硫酸汞（$HgSO_4$）、氧化汞（HgO）、氰化汞[$Hg(CN)_2$]等。无机汞化合物也对人体有毒性，无机汞化合物可以通过胃肠道吸收，如氯化汞。无机汞中毒以消化道和肾脏损害为主要表现，常见的氯化汞的致死量约为1g。

有机汞主要是甲基汞。甲基汞是在厌氧条件下，二价汞通过硫酸盐还原细菌生成的。在水生环境中细菌分解植被和沉积物，在分解过程中将二价的无机汞如升汞、硫酸汞转化为有机汞称为甲基汞。它由浮游生物携带并通过食物链传递在食物链中更高级动物体内聚集。水体中甲基汞存在，鱼类等水产生长期越长，体内积蓄的甲基汞就越多。海洋中箭鱼、旗鱼、金枪鱼等大型鱼类处于食物链顶端，甲基汞含量极高，美国食品药品管理局规定用这些做食品，食品标签要标识儿童不宜食用。

有机汞系亲脂性毒物，主要侵犯神经系统。有机汞中毒的主要表现有：无论任何途径侵入，均可发生口腔炎，口服引起急性胃肠炎；神经精神症状有神经衰弱综合征，精神障碍、谵妄、昏迷、瘫痪、震颤、共济失调、向心性视野缩小等；可发生肾脏损害，重者可致急性肾功能衰竭。此外尚可致心脏、肝脏损害，可致皮肤损害。甲基汞易透过胎盘从母体转移给胎儿。对经常食用含甲基汞鱼的正常妊娠妇女研究表明，胎儿红细胞中甲基汞量比母亲高30%。因胎盘转移使胎儿产生严重的胎儿性甲基汞中毒的事例在日本已有多起报道。

在日常生活中，水银体温计破碎，过量服用含汞药物如朱砂、甘汞等或吸入燃烧含汞中药的烟气，都能导致汞中毒，对人体造成危害。食品中汞的污染途径，一般是汞以无机汞的形式排放到了水里、空气里，空气里的汞随着雨水流到河里，再流到海里，河底和海底淤泥里的细菌在低氧的环境下把无机汞转化成甲基汞，然后进入食物链，随着生物放大效应的作用，越大的鱼身上堆积的汞就越多，例如，淡水中的鲤鱼、青鱼、河鲫鱼及虾、蟹体内含有甲基汞。底栖鱼类含甲基汞要多于中上层鱼类，年龄大的鱼含甲基汞要多于低龄鱼；海水鱼的鲨鱼、鲭鱼、金枪鱼、钓饵鱼、旗

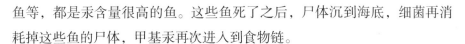

鱼等，都是汞含量很高的鱼。这些鱼死了之后，尸体沉到海底，细菌再消耗掉这些鱼的尸体，甲基汞再次进入到食物链。

无机汞和元素汞在进入到身体里后，很容易被身体排出体外，但甲基汞和肌体有着很好的亲和力，每天只能排出体内总量的 1%。甲基汞进入体内，进的多排的少，在体内积累，到了一定剂量，对人体产生危害。

砷的污染有什么危害

砷在自然界分布很广，在土壤、水、矿物中都有砷的存在。含砷的主要矿物有砷硫铁矿、雄黄、雌黄和砷石等，但大多存在于铜、铅、锌等的硫化物矿中。各类煤中砷含量为算术平均值 6.4mg/kg。因此，金属冶炼和燃料燃烧会把砷排入环境。砷主要用于农药，少量用于有色玻璃、半导体和金属合金的制造。

动物机体、植物中都含有微量的砷，正常人体组织中也含有微量的砷。本来金属砷不溶解于水，是无毒的。但是，砷化物，特别是三氧化二砷，却是剧毒的。民间称为"雄黄"的主要化学成分是二硫化砷，加热后经化学反应变成三氧化二砷，即俗称砒霜。

由于含砷农药的广泛应用，使得砷对环境的污染问题愈发严重，如以含砷化合物作为饲料添加剂过量添加至牲畜食用的饲料中，就易使牲畜体内蓄积砷，食用了这种牲畜的肉制品后，就容易造成中毒。砷侵入人体后，除由尿液、消化道、唾液、乳腺中排泄外，能蓄积于骨质疏松部、肝、肾、脾、肌肉、头发、皮肤、指甲等。砷作用于神经系统，刺激造血器官，长时间少量侵入人体，对红血球生成有刺激影响。长期接触砷会引发细胞中毒和毛细血管中毒，甚至会诱发恶性肿瘤。

铬对人体的影响

铬是一种很重要的金属元素，由于其化学性质稳定，常用于制不锈钢，且使用领域非常广泛，如汽车零件、工具、磁带和录像带等。铬是人体必需的微量元素。啤酒酵母、废糖蜜、干酪、蛋、肝、苹果皮、香蕉、牛肉、面粉、鸡以及马铃薯等为铬的主要来源。铬在天然食品中的含量较低。铬是人体内葡萄糖耐量因子的重要组成成分；影响脂类代谢，抑制胆固醇的生物合成，老年人缺铬时易患糖尿病和动脉粥样硬化；促进蛋白质代谢和生长发育。

铬的毒性与其存在的价态有关，六价铬比三价铬毒性高 100 倍，并易被人体吸收且在体内蓄积。三价格和六价铬可以相互转化。天然水不含铬；海水中铬的平均浓度为 0.05μg/L，饮用水中更低。铬的污染源有含铬矿石的加工、金属表面处理、皮革鞣制、印染等排放的污水。六价铬污染严重的水通常呈黄色，根据黄色深浅程度不同可初步判定水受污染的程度。刚出现黄色时，六价铬的浓度为 2.5~3.0mg/L。

六价铬有强氧化作用，所以慢性中毒往往以局部损害开始逐渐发展。经呼吸道侵入人体时，开始侵害上呼吸道，引起鼻炎、咽炎、喉炎和支气管炎。六价铬对人主要是慢性毒害，它可以通过消化道、呼吸道、皮肤和黏膜侵入人体，在体内主要积聚在肝、肾和内分泌腺中。通过呼吸道进入的则易积存在肺部。

食品中铝的危害

铝不是人体需要的元素，体内过多的铝对人体的中枢神经系统、脑、肝、骨、肾、细胞、造血系统、人体免疫功能、胚胎等均有不良影响；铝可干扰孕妇体内的酸碱平衡，使卵巢萎缩，影响胎儿生长并影响机体磷、钙的代谢等。

但是我们食品成分里往往含有铝。日常生活用品有许多是用铝制造的，铝锅、铝铲、铝水壶；食品包装用铝箔；食品加工用膨松剂明矾（硫酸钾铝）。食品中，饼干、蛋糕、各种面点、油条、蛋卷、酥点、粉丝等食品大多添加了含铝的食品添加剂。

美国医学会杂志曾发表正常人因长期大量服用含铝胃药，而发生软骨症、骨头病变的 6 例铝中毒的报告，明确说明即使肾功能正常，如服用含铝胃药太多，也会发生累积性中毒。曾有流行病学调查发现，饮水中铝浓度高的地区，老年痴呆症的盛行率较高。研究发现，给予老年痴呆患者长期注射铝的解毒剂 DFO，可暂使痴呆症病情不再恶化。在临床上发现铝与关岛帕金森氏痴呆综合症、肌萎缩性脊髓侧索硬化和透析性脑病等神经失调疾病、骨软化癌及贫血等有关。世界卫生组织（WTO）和联合国粮农组织（FAO）认为铝属于低毒级金属，并于1989年正式将铝确定为食品污染物，提出铝的暂定每周允许摄入量为7mg/kg（体重）。

在日常生活中，尽量减少铝的摄入，食品加工时，不用含铝膨松剂；不用或尽量少用明矾泡发食品或给食品护色护形；不用铝锅来烹调有咸味或有酸味的食品等。

食品的生物污染

在食品安全问题中，某些食品所含天然有毒化学物质是本身固有的，从环境中得到的各种对人有害的化学物质称为化学污染；从环境中得到的各种生物的有害物质称为生物污染。由生物污染造成的食源性疾病，无论是发达国家，还是发展中国家都普遍存在。美国和英国每年食源性疾病患者，都占到其人口的1/3。

食品生物污染源是含有微生物的土壤、水体、飘浮在空中的尘埃、人和动物的胃肠道、鼻咽和皮肤的排泄物；自然环境中生存的寄生虫、昆虫等。它们或直接污染食品，或经由其他方式间接污染食品。如果动、植物感染患病，则以这种动、植物为原料加工制成的食品，也会含有大量的生物有害物质。

有害的病毒、细菌、真菌和寄生虫污染食品。这种污染的危害主要为：

（1）使食品腐败、变质、霉烂，破坏其食用价值；

（2）有害微生物在食品中繁殖时产生毒性代谢物，如细菌外毒素和真菌毒素，人摄入后可引起各种急性和慢性中毒；

（3）细菌随食物进入人体，在肠道内分解释放出内毒素，使人中毒；

（4）细菌随食物进入人体侵入组织，使人感染致病等。

诺如病毒

有些人食用牡蛎等海鲜会出现肠胃剧烈不适。那是由于诺如病毒引起的。

诸如病毒感染影响胃和肠道，引起胃肠炎或"胃肠流感"。"胃肠流感"不同于流感病毒引起呼吸道疾病的流感。诺如病毒感染引起胃肠炎，症状是恶心、呕吐、痉挛性腹泻。部分人主诉有头痛、发热、寒战、肌肉疼痛。症状通常持续 1~2d。普遍感到病情严重，一日多次剧烈呕吐。症状一般在摄入病毒后 24~48h 出现，但是暴露后 12h 也可能出现症状。

食品的细菌污染

肠道致病菌

肠道致病菌是食源性疾病中最常见的生物致病因素。感染后可引起细菌性食物中毒和多种感染性腹泻。肠道致病菌包括沙门氏菌、志贺氏菌、副溶血性弧菌、金黄色葡萄球菌。我国食品安全标准规定，食品中"不得检出肠道致病菌"。

1. 沙门氏菌

我国以沙门氏菌引起的细菌性食物中毒占首位。沙门氏菌主要源于人类和动物（特别是家禽）的肠道和排泄物，而一般容易受污染中毒的食物主要为肉类、禽类、蛋类和奶类，豆制品和糕点有时也发生。沙门氏菌在 20~30℃条件下迅速繁殖，中毒潜伏期为 6~72h，常见症状包括呕吐、腹泻、腹痛和发热；食品加热至 80℃，维持 15min，即可杀灭沙门氏菌。

2. 志贺氏菌

引起细菌性痢疾。细菌性痢疾是最常见的肠道传染病，传染源主要为病人和带菌者，通过污染了痢疾杆菌的食物、饮水等经口感染。在几种细菌中，志贺氏菌所致菌痢的病情较重。产生内毒素，作用于肠壁，使其通透性增高，促进内毒素吸收，引起发热，神志障碍，甚至中毒性休克等。内毒素能破坏黏膜，形成炎症、溃疡，出现典型的脓血黏液便。内毒素还作用于肠壁植物神经系统，至肠功能紊乱、肠蠕动失调和痉挛，尤其直肠括约肌痉挛最为明显，出现腹痛、里急后重（频繁便意）等症状；志贺氏菌加热至 60℃，维持 10min 即被杀死。

3. 副溶血性弧菌

其食物中毒也称嗜盐菌食物中毒，是进食含有该菌的食物所致，主要是腌渍的海产品。临床上主要症状表现为急性腹痛、呕吐、腹泻及水样便。副溶血性弧菌多存在于海水里，所以海产品的染菌率较高。未煮熟的鱼虾蟹贝都可能引起中毒。有时，盛食容器或砧板生熟不分，与海产品交叉污染也会引起中毒。

本病潜伏期为2~40h不等，多为10h左右。副溶血性弧菌不耐热，加热至60℃，维持5min即死亡。

4. 金黄色葡萄球菌

金黄色葡萄球菌污染食物，可产生肠毒素，引起食物中毒。中毒食品种类多，如奶、肉、蛋、鱼及其制品。此外，剩饭、油煎蛋、糯米糕及凉粉等引起的中毒事件也时有发生。

人畜化脓性感染部位常成为污染源，因此要防止带菌人群对各种食物的污染；不能挤用患化脓性乳腺炎的牛奶；肉制品加工厂，患局部化脓感染的禽、畜尸体应除去病变部位。加热至80℃，维持30min可杀死，煮沸可迅速使细菌死亡。

5. 大肠菌群

食品中大肠菌群数量是食品卫生指标之一，表示了食品被粪便污染的程度。主要通过食用被污染的食物传染，如生的或烹调不彻底的肉制品或原料奶。常见中毒食品为各类熟肉制品、冷荤、牛肉、生牛奶，乳酪及蔬菜、水果、饮料等食品。中毒原因主要是受污染的食品食用前未经彻底加热。中毒多发生在夏秋季，人类对O157：H7大肠杆菌普遍易感，尤其是儿童和老年人。

大肠菌群是一类需氧及兼性厌氧、在37℃能分解乳糖产酸产气的革兰氏阴性无芽孢杆菌。一般认为该菌群细菌可包括大肠埃希氏菌、柠檬酸杆菌、产气克雷白氏菌和阴沟肠杆菌等。

大肠埃希氏菌简称大肠杆菌，大肠杆菌是人和许多动物肠道中最主要且数量最多的一种细菌，而外界环境中则以大肠菌群其他型别较多。大肠杆菌在人和动物的粪便中大量存在，通常随粪便排出而污染水源、土壤，受污染的土壤、水，带菌者的手均可污染食品，或被污染的器具再污染食品，许多蔬菜常因为施用了人畜粪便而带有大肠杆菌。

大多数大肠杆菌的菌株无害，但有些菌株可能通过食用生食传染给人类，引起严重的食源性疾病。当人或动物机体的抵抗力下降或大肠杆菌侵入人的机体其他部位时，可引起腹膜炎、败血症、胆囊炎、膀胱炎及腹泻等。

预防大肠杆菌方法其实很简单，首先要注意个人卫生，不吃不洁食品，不吃没有煮透的食品。食品加热 60℃，维持 15~20min 可杀灭大多数菌株。

6. 肉毒梭菌

肉毒梭菌广泛分布于自然界，特别是土壤。新疆、宁夏、青海、西藏土壤中该菌污染率较高。在无氧的环境下生长、繁殖。它产生的肉毒毒素是一种强烈的神经毒素，人消化道中的消化酶、胃酸很难破坏其毒性，但易被碱性条件下加热破坏而失去毒性。

肉毒梭菌中毒与饮食习惯有关，主要为家庭自制的豆酱、臭豆腐、面酱和豆豉等发酵食品，其次为肉类，未经妥善消毒的肉食罐头或放置时间过长的肉制品或海产品中。吃了这类含肉毒梭菌的食品，会出现恶心呕吐，接着疲乏、头痛、头晕、视力模糊、复视；喉黏膜发干，感到喉部紧缩，继而吞咽和说话困难；肌肉虚弱无力，直至危及生命。

食品的真菌污染

霉菌在自然界分布极广，常在潮湿的气候下大量生长繁殖，土壤、水域、空气、动植物体内外均有它们的踪迹，多为丝状、绒状或蛛网状的菌丝体。可引起多种动植物疾病：植物传染性病害的主要病原微生物就是霉菌；在人及动物中，引起皮肤疾病及其他一些深层病变。霉菌污染食品可使食品的食用价值降低，甚至完全不能食用。

一般来说，产毒霉菌菌株主要在谷物粮食、发酵食品及饲草上生长，产生毒素，直接在动物性食品，如肉、蛋、乳上产毒的较为少见。而食入大量含毒饲草的动物同样可引起各种中毒症状或残留在动物组织器官及乳汁中，致使动物性食品带毒，被人食入后仍会造成霉菌毒素中毒。霉菌毒素中毒与人群的饮食习惯、食物种类和生活环境条件有关，所以霉菌毒素中毒常常表现出明显的地方性和季节性，甚至有些还具有地方疾病的特征。我国华东地区气候比较温暖潮湿，粮食如保管不好，很容易发霉。20世纪末期，我国肝癌高发区的调查研究，发现肝癌的高发与吃了被霉菌污染的粮食有关。霉菌毒素中毒的临床表现较为复杂，可有急性中毒，或表现为致癌性、遗传毒性、致畸性，还会引起肾中毒、肝中毒、生殖异常以及抑制免疫反应。一些研究结果显示，在食品、饲料生产的各个环节，包括在粮食和动物的生产、加工和销售过程，霉菌毒素都会造成了不同程度的经济损失。

全球范围都存在霉菌毒素，根据世界粮农组织的调查，世界上每年有25%的粮食受到已确认的霉菌毒素的污染。霉菌毒素引起的中毒大多通过被霉菌污染的粮食、油料作物以及发酵食品等引起。这些霉菌毒素可以通过被污染的谷物、饲料和由这些饲料喂养的动物所提供的动物性食品（奶、肉、蛋）进入我们的食物链。其中没有引起人们足够重视的饲料用粮，有报道大多含有剂量不等的霉菌毒素。

大多数霉菌繁殖的最适温度为25~30℃。低于0℃或高于30℃，以及环境相对湿度不超过70%时，都不易产生毒素。有些镰刀菌产生毒素的最适温度则为0℃或零下2~7℃。

1. 黄曲霉素

黄曲霉素是一种毒性极强的霉菌毒素，在湿热地区食品和饲料中出现黄曲霉素的机率最高。主要污染粮油食品、动植物食品等；如花生、玉米、大米、小麦、豆类、坚果类、肉类、乳及乳制品、水产品等。其中以花生和玉米污染最严重。家庭自制发酵食品也能检出黄曲霉毒素，尤其是高温高湿地区的粮油及制品种检出率更高。

黄曲霉素的毒性远远高于氰化物、砷化物和有机农药的毒性，是目前所知致癌性最强的化学物质，致癌能力比"六六六"大一万倍。可诱发多种癌变，主要诱发肝癌，还可诱发胃癌、肾癌、泪腺癌、直肠癌、乳腺癌、卵巢及小肠等部位的肿瘤，还可出现畸胎。根据亚洲、非洲一些国家和中国某些地区肝癌流行病学调查结果，食物被黄曲霉毒素污染严重和从膳食中摄入量较高的地区，肝癌的发病率也较高。

黄曲霉素污染的食品，会出现急性中毒。临床表现以黄疸为主，并有呕吐、厌食和发烧等症状。轻者可以康复，重者在 2~3 周后将出现腹水、下肢水肿，甚至死亡。黄曲霉毒素主要有 4 种：即黄曲霉毒素 B1、黄曲霉毒素 B2、黄曲霉毒素 G1、黄曲霉毒素 G2，其中黄曲霉毒素 B1 被认为是主要的有毒物质，有 2 种这些毒素的代谢产物 M1 和 M2。其中黄曲霉毒素 B1 主要存在于农产品、动物饲料、中药等产品中；黄曲霉毒素 M1 是动物摄入黄曲霉毒素 B1 后在体内经羟基化代谢的产物，一部分从尿和乳汁排出，一部分存在于动物的可食部分，如乳、肝、蛋类、肾、血和肌肉中，其中以乳最为常见。黄曲霉毒素 M1 的毒性和致癌性与黄曲霉毒素 B1 基本相似。由于牛乳及其制品是人类、特别是婴儿的主要食品，所以其危害性更大。

我国制定有食品中允许黄曲霉素的最大量标准：

玉米、花生、花生油小于 20μg/kg；

玉米及花生仁制品（按原料折算）小于 20μg/kg；

大米、其他食用油（香油、菜子油、大豆油、葵花油、胡麻油、茶油、麻油、玉米胚芽油、米糠油、棉籽油）小于 10μg/kg；

其他粮食（麦类、面粉、薯干）、发酵食品（酱油、食用醋、豆豉、腐乳制品）、淀粉类制品（糕点、饼干、面包、裱花蛋糕）小于 5μg/kg；

坚果和干果（核桃、杏仁）小于 5μg/kg；

牛乳及其制品（消毒牛乳、新鲜生牛乳、全脂牛奶粉、淡炼乳、甜炼乳、奶油）、黄油、新鲜猪组织（肝、肾、血、瘦肉）小于等于 0.5μg/kg。

2. 杂色曲霉毒素

杂色曲霉毒素是杂色曲霉和构巢曲霉等产生的。其中的杂色曲霉毒素 IVa 是毒性最强的一种，不溶于水，可以导致动物的肝癌、肾癌、皮肤癌和肺癌，其致癌性仅次于黄曲霉毒素。由于杂色曲霉和构巢曲霉经常污染粮食和食品，而且有 80% 以上的菌株产毒，所以杂色曲霉毒素在肝癌病因学研究上很重要。

杂色曲霉毒素主要污染玉米、花生、大米和小麦等谷物，但污染范围和程度不如黄曲霉毒素。糙米中易污染杂色曲霉毒素，糙米经加工成精米后，毒素含量可以减少 90%。

3. 赭曲霉毒素 A

赭曲霉毒素 A 是曲霉属和青霉属的某些菌种产生的二次代谢产物，直接危害人类健康，该毒素多发生在 30℃ 以下潮湿地区，目前主要发现在加拿大和欧洲地区。安全性评价得出的结论是体内和体外试验显示赭曲霉毒素 A 具有遗传毒性，引起 DNA 的损伤，上泌尿管肿瘤的患者，其血液中赭曲霉毒素 A 的水平高于其他人群。我国关于赭曲霉毒素 A 限量摄入标准时参照了国际食品法典委员会的指标值，规定赭曲霉毒素 A 在谷类、豆类中的限量为 5μg/kg。

4. 黄变米毒素

青霉污染食品引起中毒的典型例子为是 20 世纪 40 年代日本的黄变米中毒。这种米由于被真菌污染而呈黄色，故称黄变米。黄变米毒素可分为 3 大类：

黄绿青霉毒素：大米水分 14.6% 感染黄绿青霉，在 12~13℃ 便可形成黄变米，米粒上有淡黄色病斑，同时产生黄绿青霉毒素。该毒素不溶于水，加热至 270℃ 失去毒性；为神经毒，毒性强，中毒特征为中枢神经麻痹，进而心脏及全身麻痹，最后呼吸停止而死亡。

桔青霉毒素：桔青霉污染大米后形成桔青霉黄变米，米粒呈黄绿色。精白米易污染桔青霉形成该种黄变米。该毒素难溶于水，为一种肾脏毒，可导致实验动物肾脏肿大，肾小管扩张和上皮细胞变性坏死。

岛青霉毒素：岛青霉污染大米后形成岛青霉黄变米，米粒呈黄褐色溃疡性病斑，急性中毒可造成生肝萎缩现象；慢性中毒发生肝纤维化、肝硬化或肝肿瘤，可导致肝癌。

5. 镰刀菌毒素

镰刀菌毒素是由镰刀菌产生的。镰刀菌在自然界广泛分布，侵染多种作物。有多种镰刀菌可产生对人畜健康威胁极大的镰刀菌毒素。镰刀菌污染食品，它对人畜的损害主要有小麦赤霉引起的赤霉病麦中毒。小麦赤霉在 16~24℃ 和相对湿度 80% 的情况下，极易在小麦和玉米等粮食上繁殖并形成毒素 人类食用赤霉病麦后 0.5~1h，将出现恶心、头昏、腹痛、呕吐等症状。儿童和年老体弱者，症状将更重，但至今未见死亡。我国粮食和饲料中常见的镰刀菌毒素有呕吐霉素、玉米赤霉烯酮。

6. 酵母菌

人们早就利用酵母菌造福人类。面食制品的发酵技术、酒类和调味品的酿造技术等都离不开酵母菌。但是食品被酵母菌污染也不是好事。酵母菌在生长繁殖时，利用原料中糖分的过程中就会产生大量二氧化碳和其他物质，使包装罐、袋膨胀；食品酸碱性变化；严重的，食品变质而不可食。酵母菌亦可使果汁的色泽发生变化，如丝状菌族可使果汁变成白色、绿色或棕色。白假丝酵母可引起皮肤、黏膜、呼吸道、消化道以及泌尿系统等多种疾病。新型隐球酵母可引起慢性脑膜炎、肺炎等。

酵母菌目前已知有1000多种。酵母菌主要分布在含糖质较高的偏酸性基质上，诸如果品、蔬菜、花蜜和植物叶子上，发酵的果汁、土壤和酒曲中，特别是葡萄园和果园的土壤中。

食品的昆虫污染

昆虫是动物世界最大的一个类群，有100多万种。昆虫携带有毒的病原微生物，可传染疾病。食用昆虫的虫卵、尸体，或者活虫引起人体过敏。引起过敏的昆虫，包括蟑螂、蝶蛾、蚂蚁、苍蝇、蚊子等12个纲目的昆虫，均有报导会引起人体的过敏反应。昆虫衍生物，如脱落的毛、鳞片、排泄物和身体碎片等，都有可能引起人体过敏反应。

西班牙专家的研究结果：部分人对葡萄酒产生过敏反应，源于膜翅目昆虫体内所含的化学物质。医生对患者进行了多种过敏测试（包括皮肤测试），皮试结果表明，所有患者均对膜翅目昆虫（如蚂蚁、蜜蜂、黄蜂）有过敏反应。而膜翅目昆虫体内所含化学物质恰好存在于某些葡萄酒中（特别是新酿制的葡萄酒）。

没有发现因食用昆虫中毒的报道，当然除了食用有毒昆虫。

1. 苍蝇

昆虫分类中，苍蝇属双翅目昆虫。

苍蝇一生可分4个阶段，即从成蝇交配产卵开始，经过卵→幼虫（蛆）→蛹→成蝇的过程，这个过程只需10d左右，气温高时可缩短。苍蝇一次交配可终生产卵，一只雌蝇一生可产卵 5~6 次，每次产卵 100~150 个，10 天后这 100 多个卵即变为成蝇，所以一只苍蝇一生可繁殖成千上万只苍蝇。春天是第一代成蝇繁殖的高峰期，在春天里消灭一只等于夏天消灭上万只苍蝇。

苍蝇及其生活史：苍蝇的体表及腹中携带着数以万计的细菌、病毒以及寄生虫卵。苍蝇有边吃、边吐、边拉的习性，它飞落到哪里，哪里的食物、食具就会受到细菌、病毒、虫卵的污染，当人们吃了被污染的食物或使用被污染的食具时，就可发生肠道传染病或寄生虫病。

预防苍蝇传染疾病，以环境治理为主；食品企业的生产车间，不能有苍蝇的足迹；饭菜等各种食品及洗净后的碗筷等食具，不要让苍蝇停留，要用纱橱存放或用纱罩盖好，防止被苍蝇污染。

2. 蟑螂

蟑螂为蜚蠊目昆虫的俗称，亦称"蜚蠊"。

蟑螂喜暗怕光，喜欢昼伏夜出，白天偶尔可见。一般在黄昏后开始爬出活动、觅食，清晨回窝。温度在 24~32℃最为活跃，4℃时完全不能活动。

蟑螂及其生活史。栖身于屋舍的蟑螂，喜欢淀粉性的食物，在它们爬过的食物上，往往会把所携带的病原生物留下而传播疾病。蟑螂进食时和苍蝇一样，也是边吃、边吐、边排泄，因此污染食物，会使人得严重的肠胃炎、食物中毒或痢疾。

有资料调查：蟑螂传播多种疾病，如痢疾、副霍乱、肝炎、结核病、白喉、猩红热、蛔虫病等。蟑螂携带病原生物有伤寒杆菌、痢疾杆菌、大肠杆菌、肺结核菌、炭疽杆菌、癞病菌等及绦虫类、蛔虫类、血吸虫类的卵等。

蟑螂取食时会产生有臭味的分泌物，破坏食物味道，体质弱或敏感的人如果接触蟑螂污染过的食品或蟑螂粪便和分泌物及污浊的空气，会产生各种过敏反应。

仓储粮食中的螨虫

1. 腐食酪螨

腐食酪螨体长 280~350μm（1mm＝1000μm），表皮光滑。附肢的颜色随食物而异，在面粉中，它们是无色的；在干酪中，有明显的颜色。

腐食酪螨是一种世界性的贮藏食品害螨。大量发生于脂肪、蛋白质含量高的食物中，也可在稻谷，大米、碎米、大麦、小麦、面粉、红糖、白糖、红枣、黑枣、中药材中发现。我国包括台湾省在内，腐食酪螨是危害最严重的贮藏物害螨。

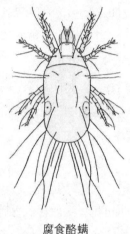
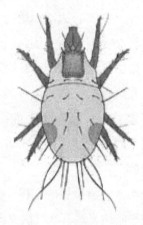

腐食酪螨   椭圆食粉螨

2. 椭圆食粉螨

椭圆食粉螨体长 480~550μm，螯肢和足的颜色较深，红棕色到褐色，与白而光亮的身体形成明显对比，故有褐足螨之名。

椭圆食粉螨是我国常见的贮藏物螨类、危害各种贮藏的粮食和食品：稻谷、大米、大麦、小麦、面粉、麸皮、米糠、黄豆、蚕豆、玉米、玉米粉、山芋粉等。也可在鼠洞、鸟巢及家禽养殖场发现。性喜潮湿，能以生长在谷物上的霉菌为食。

寄生于食用菌，蛀食菇柄或菇伞，形成污染的凹陷洞。洞中有很多小坑，长毛螨在坑中群聚为害，有的把小菇蕾全部蛀空，致食用菌减产，严重时绝收。

螨虫引起过敏已为许多人知道。面粉中存在螨虫引起人过敏，知道的人就不多了。

面粉长期贮藏受潮容易产生酵母菌，酵母菌是粉螨的食料，于是产生了粉螨，面粉放置久了，取出时，会有一串串的珠状，肉眼细看有无数小

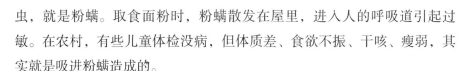

虫，就是粉螨。取食面粉时，粉螨散发在屋里，进入人的呼吸道引起过敏。在农村，有些儿童体检没病，但体质差、食欲不振、干咳、瘦弱，其实就是吸进粉螨造成的。

昆虫可导致人体过敏是食品安全中一个学科，有专门学者从事研究。本文只是抛砖引玉的向消费者简单介绍，以便让消费者知晓，在日常生活中引起注意。

食品中其他有害成分

1. 苯并芘

冰岛是世界上胃癌高发区之一，经调查认为与常吃烟熏羊肉有关，在烟熏羊肉中含有极高的苯并芘，每千克羊肉中苯并芘含量高达 $34\sim99\mu m$。

苯并芘、黄曲霉素、亚硝胺，被认为是三大最强致癌毒物。长期生活在含苯并芘（BaP）的空气环境中，是导致肺癌的最重要的因素之一。另外，苯并芘被认为是高活性致癌剂，可经胃肠道、呼吸道和皮肤吸收，进入血液循环，分布于全身器官。乳房和脂肪组织是重要的贮存库；肝脏是主要的代谢器官。经常接触苯并芘还会引起细胞染色体畸变。此外，苯并芘还能通过胎盘进入子体，产生胚胎毒作用或导致子代肿瘤发生率的提高。

煤、汽油、木材等燃烧后可产生大量的苯并芘，经大气污染地面和食品。粮食、菜籽在柏油公路上晾晒，温度高时熔化的柏油可附着在粮食上，可导致苯并芘含量显著增高。食品中的脂肪、胆固醇等成分，可在烹调加工时经高温热解或热聚，形成苯并芘，加热方法不同，苯并芘含量的差异也很大，用煤炭和木材烧烤的食品苯并芘的含量往往较高。在制作熏鱼片、熏肠、熏鸡及火腿、烤肉、烤鸭及烤羊肉串等熏烤食品时，当烟熏或烘烤温度在 $400\sim1000$℃，氧气不足，产生苯并芘，苯并芘的生成量可随着温度的上升而急剧增加。此外，食品中苯并芘的污染与食品的种类以及加工的方法也有关系。一般来说，熏红肠的苯并芘含量要高于烤肉和腊肠。

为了防止苯并芘对食品的污染及其对人的危害，要注意以下方面：

（1）改变饮食习惯，尽量少吃烧烤、熏烤肉制品，不食用烤焦、炭化的肉制品；禁止在柏油路面晾晒粮食；

（2）食品生产企业不用含苯并芘的包装材料；

（3）改进烹调和加工方法，尽量避免食品成分热解和热聚，以减少苯并芘形成；

（4）维生素 A 及白菜、萝卜等十字花科蔬菜，有降解苯并芘的作用，应经常食用。

部分食品中苯并芘含量（μg/kg）

熏羊肉	34~99
腊肉	0.86~27.56
熏鱼	1.3~15.2
炸油条	1.4~11
烘大饼	3.0~7.0
熏奶酪	0.01~5.6
熏排骨	0.34~5.0
熏火腿	3.2
烤羊肉串	1~2.84
烤鸭皮	0.75~2.39
烤牛肉	0.41~1.58
熏香肠	0.8
香肠	0.34~0.53
蛋清肠	0.18~0.30
烤鹅	0.6

2. 多氯联苯（PCB）

多氯联苯对人的危害最典型的例子是日本 1968 年发生的米糠油事件。受害者食用了被 PCB 污染的米糠油（每千克米糠油含 PCB 2000~3000mg）而中毒。截至 1978 年年底，日本 28 个县（包括东京、京都府、大阪府）正式确认了 1684 名病人为 PCB 中毒患者，其中 30 多人于 1977 年前先后死亡。

多氯联苯又称氯化联苯，多氯联苯污染大气、水、土壤后，通过传递，富集于生物体内，含氯原子越多，越容易在人和动物体的脂肪组织和器官中蓄积，愈不易排泄，毒性就愈大。多氯联苯中毒，主要表现为：影响皮肤、神经、肝脏，破坏钙的代谢，导致骨骼、牙齿的损害，并有慢性致癌和致遗传变异等的可能性。

乙烯利的作用和危害

乙烯利是一种植物生长调节剂。就是大家熟知的催熟剂。在水果的生产和运输中被广泛使用，长途运输的香蕉一般为七成熟，否则运到销售地过熟，外表变黑，无法出售。运到销售地的香蕉在温度为 $18\sim20℃$，用乙烯利，浓度 $800\times10^{-6}\sim1000\times10^{-6}$，6d 可催熟。乙烯利还可用在黄瓜、西瓜、番茄、柿子的催熟。催熟剂的使用，要求没有残留或少量残留，对人体不构成危害。另一方面，被催熟的植物体要真正的成熟，假熟会残留有害物质。

和乙烯利接触，对皮肤、眼睛有刺激作用，对黏膜有酸蚀作用。乙烯利具有低毒性，长期食用将危害大脑、肝、肾等器官。误服出现烧灼感，以后出现恶心，呕吐。

滥用抗生素的危害

某市妇婴医院一项统计显示，在对出现感染的新生儿进行的十几种抗生素药敏试验中，70%的宝宝对少则一种、多则数种的抗生素出现耐药性，且发生耐药的人数和耐药程度，较过去明显增加。有关专家指出，新生儿耐药现象可能与准妈妈在孕期、孕前滥用抗生素有关，也可能与她们讲究产前进补，每天吃的鸡蛋和喝的鸡汤、猪蹄汤及牛奶中有抗生素残留有关。

根据 2001 年世界卫生组织统计，全球每年消耗的抗生素总量中，有90%被用于食用动物，每年约有 12000t 和 900t 抗生素分别被用于食用动物的饲料添加剂和治疗用药。在动物疾病治疗中，滥用抗生素的现象普遍存在，许多动物养殖场只要发现动物发病，首先使用的是抗生素，一种抗生素不见效，马上换另一种，而且常常超大剂量使用抗生素。

长期或大量应用抗生素，可使畜禽肉、奶等可食产品中残留大量抗生素，人吃后会引起中毒或过敏。牛奶中抗生素残留是全世界奶牛业普遍存在的问题，这是因为奶牛场均用抗生素类药物治疗奶牛疾病。据调查，目前我国一般奶牛场中奶牛乳腺炎的患病率在 30% 左右。使用抗生素，可消除乳腺炎。使用抗生素治疗奶牛这些疾病的主要途径有两种：一是局部用药，即将抗生素直接注入患病奶牛的乳房或子宫；二是肌肉或静脉注射。在这两种方法中，将药物直接注入乳房显然可以造成抗生素在牛奶中的残留，采用肌肉或静脉注射这种方式，由于药物可以通过血液循环系统进入乳房和牛奶中，也可以引起牛奶中的抗生素残留。即使是治愈后的 3～4 d 内，抗生素也会残留在奶牛的体内，移行到乳腺里、牛奶中。长期饮用"有抗奶"，会使正常人被动接受、积累抗生素，造成人体生理紊乱，对抗生素产生耐药性。同样，长期食用"超抗"猪肉、禽肉也可能使人体形成耐药、抗药体质。养猪、养鸡用饲料中添加抗生素是很正常的。农业部虽已明文规定抗生素的停药期，要求饲养者在生猪屠宰前、禽类上市前的一段时间停止使用抗生素。但实际上，一些养猪农户到生猪屠宰前、禽类上市前一天才停止使用抗生素，导致上市猪肉、禽类中的抗生素含量远超过安全剂量。

第三章
食品添加剂问答

引 言

本章向读者普及一些食品添加剂基本知识。

通常，食品生产使用的食品原料，包括主料、辅料和食品添加剂。食品添加剂在食品中含量很少，但发挥重要的作用。

各个国家都重视食品安全，重视食品添加剂的安全性。

食品添加剂在食品中使用究竟安全不安全？在国内众说纷纭。

联合国的粮农组织和世界卫生组织共同组建的"食品法典委员会（CAC）"非常重视食品、食品添加剂的安全性，制定了《危险性分析在食品标准中的应用》，用于指导食品、食品添加剂进进安全性风险评估。

食品法典委员会下设"食品添加剂法典委员会（CCFA）""食品添加剂专家委员会（JECFA）"。由食品添加剂法典委员会整理安全性风险评估资料提交给食品添加剂专家委员会进行审查，确定食品添加剂在食品中使用的安全剂量。

食品添加剂法典委员会制定的《食品添加剂通用法典标准》是供全世界各国制定本国食品添加剂使用标准的唯一参照标准。

食品添加剂根据法规，在规定的使用剂量、使用范围内使用是安全的，不会对人的身体健康构成危害。

事实上真正构成食品不安全因素的不是食品添加剂，而是食品使用原料中可能存在的不安全因素、食品生产过程中一些不安全因素。这些因素包括微生物污染、农药残留污染、工业生产中有机化合物污染、重金属及有害元素污染等。

食品生产监管部门对食品生产企业监管中，其中对食品添加剂使用的监管是：禁止使用非食用化工原料；不准滥用食品添加剂。

什么是食品添加剂

《中华人民共和国食品安全法》给出定义：食品添加剂，指为改善食品品质和色、香、味以及为防腐、保鲜和加工工艺的需要而加入食品中的人工合成或者天然物质，包括营养强化剂。

决不是随便什么物质都可作为食品添加剂的。根据《中华人民共和国食品安全法》规定：食品添加剂应当在技术上确有必要且经过风险评估证明安全可靠，方可列入允许使用的范围；有关食品安全国家标准应当根据技术必要性和食品安全风险评估结果及时修订。

现代食品工业更是离不开食品添加剂，不含食品添加剂的加工食品几乎不存在。面包中有乳化剂单甘酯，不用单甘酯，淀粉容易老化，使面包品质下降；红烧肉用酱油，酱油中有着色剂焦糖色素，没有焦糖色素，不会有红烧肉那种诱人的色质；冰糖为什么那么白，是用还原剂亚硫酸盐漂白的结果，否则都是淡黄色的。

食品添加剂来源有 3 种：

从生物中提取的：如柠檬酸，是通过微生物发酵得到的；琼脂，是从一种叫石花菜的海藻中分离出来的；果胶，是从柚子皮或向日葵盘中提取的。

从自然界中来的：如做豆腐用的凝固剂氯化镁是从海水中得到的；肉制品加工使用的磷酸盐是由磷矿原料经过分离、加工，或化学置换后得到的；所谓的活性钙其实就是贝壳类动物如牡蛎的壳经高温煅烧而得到的。

人工合成的物质分为人工合成或半人工合成：

例如，糖精（钠）是 19 世纪 70 年代人工合成的，用作甜味剂已经有100 多年的历史了。多次验证：在规定的剂量范围内使用对人无害，所以可以一直使用下去。

食品添加剂对现代食品工业发展意义重大。不但可改善食品品质，使之更为可口，色泽诱人，更重要的是可以延长食品保质期。例如，过去的酱油放不了多久，会有一层灰白色的东西，老百姓也知道是长霉了，添加了防腐剂后在较长的时间内不会长霉。

因为食品添加剂在食品生产中确实有不可替代的作用，所以用食品添加剂已经成为现代食品加工业不可或缺的物质。

在我国的民间，食品添加剂使用其实有很悠久的历史了。

传说豆腐是西汉淮南王发明的。迄今已有2100年的历史。用作大豆蛋白凝固的盐是氯化镁或硫酸钙，这两种物质在现在的食品添加剂手册中都可以查到；南方人爱吃腐乳肉，腐乳肉颜色鲜艳，这是在烧制腐乳肉时添加了一种红曲红色素，这种色素在我唐朝时就有了，《本草纲目》对其有详细的介绍；上海豫园小吃"酒酿小园子"端上桌面，首先是闻到桂花香气，用天然桂花，也有用桂花香精的。金华火腿，历史悠久、举世闻名，腌制火腿必须用硝酸钠、硝酸钾。

除氯化镁、硫酸钙外，红曲红色素、桂花香精、硝酸钠、硝酸钾等也都是食品添加剂。我国民间一直在使用这些食品添加剂，不过过去没有食品添加剂这一提法而已，"食品添加剂"一词在我国1973年才出现在国家的有关法规文件中。

食品中使用食品添加剂安全吗

现代食品生产，食品原料包括食品主料、辅料及食品添加剂。食品添加剂使用量小，只占食品原料的1%~2%，但起很大作用。

某种化学物质，要想作为食品添加剂用于食品，首先通过安全性风险评估，通过评估，确定按一定剂量在食品中使用是安全的、对人体健康不会产生任何危害，方可作为食品添加剂。

现在人们关心的常用的几类食品添加剂：防腐剂、抗氧化剂、着色剂（食用色素）、护色剂（硝酸盐类）、漂白剂等都是通过安全性风险评估后，严格地规定了它们在食品中的使用范围和使用剂量。

有许多食品添加剂本来就是食品正常成分，可以按生产的正常需要量进行添加。

食品添加剂安全性风险评估的主要内容是什么

关于食品添加剂是否安全，相信是大家普遍关心的问题。

根据国际食品法典委员会制定的《危险性分析在食品标准中的应用》要求，我国卫生部制定了《食品安全风险评估管理规定》，国家食品安全风险评估专家委员会按照风险评估实施方案，遵循危害识别、危害特征描述、暴露评估和风险特征描述的结构化程序开展风险评估。《食品安全风险评估管理规定》也适用于食品添加剂。

国务院卫生行政部门根据技术必要性和食品安全风险评估结果，及时对食品添加剂的品种、使用范围、用量的标准进行修订。

食品安全风险评估常用的名词解释如下。

危害：指食品中所含有的对健康有潜在不良影响的生物、化学、物理因素或食品存在状况。

危害识别：根据流行病学、动物试验、体外试验、结构－活性关系等科学数据和文献信息确定人体暴露于某种危害后是否会对健康造成不良影响、造成不良影响的可能性，以及可能处于风险之中的人群和范围。

危害特征描述：对与危害相关的不良健康作用进行定性或定量描述。可以利用动物试验、临床研究以及流行病学研究确定危害与各种不良健康作用之间的剂量－反应关系、作用机制等。如果可能，对于毒性作用有阈值的危害应建立人体安全摄入量水平。

暴露评估：描述危害进入人体的途径，估算不同人群摄入危害的水平。根据危害在膳食中的水平和人群膳食消费量，初步估算危害的膳食总摄入量，同时考虑其他非膳食进入人体的途径，估算人体总摄入量并与安全摄入量进行比较。

风险特征描述：在危害识别、危害特征描述和暴露评估的基础上，综合分析危害对人群健康产生不良作用的风险及其程度，同时应当描述和解释风险评估过程中的不确定性。

食品添加剂的安全使用剂量是如何规定的

食品添加剂经过安全性风险评估通过后，再确定人的每天摄入剂量。这是在安全性风险评估时对小动物的长期毒性试验所得最大无作用量再除以适当的安全系数（一般为100）而得到人的每天每千克体重的摄入剂量（ADI）。

安全系数100是怎么来的？

动物生理学知识：种群之间毒性差异大约是10倍。毒理学实验用小动物一般是小白鼠或是大鼠。它们都是啮齿动物。说来有趣，我们人类和啮齿动物还有亲缘关系，都是由同一类动物进化而来的，只不过是在4000万年前按各自进化路线进化直到现在。人类和啮齿动物的许多基因是相同的。毒理学实验，用啮齿动物作为实验动物，多年来的实验数据证明是可靠的。

此外，在人群中，存在个体差异，例如，男性和女性；儿童、青壮年和老人等，这种差异是以10倍计。两个"10"相乘为"100"。安全系数100就是这么来的。

按照安全系数1‰确定人摄入剂量的ADI值，其实是非常安全的。安全的程度表示，在这个剂量以内，一个人终生天天吃也不会危害身体健康。

食品添加剂使用的原则

食品添加剂使用时应符合以下基本要求。

1.不应对人体产生任何健康危害

使用的食品添加剂应符合国家安全标准；按照GB 2760—2014《食品安全国家标准 食品添加剂使用标准》，在规定的使用剂量和使用范围内正确地使用食品添加剂。

2.不应掩盖食品腐败变质

食品原料腐败变质，对人体有毒，不可食用。但这些腐败变质原料可通过使用食品添加剂进行处理，从表面上看，与正常食品几乎没有差别，其实是掩盖了食品原来真面目。

3. 不应掩盖食品本身或加工过程中的质量缺陷或以掺杂、掺假、伪造为目的而使用食品添加剂

玉米面馒头应该有金黄色的玉米粉，不用玉米粉，而添加柠檬黄，使消费者误认为是买到玉米面馒头，这些行为是企业一种不诚信行为。

4. 不应降低食品本身的营养价值

如冰淇淋，轻工行业标准规定了乳蛋白、脂肪、糖的含量，通过使用食品添加剂减少了乳蛋白等营养素含量，但产品口感、质感让消费者没有感觉到，这种欺骗行为是不允许的。

5. 在达到预期目的前提下尽可能降低在食品中的使用量

腌制肉制品，添加亚硝酸盐，规定亚硝酸含量不超过 30mg/kg，如果同时添加维生素 C 和核黄素，可减少亚硝酸盐的添加量，亚硝酸含量可减少到 20mg/kg 以下。

食品添加剂与非食用化工原料的区别

食品添加剂的安全性都是经过严格审查的，有些非食用的化工原料尽管具有一些食品添加剂的功能，但是它没有经过安全性审查，是不可用于食品加工的。

比如将甲醛用于鱼类保鲜，将吊白块用于米制品、豆腐衣防腐防褐变，将硼酸盐用于面制品的增筋、防霉，将苏丹红用于调味品的着色等都是禁止的。

另外，在食品添加剂品种中，有些就是化工原料，例如羧甲基纤维素钠（CMC），工业品用作浆糊。但是 CMC 经精细加工，除去有害成分，达到食用的安全标准，是一种食品添加剂，可以用于食品中。CMC 作为增稠剂，普遍用于冰淇淋、果汁饮料、面包、面条、酱油等中，使用量很大。

工业级钛白粉（二氧化钛）是涂墙用的涂料，决不可用于食品，因为铅等杂质含量太高。但是钛白粉除去铅等有害物质，安全性评价证明，它有非常高的安全性，所以可用于食品中。膨化食品、油炸小食品、果冻、凉果，每千克物料中可用到 10g。

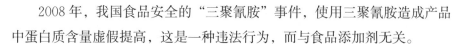

2008 年，我国食品安全的"三聚氰胺"事件，使用三聚氰胺造成产品中蛋白质含量虚假提高，这是一种违法行为，而与食品添加剂无关。

药物原料不是食品添加剂，也不可用作食品添加剂。

食品添加剂与药品原料的区别

有些物质，在 GB 2760—2014《食品安全国家标准　食品添加剂使用标准》中可查到，但在药品原料手册中也可查到。也就是说，这些物质既是食品添加剂，同时又是药品原料。

药品原料制成药剂给人使用，是短期的，药到病除以后，就停止使用，如果继续使用，会对人体构成伤害，因为剂量较大。

药品原料作为食品添加剂，使用的剂量远远低于作为药品的剂量。我们上面讲了，食品添加剂在规定的剂量范围内天天食用，终身食用，也不会构成危害。

作为药品原料，用于制药，可以给人治病；用作食品添加剂，可以提高食品性能，或可强身健体。其区别在于：用作药品，其剂量大小，以治病需要而确定；用作食品添加剂，其剂量大小，以安全性评价规定的剂量为准。

既是药品原料又是食品添加剂的物质还不少。氨基酸类如赖氨酸、牛磺酸；维生素类如维生素 C、维生素 B、维生素 E；无机盐类如乳酸钙、葡萄糖酸锌、硒化卡拉胶等。

为什么有的物质既是食品添加剂又是工业原料，等级是怎样区分的

即使是同一种物质，因有效成分、杂质含量、有害物质含量不同，有不同的分级。

常见商品标签上注有工业纯、化学纯、分析纯的字样，这是按纯度分级的。工业纯的纯度最低，分析纯纯度高；它们的杂质含量特别是有害物质有时很高。它们分别用于工业生产、普通化学试验、分析试验。各种工业纯、化学纯、分析纯的物质只对纯度有要求，而对有害物质含量多少没有要求，故不可用于食品中。

医药级、食品级、饲料级是用途分级，不是纯度分级，有效成分不一定很高，有的只相当于工业级含量，但是对人体有害的杂质含量在规定范围内。其中食品级中有害物质被严格控制。

食品级的物质，对有害物质的残留量有严格的规定。凡食品添加剂，都是食品级的，这是国家强制规定。

例如，碳酸氢钠，俗称碱、石碱、小苏打。每个家庭日常生活都要用到它：去除衣服上的污垢、厨具上的油腻用到它；做馒头、蔬菜热烫也用到它。碳酸氢钠根据质量不同制定了 3 种国家标准：工业级的为 GB/T 1606—1998；试剂级的为 GB/T 640—1997；食品级的为 GB 1887—2007《食品添加剂　碳酸氢钠》。

有人将试剂级柠檬酸钠用于食品加工是错的，柠檬酸钠的试剂级标准中，其重金属含量高于食品级标准，不可用于食品加工。

食用级酒精中甲醇和铅的含量不超过国家规定的标准，是安全的；工业酒精，甲醇和铅的含量有的是食品级酒精数十倍。化学纯的乙醇试剂，甲醇含量比食品级高 5~10 倍。医用级酒精，甲醇含量比食用级的高出 3~4 倍。工业纯、化学纯、医用级酒精皆不可用于食品加工。

食品中为什么要添加防腐剂

市场上许多食品都添加了防腐剂。"防腐剂"听起来挺可怕，不添加是不是更好呢？

大多数食品都含有为数不等的微生物，如饮料、冰淇淋、面包、蛋糕、馒头、米饭、香肠、火腿等。也许有人以为密封的马口铁罐藏食品或复合铝箔袋软包装食品是无菌的，不对！这些罐藏食品或软包装食品虽经高温高压灭菌，也不是无菌的，只不过是微生物数量很少，在注明的保质期内，微生物被控制在安全的数量范围之内而已。见马口铁罐头膨胀俗称"胖听"，就是罐头内微生物生长产气的结果，谁都知道这种罐头是不能吃的。食品中允许致病菌少量存在，不影响身体健康。食品灭菌时，杂菌不可能全部杀灭，杂菌太多，易使食品变质，使食品中有机物分解产生酚、吲哚、腐胺、尸胺、粪臭素、脂肪酸等，进一步分解成硫化氢、硫醇、氨、甲烷等有害物质。食用这种食品，对人身体危害极大。此外，霉菌也会导致食品变质。食品霉变后，颜色改变，营养破环，有霉味。霉变若是产毒霉菌所致，霉菌分泌的毒素对人更有害，大多霉菌毒素可致癌。食品中添加防腐剂可抑制细菌和霉菌的生长繁殖，所以是必需的。食品中添加防腐剂的目的是保证食品在规定的时间、规定的温度范围内，防止或延缓食品不腐败、不变质。所以食品中的防腐剂必不可少。

哪些食品要用到防腐剂

不是所有食品都需要用到防腐剂。食品中微生物存在与否，与食品的特性含水率、水分活度、渗透压、酸碱度及贮藏温度等有关。

高含水率的食品，如饮料、果酱、液态调味品及面包、湿切面、火腿肠等都要用到防腐剂。

各种含水率低于3%的食品不需要添加防腐剂，如饼干、烤鱼片、果蔬脆片、冻干蔬菜、各种粉末状食品。

低温冷冻贮藏的食品不需要添加防腐剂。低温冷冻贮藏，一般要求贮藏温度为 -18℃，这样的低温下，一般的微生物难以生长繁殖。如冷冻饮品、各种冷冻贮藏的传统食品，如速冻馒头、包子、水饺等。

高温高压杀菌的食品不需要添加防腐剂。软罐头、马口铁罐头食品要高温灭菌、液态奶用超高温瞬间方法灭菌都不添加防腐剂。

高盐、高糖食品不需要添加防腐剂。高盐、高糖抑制微生物生长繁殖。如含盐度超过20%的酱油和三矾海蜇、含糖量超过60%的糖渍食品、腌渍的鱼肉等；另外，盐、糖、酒按一定比例配制成高渗液体，亦可防止微生物生长，如江、浙、沪一带食用的黄泥螺、蟹糊调味食品。

酒精含量超过10%的食品不需添加防腐剂。啤酒中啤酒花成分有抑菌作用，故啤酒不添加防腐剂。

有些企业在自己的产品标签上写上"本品不添加防腐剂"。上面举例不添加防腐剂的食品写上这句话实是多此一举，有误导消费者之嫌；该添加防腐剂的食品，不添加防腐剂，这类食品何人敢吃？长菌了、霉变了，造成食物中毒，自讨苦吃。事实上，质检部门常在一些宣称不含防腐剂的食品中检测到防腐剂成分，故消费者不要相信一些企业不负责任的宣传。

我国常用食品防腐剂介绍

我国批准使用的防腐剂有 32 种，比起美国的 50 余种、日本的 40 种要少一些。而且常用于加工食品保鲜的不到 10 余种。

苯甲酸、山梨酸及其盐类，用于许多酸性食品。苯甲酸（钠）用于碳酸饮料、萄葡酒、酱油、醋、低盐酱菜、复合调味料、蜜饯凉果和糖果等；山梨酸（钾）除用于上述产品外，还有面包糕点、熟肉制品、乳酸菌饮料、焙烤食品馅料、即食海蜇等。

丙酸钠、钙盐，用于生湿面制品、豆类制品、面包糕点、酱油、醋等。

脱氢醋酸及钠盐，用于盐渍的蔬菜、发酵豆制品、馅料、复合调味品、面包糕点等。

对羟基苯甲酸甲酯、乙酯及其钠盐，用于糕点的馅料、酱及酱制品、果蔬饮料、风味饮料、蛋黄酪、松花蛋肠等。

天然防腐剂有纳他霉素和乳酸链球菌素，前者用于乳酪、肉制品、广式月饼、糕点表面及一些易发霉食品；后者用于植物蛋白饮料、乳制品、肉制品等。

苯甲酸（钠）对身体有害吗

苯甲酸因为在水中溶解度较低，使用不便，而其钠盐有较高的溶解度，所以食品生产企业一般都选用苯甲酸钠。在食品中起作用的当然还是苯甲酸。

现在各个家庭使用的许多调味品、酱菜及一些饮料都有苯甲酸。有些人一看到食品标签上有"苯甲酸钠"就望而生畏，担心对身体有害。

苯甲酸又称为安息香酸，最早从安息香树脂制得，故俗称安息香酸，是一种天然的防腐剂。酸果蔓、梅干、肉桂、丁香中都有数量不等的天然苯甲酸。由于苯甲酸在食品工业用量大，天然的产量已不能满足生产需要，于是产生了人工合成苯甲酸，人工合成的分子结构和天然的一样。

苯甲酸在酸性条件下可抑制许多细菌和霉菌的生长。苯甲酸进入人体不积蓄，在肝脏中就被除掉。人膳食中，蛋白质分解出的甘氨酸与苯甲酸结合形成马尿酸（无毒）排出体外，剩余的少量苯甲酸，肝脏分泌出葡萄糖醛酸将其结合而解毒。

安全性实验：一只500g重的大白鼠一天摄食250mg的苯甲酸是安全的。据此推算到人，体重60kg的人一天摄食30000mg，应该是安全的。但是考虑到人与鼠的差异，规定1/10的剂量即3000mg，对于一般正常人是很安全的；因人群中的男女、老少、体质强弱等个体差异，将安全剂量再降为1/10，即300mg的剂量。

事实上，我们每个人每天摄食的苯甲酸不会超过300mg的。在烹调食品时，当温度超过100℃，苯甲酸会随水蒸气一起挥发掉。

但是要注意，婴幼儿的肝脏还没有发育好，不要食用含苯甲酸（钠）的食品；肝功能不全者，尽量少食含苯甲酸（钠）食品。

不含防腐剂的食品果真安全吗

微生物无处不在，当我们发现食品或有异味、出水、发腻、霉斑，其细菌或霉菌已是不计其数了。这种食品根本不能食用。

长期食用被微生物严重污染的食品对人体健康的危害往往被忽视，举例如下。

（1）花生及其制品，保存不善，不加防腐剂，最容易生长黄曲霉菌，温度20℃，黄曲霉菌开始生长繁殖，25~30℃，黄曲霉菌的生长无法控制。由黄曲霉菌产生的黄曲霉毒素，是已知致肝癌元凶。所以春天以后，特别是到了夏天，气温升高了，一直存放在自然状态下的花生仁可能含有黄曲霉毒素，食用这样的水煮花生米或炒花生米需要谨慎；

（2）许多家庭将晚上吃剩下的大米饭，用网罩罩着为防虫，第二天早上开水泡一泡吃，仔细检查一下，如果饭已发软或渗出少许水，说明已长菌了。

（3）过去酱油存放时，表面一层往往有一个个霉斑，人们知道这种酱油最好不要吃。如今的酱油存放时霉斑没有了，那是因为添加了防腐剂。

（4）馒头和面包相比，在相同时间内，馒头比面包更容易发霉，是因为馒头中没有防腐剂。

（5）不注意饮食卫生，许多细菌、霉菌进入体内，并不一下就生病，尤其是体质比较好的人。但是各种菌的毒素汇集到肝脏，都要由肝脏解毒。毒素太多，增加肝脏的负担，许多肝病就是这样引起的。

需要添加防腐剂的食品，按规定剂量添加了防腐剂，在规定的时间里食用是安全的。

需要添加防腐剂的食品，不添加防腐剂，食品存在不安全隐患，所以要谨慎食用。

什么是抗氧化剂？主要作用是什么

有些人对抗氧化剂很陌生，其实我们天天接触的食品中都含有抗氧化剂。

比如茶叶中含有茶多酚；番茄中含的维生素C、番茄红素、谷物中的植酸、大豆中的卵磷脂、胡萝卜中的β-胡萝卜素等都是非常好的抗氧化剂。

油脂氧化产生异味，我们讲油脂酸败了，油脂酸败产生小分子的醛、酸，这种油脂对人体健康有害。

抗氧化剂在食品中主要作用就是防止油脂中脂肪酸氧化。防止方式有的是抗氧化剂自身氧化，消耗油脂中的氧，油脂中没有氧，自然也就不氧化；有的抗氧化剂给出电子或氢原子，阻断油脂分子自动氧化的链式反应；有的抗氧化剂通过抑制氧化酶的活性而使油脂不被氧化。

抗氧化剂有人工合成的和天然存在的两类，对人体都具有较高的安全性。

油脂因含有不饱和脂肪酸，有氧存在容易氧化酸败。如何使其不氧化呢？方法有两种：一是物理方法，低温、避光、隔氧保存；二是化学方法，使用抗氧化剂。食品加工用油，包括超市卖出桶装食用油中都含有抗氧化剂。

食品加工中亚硫酸盐的作用

亚硫酸盐类是一类漂白剂，它的作用是产生二氧化硫，破坏或抑制食品中的发色因素，使其褪色或使其免于褐变。另外，还有抑菌及抗氧化作用。平常食品加工中使用的亚硫酸盐包括：液态二氧化硫、焦亚硫酸钾（钠）、亚硫酸钠、亚硫酸氢钠、低亚硫酸钠和硫磺等。

亚硫酸盐使用在盐渍的蔬菜、竹笋、酸菜、腐竹、食用淀粉、淀粉糖类、可可、巧克力、饼干、年糕、半固体复合调味料、果蔬汁、葡萄酒、果酒、啤酒和麦芽饮料等。

硫磺在农产品加工中用得比较多。规定可用于：水果干类、蜜饯凉果、干制蔬菜、食用菌及藻类、粉丝、粉条、食糖。通常使用硫磺蒸熏产品，破坏表面细胞，促进表面干燥，防止氧化褐变。这些经过处理的农产品，表面颜色非常好看，很吸引顾客。

亚硫酸盐的使用，最后在食品中总是以二氧化硫残留量计算。以下列出主要食品类别或产品允许的二氧化硫残留量（mg/kg）：

脱水马铃薯　400　蜜饯凉果　350　葡萄酒和果酒　250mg/L

腐竹类　　　200　干制蔬菜　200　腌渍蔬菜　100

饼干和食糖　100　生食那面　50　果蔬汁　50

食用淀粉　　30　啤酒和麦芽饮料　10

食品中二氧化硫超标对人体的危害

亚硫酸盐在食品中的使用范围很广。常有媒体报道某食品二氧化硫残留量超标。二氧化硫的安全性一直受到人们的关注。少量的二氧化硫随着食品进入体内后生成亚硫酸盐，并由组织细胞中的亚硫酸氧化酶将其氧化为硫酸盐，通过正常解毒途经解毒后最终由尿排出体外，对人体没有太大影响。但超量则会对人体健康造成危害。

二氧化硫急性中毒可引起眼、鼻、黏膜刺激症状，严重时产生喉头痉挛、喉头水肿、支气管痉挛，大量吸入可引起肺水肿、窒息、昏迷甚至死亡。

二氧化硫慢性中毒，导致嗅觉迟钝、慢性鼻炎、支气管炎、肺通气功能和免疫功能下降，严重者可引起肺部弥漫性间质纤维化和中毒性肺硬变。经口摄入二氧化硫的主要毒性表现为胃肠道反应，如恶心、呕吐。此外，可影响钙吸收，促进机体钙丢失。

所以大家在选购食品时应注意：白木耳应该是白中微带点黄，白白净净就不一定好了；夏天买的年糕，若吃时有特别的异味，那就是二氧化硫的味道。

漂白粉和二氧化氯的区别

现在许多食品企业，甚至一些家庭喜欢使用漂白粉或二氧化氯对环境、容器或食品原料杀菌、漂白、除臭，这两种物质有什么不同呢？

首先它们的共同点是都释放出游离氯和氧原子，具有漂白、氧化杀菌的作用。但是它们的残留物不同：漂白粉产生次氯酸，在酸性条件下释放出游离氯而发挥作用，多余的游离氯会和水中的有机酸及酚类物质发生作用，产生三氯甲烷、卤乙酸、卤代酮、氯代酚、卤乙腈等。研究资料显示，这类物质能对人类的健康造成危害，部分已被证实有潜在的致癌性和致突变性。二氧化氯为高氯酸，在酸性条件下也释放出游离氯发挥作用，多余的游离氯不会和水中的有机酸及酚类物质发生作用，而是和水中的钠离子反应生成氯化钠（食盐）。所以使用二氧化氯的安全性高。

漂白粉可用于食品生产车间及器具的消毒杀菌，但有人用它浸泡原料，及果蔬浸泡杀菌、半成品菜保鲜是不对的。用二氧化氯浸泡杀菌保鲜是安全的。

食品加工中硝酸盐和亚硝酸盐的作用是什么，对人体有害吗

硝酸盐、亚硝酸盐是食品添加剂中护色剂类，肉制品加工中硝酸盐的应用是最为普遍的一种食品添加剂。我国的传统食品──金华火腿、镇江肴肉的风味特色都是和使用硝酸盐、亚硝酸盐分不开的。

肉制品中添加了硝酸盐、亚硝酸盐，不仅能增加肉的色泽，还能增进肉的风味和起防腐作用，尤其是可以防止致病的肉毒梭菌的生长。

按照食品添加剂法规规定，硝酸盐或亚硝酸盐使用：腌腊肉制品类、酱卤肉制品类、熏烧烤肉类油炸肉类、肉灌肠类、发酵肉制品最终亚硝酸残留量不得超过 30mg/kg；肉罐头、西式火腿类分别不超过 50mg/kg、70mg/kg。

误食硝酸盐、亚硝酸盐会引起慢性或急性中毒。亚硝胺更是致癌物。为了促进护色和防止肉制品中残留太多的亚硝酸，在使用硝酸盐和亚硝酸盐时，常添加核黄素、异维生素 C 的钠盐，降低腌制时亚硝酸的残留量。因为亚硝酸会在含有蛋白质的食品中转化为亚硝胺。

大量的动物实验已确认，亚硝胺是强致癌物，人群中流行病学调查表明，人类某些癌症，如胃癌、食道癌、肝癌、结肠癌和膀胱癌等可能与亚硝胺有关，亚硝胺并能通过胎盘和乳汁引发后代肿瘤。

硝酸盐由于细菌的作用还原成亚硝酸盐；亚硝酸盐再与蛋白质降解产物仲胺或叔胺结合会生成的亚硝胺。含有亚硝酸盐的畜肉、禽肉、水产品不宜多吃。

亚硝酸盐在食品添加剂中是毒性最强的一种，人的中毒剂量为 0.3~0.5g，致死剂量为 3g。食用硝酸盐或亚硝酸盐含量较高的腌制肉制品、泡菜及变质的蔬菜，或饮用含有硝酸盐或亚硝酸盐水、苦井水、蒸锅水后，亚硝酸盐能将血液中正常携氧的低铁血红蛋白氧化成高铁血红蛋白，因而失去携氧能力而引起组织缺氧。由此出现：轻者头痛、头晕、乏力、恶心、呕吐、腹痛、腹泻、皮肤及黏膜呈现不同程度青紫色等；重者意识丧失、惊厥、昏迷、呼吸衰竭甚至死亡。

孕妇长期摄入亚硝酸盐，尽管每次摄入没有达到中毒剂量，但会引起婴儿先天畸形，主要因为是中枢神经系统疾病；经常摄入硝酸盐能减少人体对碘的吸收，有可能导致甲状腺肿。

什么是食品工业用加工助剂

食品工业用加工助剂不可直接食用，但是在食品加工过程中有重要的作用。按照食品添加剂使用标准规定：食品工业用加工助剂是保证食品加工能顺利进行的各种物质，与食品本身无关。如助滤、澄清、吸附、润滑、脱模、脱色、脱皮、提取溶剂、发酵用营养物质等。

食品工业用加工助剂一般应在制成最后成品之前除去,有规定食品中残留量除外。

比如,传统民间大豆榨油是将大豆先蒸炒,再机械压榨得到豆油,剩下的称为"豆饼"。用这种方法,豆饼中大豆蛋白已热变性,无法再深加工,只能作饲料用;现代的大豆提取油脂技术是低温下用石油醚萃取,再分离掉石油醚得到豆油,剩下的称为"豆粕",豆粕中大豆蛋白在油脂萃取过程中没有发生热变性,可以再深加工,制成各种食品。

石油醚不可食,因为它沸点较低,非常容易和大豆油脂分离,很容易除去。所以石油醚是食品工业用加工助剂。

除了石油醚,用活性炭过滤水,吸附除去水中氯和有机物,将原料溶液中有色物质吸附而脱色。

用硅胶、膨润土澄清啤酒等。活性炭、硅胶、膨润土、氢氧化钠、二氧化氯、盐酸等也都是食品工业用加工助剂。

食品加工对加工助剂的残留量要求

食品工业用加工助剂在食品加工时使用,一般情况下要求不得有残留,如用过氧化氢对原料杀菌、漂白,产品中,最终产品中过氧化氢应不得检出;膨润土澄清啤酒,啤酒中不得残留有膨润土。

但是有些食品工业用加工助剂本身就是可直接使用的食品添加剂,允许添加在食品中的,对于这类食品工业用加工助剂,其残留量只要符合添加剂量要求,应该是允许的。

人造海蜇,用海藻酸钠做原料,在氯化钙溶液中进行钠钙交换,得到硬化的海藻酸钙而成型。人造海蜇制造时,尽管是在氯化钙溶液中进行的,但是其成品中氯化钙含量极少,是在规定的剂量范围以内,所以是合格产品。

超临界萃取可用于从植物中萃取许多对人极其有用的物质:枸杞籽油、当归油、红花油、大蒜油、番茄红素等。萃取用溶剂就是食品工业用加工助剂二氧化碳。被萃取物质高压下浸出溶于液态二氧化碳,减压至常

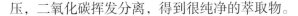

压，二氧化碳挥发分离，得到很纯净的萃取物。

还有一些食品工业用加工助剂在食品生过程中使用，但在生产后期被改性或中和，盐酸是食品工业用加工助剂，用于植物蛋白水解，但是在水解结束用氢氧化钠将多余的盐酸中和形成了氯化钠，对人体不构成危害。

食品工业用加工助剂也不可随变乱用。甲醛是一种杀菌剂，只能对环境杀菌，不可用于食品及可能与食品接触的包装材料。将甲醛用于水产品保鲜是违法行为。

食品中的色素是怎么来的，对人体安全吗

色、香、味、形是构成食品感官性状的四大要素，提供人们的心理享受，也是中国食文化的重要内容。

食品的颜色是食品给消费者视觉的第一感官印象。赋予食品恰如其分的颜色，可使人赏心悦自，引起人的食欲。

我国食用色素的使用也有悠久的历史。民间做青团，过去是用嫩艾、小棘姆草的汁，现在改用小麦叶汁揉入糯米粉中，做成呈碧绿色的团子。江苏常州酱菜罗卜干又脆、又好看，其颜色是用一种叫"姜黄"的色素着色的。姜黄是我国传统的中药材。

现在食品中使用的食用色素分为天然色素和合成色素两种：天然色素主要从植物组织中提取，也包括来自动物和微生物的一些色素；合成色素是指用人工化学合成方法所制造的有机色素。

天然食用色素用于食品，因为颜色不是很鲜艳且着色不牢，容易褪色；而合成食用色素用于食品，色彩鲜艳，不易褪色，且价格比天然食用色素要便宜，因此许多食品生产企业在选用色素时，比较多的选用合成食品色素。

对食用色素安全性提出怀疑的主要是人工合成色素。我国批准允许使用的合成色素有：苋菜红、胭脂红、赤藓红、新红、诱惑红、柠檬黄、日落黄、亮蓝、靛蓝和它们各自的铝色淀，以及酸性红、β-胡萝卜素、叶绿素铜钠和二氧化钛共 22 种。

许多合成色素是以煤焦油为原料制成的，其安全性一直是国内外许多

人关注的话题。其中最受到注意的是苋菜红。因为曾有报道大剂量的使用苋菜红喂养白鼠可使其致癌。

毒理学研究提供的资料是：小鼠口服苋菜红半致死剂量（LD_{50}）：10g/kg，苯甲酸的半致死剂量（LD_{50}）：2.35g/kg。但是允许人的摄入量（ADI）都是 0~0.5mg/kg，可见，对合成色素应用，其安全性系数是很高的。

但是合成色素的安全性问题仍是不容忽视。目前合成色素安全性问题主要是：低廉价格的食用色素有害杂质含量太高；滥用色素有可能使人摄入量超标；使用非食用化工染料对人体有害。

应该注意的是，天然色素也不都是安全的，有个别品种对人体亦有害。而且有不少天然色素缺乏完整的安全性评价资料。

你了解香精香料吗

食品的香气是食品的特征之一。有些食品本身具有香气，但是大多数食品经加工后，或香气消失，或本来就没有香气，这就需要添加香精香料。

香精是怎么配制的？

以苹果香精为例。首先人们分析苹果的香气，了解它的成分，是由哪些香料组成的。因为任何香精都是由各种香料组成的。

分析苹果香精的各种香料成分和含量，有的香料自然界中有的且大量得到；有的虽有但量少，需要由人工合成。因此，香料包括天然香料和人工合成香料两大类。人们用天然的或人工合成的香料配制出苹果香精。其他香精也是这么配制出来的。

有人会问，为什么香精不限制使用剂量？

在食品中，香精使用少，香气不足；使用多了，香气太浓。食品中使用香精，含量一般在 0.01%~0.02%，企业自我限量。

有些香料可直接使用在食品中，如姜油、小茴香油、香叶油、柠檬油、玫瑰油等，还有香兰素、乙基麦芽酚等。

国家卫生和计划生育委员会规定哪些食品不可使用香精香料

市场上曾发现用麻油香精配制没有麻油成分的假麻油、将大米香精添加到陈米中冒充新米出售。这是不允许的。

不是所有食品都允许使用香精香料，国家卫生和计划生育委员会规定如下类别的食品不得添加食用香料、香精：

食品分类号	食品名称
01.01.01	巴氏杀菌乳
01.01.02	灭菌乳
01.02.01	发酵乳
01.05.01	稀奶油
02.01.01	植物油脂
02.01.02	动物油脂（包括猪油、牛油、鱼油和其他动物脂肪等）
02.01.03	无水黄油，无水乳脂
04.01.01	新鲜水果
04.02.01	新鲜蔬菜
04.02.02.01	冷冻蔬菜
04.03.01	新鲜食用菌和藻类
04.03.02.01	冷冻食用菌和藻类
06.01	原粮
06.02.01	大米
06.03.01	小麦粉
06.04.01	杂粮粉
06.05.01	食用淀粉
08.01	生、鲜肉
09.01	鲜水产
10.01	鲜蛋
11.01	食糖
11.03.01	蜂蜜
12.01	盐及代盐制品
13.01	婴幼儿配方食品[*]
14.01.01	饮用天然矿泉水

14.01.02	饮用纯净水
14.01.03	其他类饮用水
16.02.01	茶叶、咖啡

*较大婴儿和幼儿配方食品中可以使用香兰素、乙基香兰素和香荚兰豆浸膏（提取物），最大使用量分别为5mg/100mL、5mg/100mL和按照生产需要适量使用，其中100mL以即食食品计，生产企业应按照冲调比例折算成配方食品中的使用量；婴幼儿谷类辅助食品中可以使用香兰素，最大使用量为7mg/100g，其中100g以即食食品计，生产企业应按照冲调比例折算成谷类食品中的使用量；凡使用范围涵盖0~6个月婴幼儿配方食品不得添加任何食品用香料。

食品调味剂有哪些种类

食品的味道刺激人的味觉和触觉器官，引起人的食欲。味觉分为酸、咸、甜、苦、辣、鲜、涩7种，但生理学上只有酸、甜、苦、咸4味，辣、涩味是由于刺激触觉神经末稍产生的。辣味刺激口腔黏膜引起痛觉并伴有鼻腔黏膜痛觉；涩味是舌黏膜收敛引起的一种感觉。

人类对苦味最敏感，对甜味最不敏感。味觉阈值受生理因素和病理因素影响。饥饿时，味蕾处于兴奋状态；年老，味蕾减少；注意不集中，味蕾感觉迟纯。病理状态，如舌上有舌苔，阻塞味蕾。

味觉还有衬比现象和增味现象，蔗糖溶液中加入食盐或酸性物质，甜度增加；味精在食盐中呈现鲜味现象；甜味中加入苦味物质甜度降低。

在食品添加剂中，属于调味剂范畴的有酸味剂、增味剂、甜味剂等。

哪些物质可使食物更鲜美

1. 鸟苷酸（G）
具有香菇的特有香味，与味精合用有协同作用。

2. 肌苷酸（I）
具有鲜鱼味，与味精合用有协同作用。一般情况下，I+G以1∶1比例混合使用。产生鲜醇滋味，改善味觉，使甜、酸、苦、辣、鲜、香、咸更浓郁而协调。

市场上的特鲜味精，就是味精中添加 5%~10% 的（I+G），特鲜味精的鲜度是普通味精的 5 倍左右。使用特鲜味精，可大幅度减少味精的使用量。但因特鲜味精中含有核苷酸成分，所以痛风病人少吃为好。

3. 酵母提取物

原料酵母抽提物本身就有鲜味，某品牌酱油大量使用，很受消费者的欢迎。

酵母抽提物进一步进行不同的化学反应，可形成具有牛肉味、烤猪肉味、鸡肉味的物质。市场上的红烧牛肉面的牛肉香味其实就是酵母抽提物进一步反应的物质。

4. 琥珀酸二钠

呈贝类鲜味。琥珀酸大量存在于贝类动物和虾蟹体中。

市售干贝素以琥珀酸二钠为原料，再配以甘氨酸、I+G、味精等；

市售虾味素以甘氨酸为原料，再配以琥珀酸二钠、I+G、味精等。

5. 咸味香精（调味香精）

由热反应香料、食品香料化合物、香辛料（或其提取物）等香味成分中的一种或多种与食用载体和／（或）其他食品添加剂构成的混合物，用于咸味食品的加香，称为咸味香精。

从品种来看，咸味香精主要包括牛肉、猪肉、鸡肉等肉味香精，鱼、虾、蟹、贝类等海鲜香精，各种菜肴香精以及其他调味香精。

酵母抽提物在咸味香精中经常用得到，主要作为呈鲜呈味物质。

以家禽、家畜或水产品的浓缩抽提物，加上味精、食用盐、食糖和糊精为主要原料，添加香辛料、呈味核苷酸二钠等其他辅料，混合后，经干燥或不干燥加工而成的具有动物鲜味和香味的复合调味料。

咸味香精在咸味食品的功能是补充和改善食品的香味；用于肉类、海鲜类罐头食品、各种肉制品、仿肉制品、方便菜肴、汤料、调味料、调味品、鸡精、膨化食品等。例如，牛肉膏、肉宝王等。

6. 谷氨酸钠

在第一章中已有介绍。

除了糖之外，甜味剂还有哪些种类

蔗糖是用得最多的甜味剂，除蔗糖外，淀粉水解生成的淀粉糖浆、果葡糖浆、麦芽糖、葡萄糖等，都是消费者熟悉的品种。

这里介绍非糖类甜味剂和糖醇。非糖类甜味剂还包括天然甜味剂和人工合成甜味剂两类。

1. 天然甜味剂

甜菊糖苷 300 倍左右蔗糖甜度，甘草味，余味长久、有涩苦感；

甘草酸钾盐 450 倍左右蔗糖甜度，甘草味，余味长；

罗汉果甜苷 220 倍左右蔗糖甜度，甘草后味，味久。

2. 人工合成甜味剂

糖精钠 400 倍左右蔗糖甜度，余味长、微苦；

甜蜜素 35 倍左右蔗糖甜度，后味呈金属味感、食后嘴发干；

A-K 糖 180 倍左右蔗糖甜度，甜来得快、无后味；

阿斯巴甜 180 倍左右蔗糖甜度，甜来得慢、余甜长，该甜味剂苯丙酮尿症患者不宜使用；

阿力甜 2000 倍左右蔗糖甜度，甜味迅速、持久；

纽甜 8000 倍左右蔗糖甜度，无苦味及其他后味；

三氯蔗糖 600 倍左右蔗糖甜度，蔗糖的甜感。

甜味剂是怎样被应用于食品加工的

食品制作时，选用什么样的甜味剂是由生产的食品特性决定的。

（1）为生产工艺服务。糖醇用于烘烤食品面包、蛋糕中，不仅增加甜味，还具有保湿作用；糖精、甜蜜素用于酱菜中，调整口味，减少微生物繁殖的机会；甜叶菊苷、甘草酸盐用于糖果、蜜钱中除了赋于产品甜味外，还增加产品的风味等。

（2）降低生产成本。用糖精、甜蜜素腌制蜜钱，制作糕点、生产饮料，都可以大幅度降低生产成本，但是希望食品生产企业不要以降低产品质量为代价而降低生产成本。

（3）制造功能性食品。肥胖病人食品选用的甜味剂应是低热量或无热量甜味剂，如阿斯巴甜、A-K糖等；糖尿病人食品选用的甜味剂要求代谢不依赖胰岛素，但要产生热量的糖醇类。另外，为了保护牙齿不被龋齿，清洁口腔类食品多使用糖醇、甜叶菊苷、甘草酸盐等。

在食品加工中，甜味剂的使用具有综合性要求。而且，往往是几种甜味剂复配使用，以达到生产厂家综合性要求。

甜味剂使用有限量限范围要求，希望企业不要滥用。

磷酸盐有哪些用处，安全性如何

磷酸盐是目前使用最广泛的食品添加剂之一，在食品添加剂类别中，为品质改良剂，它被应用于许多食品加工中，对于食品品质改良起着重要作用。目前，磷酸盐是应用除了肉类制品外，还有乳制品、焙烤制品、饮料等。

在食品加工中使用的磷酸盐通常为钠盐、钙盐、钾盐以及作为营养强化剂的铁盐和锌盐。

磷酸盐用于鱼糜制品，增加鱼丸的弹力和脆度，保水、保油，具有良好黏结特性和抗氧化性；用于鱼罐头食品，对抑制制品罐头中凝乳形成和鸟粪石晶体具有良好效果。

磷酸盐用于烘培食品，一是作为品质改良剂，改进食品的组织结构和口感；二是可用作矿物营养强化剂；面制食品加工中的作用主要基于磷酸盐的如下特性：缓冲、持水、螯合、提高面条的光洁度，延长食品货架期等。

另外，复配卡拉胶-磷酸盐添加剂用来生产低脂、低盐、低热量和高蛋白的具有保健作用的禽肉食品；复配磷酸盐-抗坏血酸复配型改良剂可有效地用于抑制肉类脂肪的氧化。

磷酸盐作为食品添加剂使用，安全、无毒。使用剂量：磷酸盐中磷酸根含量不超过食品各种物质总量的0.5%。在食品中，磷酸盐的应用，要重视钙、磷平衡（钙、磷比以1:1.5为好），并且要严格按食品添加剂使用标准的规定合理使用磷酸盐，以免发生因钙、磷不平衡或滥用磷酸盐而导致对人体健康产生不良影响。

添加了柠檬黄的馒头是食品安全事件吗

2011 年 4 月，上海出现"问题馒头"事件。

柠檬黄，一种食用色素，GB 2760—2014《食品安全国家标准　食品添加剂使用标准》中可以查到。可合法地用于饮料、酱菜、饼干、面包、蛋糕、调料、蜜饯、冰淇淋、果冻、膨化食品、油炸小食品等许多种食品中。但没有允许用于蒸煮类制品如馒头中。

查出"问题馒头"含有柠檬黄为 0.006g。这是个什么概念？

半固体复合调味料、粉园、饮料柠檬黄允许用量是每千克原料分别可用 0.5g、0.2g、0.1g。上海"问题馒头"中查出滥用柠檬黄，分别和半固体复合调味料、粉园、饮料中使用柠檬黄相比，分别是其 1.2%、3%、6%。喝一杯 500mL 含有柠檬黄的饮料，相当于食用 10 多千克"问题馒头"中柠檬黄的摄入量。所以"问题馒头"中使用柠檬黄的量是比较小的，不会影响身体健康，是企业违规行为。

▌第四章▐
怎样选择健康安全的食品

引　言

通过以上章节的内容，相信大家已经了解了很多有关食品安全的问题，比如食物本身原料的问题，环境污染或人为添加的有害物质。又如食品添加剂对食品的作用和影响。在了解以上知识的同时，更重要的是我们如何去选择健康安全食品，本章主要介绍如何正确地选择分辨和选择健康无害的食品，包括蔬菜、水果、海鲜、肉禽等，此外，还包括如何清洗和去除食品中的有害物质，如农药等。

蔬菜选购基本需知

买菜最好到正规市场去买，一般来说，那里的蔬菜实行了市场准入制度。对农药残留有控制要求。来路不明、没有经过检查的蔬菜最好不要购买，许多城市近郊闲置地种植的蔬菜，或在路边地摊销售的蔬菜更不要买。如何挑选新鲜健康的蔬菜呢？

1. 看颜色

颜色要正常。当发现有的蔬菜颜色不正常，就要提高警惕，如菜叶失去平常的绿色而呈墨绿色，毛豆碧绿异常等，它们在采收前可能喷洒或浸泡过甲胺磷农药。

2. 看形状

形状正常的蔬菜，一般是常规栽培，未经处理。特别是反季节蔬菜或提前上市蔬菜，经过激素或催熟剂处理，可能对人有害。番茄用过激素，顶尖会形成奶头状；用过催熟剂处理，全红而内有空穴或青籽；韭菜，当它的叶子特别宽大肥厚，比一般宽叶韭菜还要宽得多，可能在栽培过程中用过激素；未用过激素的韭菜叶较窄，吃时香味浓郁。

3. 看鲜度

许多人认为，蔬菜叶子虫洞较多，表明没打过药，吃这种菜安全，其实不然，因为不少害虫已经具有抗药性了。枯萎变软的蔬菜不可食用；霉烂蔬菜不仅霉烂部分，它的大部分都不可食用；绿叶蔬菜在30℃以上，放置时间超过6~10h最好不要食用，反复用水浸渍更不要食用。

蔬菜栽培用过量化肥，尤其是尿素、碳酸氢铵，会造成蔬菜的硝酸盐含量过多。肉眼是无法鉴别的，只有通过仪器检测。但就一般而言，硝酸盐的含量，根菜类多于薯芋类、薯芋类多于绿叶类。而花果种子最少。平时多吃点瓜、果、豆和食用菌，如黄瓜、番茄、毛豆、香菇更安全。

如何去除蔬菜中的农药残留

根据检测结果分析，农药残留容易超标的蔬菜有：白菜、青菜、鸡毛菜、韭菜、黄瓜、甘蓝菜、豆、芥菜等。其中韭菜、油菜受污染可能性最大。因为菜青虫抗药性较强，菜农为了尽快杀虫，往往会选择高毒农药。而韭菜的虫害韭蛆常存在母体内，所以菜农使用大量高毒杀虫剂灌根，使得农药遍布整个株体。相对而言，青椒、番茄、豆角、葱、蒜、洋葱等农药超标现象较少。去除蔬菜中的农药残留有以下几种方法。

1. 浸泡法

有机磷农药多为磷酸酯或酰胺，这些农药在水中可分解为无毒的物质。浸泡法主要适用于叶类菜和花类菜，如菠菜、生菜、小白菜和韭菜花、金针菜等，先用水冲洗掉表面污物，然后用清水浸泡，浸泡时间不少于1min。

2. 去皮法

蔬菜种植过程中大量使用的有机磷和拟除虫菊酯等农药，大部分是亲脂性的，而蔬菜表面有蜡质，很容易吸收农药，沉积后的农药，大多积存于果皮中。如在黄瓜果皮上能测出有机磷的残留，而果肉中则没有。对于带皮的蔬菜胡萝卜、冬瓜、南瓜、茄子、马铃薯、萝卜等，可以削去含有残留农药的外皮，只食用肉质部分。

3. 漂烫法

氨基甲酸酯类杀虫剂随着温度的升高，会加快分解。常用于芹菜、菜花、圆白菜、青椒、豆角等。可先用清水将表面污物洗净，放入沸水中漂烫 2~5min 捞出，然后用清水冲洗 1~2 遍。此法可清除 90% 的残留农药。

4. 贮存法

空气中的氧与蔬菜中的酶对残留农药有一定的分解作用。购买蔬菜后，在室温下放 1d 左右，残留农药平均消失率为 5%；放置 10~15d，效果更好。此法适用于冬瓜、南瓜等瓜果类以及根茎类等便于贮藏、不易腐烂的蔬菜。

5. 日照法

利用阳光中多光谱效应，日照蔬菜会使蔬菜中部分残留农药被分解、破坏。据测定，蔬菜在阳光下照射 5min，有机氯、有机汞农药的残留量损失达 60%。

蔬菜的贮藏有学问

市场上买回的蔬菜不会马上就吃的，贮藏也有学问。

蔬菜可分为喜温型和喜凉型。喜温型蔬菜一般要求环境温度为 10℃左右，贮存期相对较短，这类蔬菜有黄瓜、青椒、茄子等。喜凉型蔬菜的最佳贮存温度为 0~5℃，贮存期一般较长，这类蔬菜有大白菜、马铃薯、葱、蒜、萝卜、芹菜等。如果贮存温度不适宜，将直接影响蔬菜贮存质量。温度偏高，蔬菜的水分损耗较大，贮存时间缩短；温度偏低则会产生"冻害"，失去食用价值。

买回的蔬菜，首先进行漂洗，除杂质、除菌、除农药，切不可马上放入冰箱保存，那样会引起交叉污染。

清洗后，一定要沥干表面水分。否则会引起微生物繁殖。沥干水的蔬菜用食品包装膜包好放入冰箱冷藏。

下面列出部分蔬菜贮藏的温度要求，供家庭贮藏蔬菜时参考。

适于低温冷藏的种类

品种	贮藏温度 ℃	冷害温度 ℃	品种	贮藏温度 ℃	冷害温度 ℃
胡萝卜	1~2	0	慈菇	2~3	0
白萝卜	1~2	0	大白菜	0~1	−2
青萝卜	1~2	0	青豆角	2~4	0
马铃薯	3~5	0	甜豆	2~4	0
魔芋	3~5	0	荷兰豆	3~5	0
洋葱	0~3	−1	豆苗	3~5	0
大蒜	−3~1	−5	椰菜花	1~4	−2
蒜苔	0~1	−1	莴苣	2~4	0
大葱	0~1	−2	芥兰	3~4	0
韭菜	1~2	0	莲藕	2~3	0
韭菜花	1~2	0	茭白	0~1	−1
韭黄	5~6	1	芹菜	−2~1	−3
马蹄	2~3	0	芫荽	0~1	−2
甜玉米	1~2	−1	百合	5~6	−1
食用菌	2~6	0	生菜	2~4	0
番茄（红熟）	2~3	−1	菠菜	−1~0	−5

适于高温冷藏的种类

品种	贮藏温度 ℃	冷害温度 ℃	品种	贮藏温度 ℃	冷害温度 ℃
鲜姜	15	10	芋头	10~15	2
茄子	8~10	7	山药	8~10	6
番茄（绿熟）	10~12	7	番薯	13~15	9
黄瓜	8~10	7	节瓜	10~12	6
苦瓜	7~9	6	菜豆	10~13	3
南瓜	9~10	8	辣椒	10~12	6
冬瓜	10~12	8			

　　绿叶蔬菜就是冰箱冷藏，也应该在48h内食用完，因为放置时间长，亚硝酸盐会越来越多。

反季节果蔬

　　反季节蔬菜的栽培都是在大棚里进行培植，如果属于无公害食品，那么其品质和正常季节的产品无大的区别。但如果不是无公害食品，应小心食用。

　　大棚中种反季节蔬菜，气温较高，不利于农药降解，使其大部分残留在蔬菜上；光照不足，施用氮肥不当，使其硝酸盐含量高，消费者如长期食用这种被污染的蔬菜，会造成慢性或急性中毒；为使蔬菜提早上市，使用催熟剂，各种催熟剂对儿童的成长发育影响很大。

各种果蔬所用催熟剂：赤霉素促进发育；膨大剂让果实长得大；乙烯利促早熟催红。黄瓜"顶花带刺"，使用了植物生长激素，有机黄瓜不许用，无公害或普通黄瓜还是允许用的。

所以尽量少买形状、颜色奇怪的蔬菜。比起吃反季节的蔬菜来，尽量选择时令蔬菜。如果要买反季节蔬菜，最好多买些洋葱、胡萝卜、茄子等，这类蔬菜中农药残留物相对较少。

反季节水果举例：

桃：用工业柠檬酸浸泡

水蜜桃用工业柠檬酸浸泡，桃色鲜红，不易腐烂。半熟脆桃，加入明矾、甜味素、酒精等，使其清脆香甜。明矾的主要成分是硫酸铝，长期食用会导致骨质增生、记忆力减退、痴呆、皮肤弹性下降以及皱纹增多等问题。白桃用硫磺熏制，还会有二氧化硫的残留。

草莓：用生长激素催熟

用生长激素催熟的反季节草莓个头很大，颜色新鲜，但闻不到草莓特有的香气；有的中间有空心，更有的形状畸形不规则，吃起来缺少甜味，如同嚼蜡。

芒果：生石灰捂黄

青芒果用生石灰捂黄，表皮虽然看起来黄澄澄的，但吃起来却没有芒果味，石灰有腐蚀口腔、引起溃疡的作用。

梨：催长素令其早熟

使用膨大素、催长素令其早熟，再用漂白粉、着色剂（柠檬黄）为其漂白染色。处理过的梨汁少味淡，有时还会伴有异味和腐臭味。这种毒梨存放时间短，易腐烂。

香蕉：用氨水催熟，二氧化硫保鲜

用氨水或二氧化硫催熟，这种香蕉表皮嫩黄好看，但果肉口感僵硬，口味也不甜。二氧化硫对人体神经系统造成损害，还会影响肝肾功能。

西瓜：膨大剂催大

超标使用催熟剂、膨大剂和剧毒农药，这种西瓜皮上的条纹不均匀，切开后瓜瓤新鲜，瓜子呈白色，有异味。

葡萄：用乙烯利催熟

把尚未成熟的青葡萄放入乙烯利稀释溶液中浸湿，过一两天青葡萄就变成了紫葡萄。这种葡萄颜色不均，含糖量少，汁少味淡，长期食用对人体有害。

柿子：用酵母催熟

生柿子用酵母或催熟剂来催熟，但柿子的甜度大减。还有果农在生柿子蒂巴处点上"一试灵"使之红透。这些化学药剂都会产生残留，使柿子带毒。

大枣：用化学剂染色

用开水泡，不管多青的枣用开水一泡立马变红。还有果贩用化学染色剂染色，用工业石蜡打蜡，使大枣带毒。

桂圆：喷洒亚硫酸盐变艳

喷洒、浸泡亚硫酸盐溶液，使其颜色鲜艳。亚硫酸具有较强的腐蚀性，会灼伤人的消化道，还容易引发感冒、腹泻以及强烈咳嗽。

荔枝：硫酸浸泡改色

用硫酸溶液浸泡，或用乙烯利水剂喷洒，使变色的荔枝变得鲜红诱人，但很容易腐坏。这类溶液酸性较强，会使手脱皮、嘴起泡，还会烧伤肠胃。还有果贩会用硫磺熏制，而二氧化硫对眼睛、喉咙会产生强烈刺激，导致人头昏、腹痛、腹泻。

柑橘：工业石蜡抛光

柑橘类水果在出售中用着色剂"美容"，用工业石蜡抛光。工业石蜡的杂质中含有铅、汞、砷等重金属，会渗透到果肉中，使用后会导致记忆力下降、贫血等症状。

苹果：催红素增色

用膨大素催个，催红素增色，防腐剂保鲜。过量使用膨大素、催红素、防腐剂会伤害肝脏。零售果贩还会给苹果打上工业石蜡，目的是保持水分，使果体鲜亮有卖相。

如何区分新粮、陈粮、陈化粮

通常把当年收获的粮食叫做新粮；把贮存一年以上的粮食叫做陈粮；陈粮长期贮存陈化变质的粮食叫做陈化粮。

新粮食用可口、有香气；陈粮可食，对身体无害，只是口感稍差、无香气；陈化粮变质，酸度提高，有的黄曲霉菌超标，已不能直接作为口粮食用。国家规定，陈化粮只能通过拍卖的方式向特定的饲料加工和酿造企业定向销售，并严格按规定进行使用，倒卖、平价转让、擅自改变使用用途的行为都是违法行为。

2004 年，全国 10 多个省市的粮油批发市场上，陆续出现了一种被称作"民工粮"的大米。经央视时空连线记者调查，结果显示这种"民工粮"多为国家严禁食用的陈化粮。

所谓"毒大米"，就是不法商贩将变质、变色的陈化米经过漂白、添加矿物油抛光、加香等手段制出来的。这种米因黄曲霉菌严重超标，对人有极大的危害。

国家粮油质检部门专家介绍，对掺假大米要采取"一看二摸三嗅"的办法：从外观上看大米的成色如何，用手摸大米是否有油腻的感觉，闻一下有没有大米的自然香味。另外，有一种简单而有效的方法，把少许的大米放进水里，掺过工业用油的毒大米会漂起油花，这将使毒大米无所遁形。用手把大米搓一搓有白色粉末落下，证明外面加上了石蜡油，是对人体健康有害的米。

优质大米一般呈淡青白色或米青白色，半透明状且具有光泽；米粒呈长形或椭圆形，米粒大小均匀，表面光滑，允许出现少量的碎米，但无霉、无虫、无杂质、无异味。

如何正确贮存粮食

造成粮食贮藏期间变质的主要因素是霉菌、昆虫等。因此家庭贮藏粮食时，要控制粮食水分和贮藏条件，在贮藏期间水分含量过高，粮食的呼吸代谢活动就会增强而发热，而霉菌、有害昆虫也容易生长繁殖，造成粮食霉变和腐败变质。另外，贮藏温度和湿度过高也是增加粮食发霉和变质的危险性因素，所以还应隔离潮气，防止粮食返潮；注意通风，尽量降低贮藏的温度和湿度。平时还应经常检查粮温和水分的变化，可用眼看、鼻闻、口尝、手捏等办法，检查粮食的色泽、气味及粮食的硬度，发现问题，及时处理。

长江下游，梅雨季节，粮食保存不当，因高温、高湿，更容易发霉。

1. 玉米保存

许多资料显示，玉米保存不当，产生黄曲霉素，对人有危害。

玉米霉变的原因是由于玉米胚部较大，营养丰富，温度25℃左右，呼吸旺盛，微生物附着量大，如果玉米原始水分高，在较低的温度下，霉菌也可大量繁殖，造成霉变。

玉米未脱粒时籽粒胚部埋藏在果穗穗轴内，对虫霉侵害有一定的保护作用，因此在收获后应采取玉米穗藏的方式为宜；玉米脱粒后的保管，要求玉米水分降到14.0%以内，在阴凉、干燥、通风条件下，玉米是不会霉变的。

玉米霉变，主要是玉米胚部，脱胚去毒，可采用两种方法：一是浮选法，将玉米碾成1.5~4.5mm的碎粒，加入3~4倍的清水，搅拌、轻搓，胚部碎片较轻容易上浮，将其捞出。如此反复3~4次，可除去部分毒素；二是碾轧法，即将玉米碾轧3次，去掉外皮及胚部。

长江中下游及两淮地区，清明以后，气湿升高，多雨季节，湿度大，保存的玉米在这种情况下最容易产生黄曲霉素。调查资料显示，20世纪六七十年代，南通地区的肝癌发病率较高就是因为玉米保存方式不当污染了黄曲霉素的结果。至今苏北、皖北有些地方的农村用有黏性的土做成容器盛放玉米等粮食，这种土制容器本身就是霉菌的污染源。

2. 花生的保存

经常看到资料，欧盟退回从中国进口的花生制品（花生油及其他花生制品），理由是黄曲霉素超标。

花生被黄曲霉毒素污染的原因是因为产生毒素的真菌含量多少，与收获前的花生中黄曲霉毒素含量呈正相关；花生荚果受损，黄曲霉侵染率较高，黄曲霉菌从伤口侵染迅速扩散到整个种仁并产毒。延迟收获导致花生黄曲霉感染率比适时收获的高；土壤温度与花生收获前期黄曲霉感染有关系，花生收获前 30~50d 内，28~30.5℃的花生荚果最易感染黄曲霉；花生生育后期，遇到干旱，是花生黄曲霉毒素感染的主要因素；含水率高（13% 以上）、温度高（25~30℃）、湿度高（80%~90%），容易产生黄曲霉素。

花生仁不好保存，带壳的花生好保存，但壳不要破裂。

家庭保管花生米，先将花生米摊晒干燥，扬去杂质，然后用无洞的塑料食品袋密封装起来。密封之前，将几块剪碎的干辣椒片放入袋内，放置在干燥通风处；将花生米放入开水中烫一下，迅速取出晒干。这样可以将表面细菌杀死，也能收到防虫防霉的效果，有条件的真空保存更好。

3. 大米保存

大米怎么加工来的？水稻→糙米→精米（俗称大米）。

稻谷是一种适宜长期贮藏的粮种。稻谷的呼吸作用一般在贮藏的前两年较高，以后逐渐降低并趋于平稳。稻谷一般在仓库贮藏。入库时要控制好水分和温度，含水率在 14% 左右，温度在 25℃以下。稻谷表面风干，安全水分标准 1% 以下，并贮藏在阴凉处，数年品质基本变化不大。

糙米，稻谷碾磨加工去除稻壳后留下的第一道加工产品，也就是得到的完整米粒即为糙米。糙米保存完好的种皮、胚和胚乳。因此，糙米含有丰富的蛋白质、脂肪、碳水化合物、膳食纤维、矿物质（微量元素）、维生素和生理活性物质等人体必需的多种营养成分。处于糙米状态的大米，因有米糠保护，所含有的营养成分几乎没有损失，糙米中集中贮存着整个米粒中 90% 以上营养成分，是稻米营养最佳的食用形态，但因为口感不佳被冷落。因为没有了保护的外壳，故糙米贮存保质期较短，不受潮湿影响，大约 6 个月左右。

大米，糙米精磨去米糠，得到精米，即为目前市场上销售的各种大米。大米的保存期为 3~6 个月。南方因为雨水较多，最多 3 个月。高温高湿时保存时间更短。长江下游黄梅季节，打开包装的大米最好两个星期内吃完，有条件的，如果这个时期将大米冷藏当然最好。

如何鉴别大米是否霉变？

观察大米的胚，如果米顶端的凹陷部分颜色比其他部分深，为浅灰色～深灰色，说明米的质量有问题了；

淘米时，如果淘米水的颜色发绿，甚至感觉发黑，说明这米变质不可食用了；

大米密封一刻钟打开，闻一闻，有异味，甚至是霉味，说明这米变质了。

取几粒大米口中细嚼，正常大米微甜，无异味。变质大米无甜味感，呈木渣感，有异味，说明大米有问题了。

如何选购与食用新鲜虾类

看验胸节和腹节连接程度。在虾体头胸节末端存在着被称为"虾脑"的胃脏和肝脏。虾体死亡后易腐败分解，并影响头胸节与腹节接连处的组织，使节间连接变得松弛。

看体表色泽。在虾体甲壳下的真皮层内散布着各种色素细胞，含有以胡萝卜素为主的色素质，常以各种方式与蛋白质结合在一起。当虾体变质分解时，即与蛋白质脱离而产生虾红素，使虾体泛红。

验伸屈力：虾体处在尸僵阶段时，体内组织完好，细胞充盈着水分，膨胀而有弹力，故能保持死亡时伸张或卷曲的固有状态，即使用外力使之改变，一旦外力停止，仍恢复原有姿态。当虾体发生自溶以后，组织变软，就失去这种伸屈力。

看体表是否干燥。鲜活的虾体外表洁净，触之有干燥感。但当虾体将近变质时，甲壳下一层分泌黏液的颗粒细胞崩解，大量黏液渗到体表，触之就有滑腻感。

如何选购与食用新鲜蟹类

验肢与体连接程度。新鲜蟹类步足和躯体连接紧密，提起蟹体时，步足不松弛下垂。不新鲜蟹类在肢、体相接的可转动处，就会明显呈现松弛现象，以手提起蟹体，可见肢体（步足）向下松垂现象。

看腹脐上方的"胃印"。蟹类多以腐植质为食饵，死后经过一段时间，不新鲜蟹类胃内容物就会腐败而在蟹体腹面脐部上方泛出黑印。

蟹"黄"是否凝固。蟹体内被称为"蟹黄"的物质，是多种内脏和生殖器官所在。当蟹体在尸僵阶段时，"蟹黄"是呈现凝固状的。不新鲜蟹类，即呈半流动状。到蟹体变质时更变得稀薄，手持蟹体翻转时，可感到壳内的流动状。

看鳃。新鲜蟹类鳃洁净，鳃丝清晰，白色或稍带黄褐色。不新鲜蟹类鳃丝就开始腐败而黏结，但需剥开甲壳后才能观察。

死河（湖）蟹不能食用，以免发生食物中毒。

如何选购与食用新鲜淡水鱼

新鲜鱼的眼澄清而透明，并很完整，向外稍有凸出，周围无充血及发红现象；不新鲜鱼的眼睛有点塌陷，色泽灰暗，有时由于内部溢血而发红；腐败的鱼眼球破裂，有的眼瞎瘪。

新鲜鱼的鳃颜色鲜红或粉红，鳃盖紧闭，黏液较少呈透明状，无异味；若鳃的颜色呈灰色或褐色，为不新鲜鱼；如鳃颜色呈灰白色，有黏液污物的，则为腐败的鱼。

新鲜鱼表皮上黏液较少，体表清洁；鱼鳞紧密完整而有光亮；用手指压一下松开，凹陷随即复平；肛门周围呈一圆坑形，硬实发白，肚腹不膨胀；新鲜度较低的鱼，黏液量增多，透明度下降，鱼背较软，苍白色，用手压凹陷处不能立即复平，失去弹性；鱼鳞松弛，层次不明显且有脱片，没有光泽。不新鲜的鱼肛门也较突出，同时肠内充满因细菌活动而产生的气体并使肚腹膨胀，有臭味。

新鲜鱼的肋骨与脊骨处的鱼肉组织很结实，不新鲜的鱼，肉质松软，用手拉之极易脱离脊骨与肋骨，肌肉有霉味或酸味。

有些受污染的鱼会出现变异，如头大尾小，脊柱弯曲畸形，体表颜色异常，眼睛浑浊无光或向外鼓出，鳃较粗糙等，有时还可闻到煤油味等不正常的气味，这样的鱼不可食用。凡已知是被毒死的鱼，也不可购买食用。总之，吃鱼最好吃活鱼，如果买不到活鱼，则应尽量挑选新鲜鱼。

如何选购与食用冷冻海水鱼

海水鱼品种很多，市场上一般都为冷冻鱼。常见的冷冻鱼有带鱼、鲳鱼、黄花鱼、白姑鱼等。冷冻鱼外层有冰，又很硬实，当其温度在零下6~8℃时，用硬物敲击能发出清晰的响声。选购时可从以下几方面来观察。

质量好的冷冻鱼，眼球饱满凸起，新鲜明亮；眼睛下陷，无光泽的则质次。

质量好的冷冻鱼，外表色泽鲜亮，鱼鳞无缺，肌体完整；如果皮色灰暗，无光泽，体表不整洁，鳞体不完整的为次品。

质量好的冷冻鱼，肛门完整无裂，外形紧缩，无浑浊颜色；如果肛门松弛、突出，肛门的面积大或有破裂的为次品。

冷冻鱼解冻后，肌肉弹性差，肌纤维不清晰，闻之有臭味的为变质冷冻鱼；贮存过久的冷冻鱼，若鱼头部有褐色斑点，腹部变黄的，说明脂肪已变质，这种鱼不可食用。冷冻鱼一旦解冻，极易变质，故即使买回来的是质好的冷冻鱼也应及时食用，不要将其再放入冰箱内第二次冷冻。

千万别吃发绿鲜亮的水产品

据业内知情者透露，鱼从鱼塘到当地水产品批发市场，再到外地水产品批发市场，要经过多次装卸和碰撞，容易使鱼鳞脱落，引起鱼体霉烂，鱼快速死亡。为了延长鱼生存的时间，一些贩运商在运输前偷偷用孔雀石绿溶液对车厢进行消毒，不少存放活鱼的鱼池也采用这种消毒方式。一些酒店同样用其消毒延长鱼的存活时间。使用孔雀石绿消毒后，鱼即使死亡一两天，浸泡过的死鱼颜色也变得鲜亮、细嫩，像刚死去一样。

英国食品标准局在英国一家知名的超市连锁店出售的鲑鱼体内发现"孔雀石绿"成分，随即发出了继"苏丹红1号"之后的又一食品安全警报。英国食品标准局发布消息，孔雀石绿是一种对人体有极大副作用的化学制剂，任何鱼类都不允许含有此类物质，这种化学物质也不应该出现在任何食品中。

国内媒体调查发现，有一段时间，我国许多地方的水产养殖业和水产品贩运中，普遍使用孔雀石绿。重庆市执法部门曾在某水产交易市场查获 600 多只含有孔雀石绿的甲鱼。有些地区则在鳗鱼制品中检出孔雀石绿。"孔雀石绿"有"苏丹红第二"之称。它是化工产品，既是杀真菌剂，又是染料。具有较高毒性、高残留，而且长期服用之后，容易导致人体得癌症、畸变、突变等，对人体绝对有害。刚使用"孔雀石绿"溶液浸泡过的鱼，普通消费者可通过肉眼来辨识。一是看鱼掉鳞等有创伤的地方，是否着色。受创伤的鱼经浓度大的"孔雀石绿"溶液浸泡后，表面发绿，严重的呈现青草绿色；二是看鱼的鳍条，正常情况下，鱼的鳍条应为灰白色，而"孔雀石绿"溶液浸泡后的鱼，鳍条易着色；三通体色泽发亮的鱼应警惕。

如何区别"热气肉""冷却肉""冷冻肉"

1. 热气肉

刚刚宰杀放血的生猪肉，没有经过冷藏、熟化过程。在城市，通常是夜间宰杀，自然状态下放置，清晨上市。过去有些城市的主妇特别喜欢这种热气肉；在农村里，刚破肚后，即切下部分胴体烧煮，这种即宰即食的肉其实淡而无味。

刚屠宰的生猪在僵直过程中会产生一定的热量，使猪胴体体温上升，可达 42℃，极有利于细菌生长繁殖。以大肠杆菌为例，肉温达 35~40℃时，细菌完成生长、繁殖一个周期的时间只需要 17~19min。所以热气肉不安全。

2. 冷却肉

冷却肉是指在严格执行兽医卫生检疫制度屠宰后，将猪肉迅速冷却到 0~4℃，并在后续加工、流通和销售过程中始终保持这一温度范围，控制了大多数微生物生长，肉毒梭菌和金黄色葡萄球菌等致病菌已不分泌毒素，而且经过 24h 充分解僵成熟过程，肉的酸度下降到理想范围，通过一系列生物化学变化，使成熟肌肉组织显微结构发生变化，柔嫩多汁，滋味鲜美，气味芳香，容易咀嚼，便于消化吸收，利用率比较高。与冷冻肉相比，冷却肉避免了解冻时汁液流失，保持了畜肉的高营养价值。

3.冷冻肉

冷冻肉是将肉置于摄氏零下28~32℃环境中冷冻18~24h冻结并保存在 −18℃的畜肉，肉组织呈冻结状态，虽抑制了微生物的生长繁殖，比较卫生，但肌肉中水分在冷冻时体积增加，细胞壁被冻裂。冷冻肉在解冻过程中，细胞中汁液会渗漏流失，影响畜肉的营养和风味。

如何辨别猪肉好坏

首先是看颜色。好的猪肉颜色呈淡红或者鲜红，不安全的猪肉颜色往往是深红色或者紫红色。猪脂肪层厚度适宜（一般应占总量的33%左右）且是洁白色，没有黄膘色，在肉尸上盖有检验章的为健康猪肉。此外，还可以通过烧煮的办法鉴别，不好的猪肉放到锅里一烧水分很多，没有猪肉的清香味道，汤里也没有薄薄的脂肪层，再用嘴一咬肉很硬，肌纤维粗。

鲜猪肉皮肤呈乳白色，脂肪洁白且有光泽。肌肉呈均匀红色，表面微干或稍湿，但不黏手，弹性好，指压凹陷立即复原，具有猪肉固有的鲜、香气味。正常冻肉呈坚实感，解冻后肌肉色泽、气味、含水量等均正常无异味。

而饲料所致的劣质肉有废水或药等气味；病理所致的有油脂、粪臭、腐败、怪甜等气味。种用公母猪肌肉较红，结缔组织多，韧性大，不易煮烂或炒熟，口感差。

注水肉呈灰白色或淡灰、淡绿色，肉表面有水渗出，手指触摸肉表面不粘手。冻猪肉解冻后有大量淡红色血水流出。

死猪肉胴体皮肤淤血呈紫红色，脂肪灰红，血管有黑色凝块，因死亡时间长短不同臭味也不同。

如何识别注水猪肉

许多城市的市场上经常出现"注水肉"，引起老百姓的不安。如何识别注水猪肉，买到放心肉，是老百姓很关心的事。

注水猪肉识别起来非常简单，在买肉的时候消费者不妨准备一张纸巾，在肉上擦拭一下，如果纸巾上沾的是油，则表示这块肉很正常，但是

如果纸巾马上变湿则很可能为注水肉。

注水猪肉通常水分非常大，肉内的水会不断渗出，如果看见小贩不停地擦柜台，那这块肉也很可能是注水的；从颜色上判别也非常容易，正常肉的颜色是鲜红的，但注水肉的颜色发白，看起来很干净，连血丝和褶皱都没有。实在看不出来的情况下，从肉中间切一刀，切割处水分充足的则可能是注水的。此外，注水猪肉没弹性，摸上去也没有黏性。

怎样识别猪肉中是否有"瘦肉精"

瘦肉精又名盐酸克仑特罗，是一种白色或类白色的结晶粉末，无臭、味苦，猪食用瘦肉精后在代谢过程中促进蛋白质合成，可提高瘦肉率。为了提高利润，养殖业中使用瘦肉精现象时有发生。用以下方法可判断猪肉中是否有"瘦肉精"。

（1）猪肉异常鲜艳，尤其是猪肝；

（2）成二三指宽的猪肉比较软，不能立于案；

（3）肉与脂肪间有黄色液体流出；

（4）肉脂肪层厚度不足1cm，正常的一般在2cm以上。

米心猪肉吃不得

米心猪肉是一种含有寄生虫幼虫的病猪肉，"米心"呈黄豆粒大小，水泡样，半透明，人若误食了这种"米心"，就会在人体小肠长出长达2~4m的绦虫，病人的大便中一节一节的白虫子，就是绦虫成虫排出的节片（农村俗称"寸白虫"）。

这种寄生虫可引发人类两种疾病：一是绦虫病，即误食米心猪肉的"米心"后，在小肠寄生2~4m的绦虫；另一种是囊虫病，即误食了绦虫的虫卵后，虫卵在胃液、肠液的作用下，孵化出幼虫，这些幼虫钻入肠壁组织，经血液循环带到全身，在肌肉里长出一个个像"米心猪肉"一样的囊虫。囊虫可以寄生在人的心脏、大脑、眼睛等重要器官，如长在眼部，可影响视力或失明，如长在大脑，可引发癫痫，所以囊虫病比绦虫病的危害要大得多，治疗起来也比较麻烦。

米心猪肉来源于放养猪。有些地方，养猪人不是将猪圈养，而是放养，在野外乱跑时吃了带有绦虫卵的粪便所致等。

怎样根据盖章认识猪肉

"X"形章。是"销毁"章。盖这种章的肉禁止出售和食用。

椭圆形章。是"工业油"章。这类肉不能出售和食用，只能作为工业用油。

三角形章。是"高温"章。这类肉含有某种细菌或病毒，或者某种寄生虫，必须在规定时间内进行高温处理。

长方形章。是"食用油"章。盖有这种章的生肉不能直接出售和食用，必须熬炼成油后才能出售。

圆形章。是合格印章。章内标有定点屠宰厂厂名、序号和年、月、日，这是经过兽医部门生猪屠宰前检疫和宰后检疫及屠宰厂检验合格后盖上的印章。盖有这种印章的肉就是我们平常所说的"放心肉"。这种肉从外观看，脂肪洁白，肌肉有光泽，皮色微红，外表微干，弹性好，气味好。

怎样鉴别健康鸡和病鸡

1. 动态鉴别

健康鸡：将鸡抓翅膀提起，其挣扎有力，双腿收起，鸣声长而响亮，有一定重量，表明鸡活力强。

病鸡：挣扎无力，鸣声短促而嘶哑，脚伸而不收，肉薄身轻，则是病鸡。

2. 静态鉴别

健康鸡：呼吸不张嘴，眼睛干净且灵活有神。

病鸡：不时张嘴，眼红或眼球浑浊不清，眼睑浮肿。

3. 体貌鉴别

健康鸡：鼻孔干净而无鼻水，冠脸朱红色，头羽紧贴，脚爪的鳞片有光泽，皮肤黄净有光泽，肛门黏膜呈肉色，鸡嗉囊无积水，口腔无白膜或红点，不流口水。

病鸡：鼻孔有水，鸡冠变色，肛门里有红点，流口水，嘴里有病变。

怎样鉴别健康禽肉与死禽肉

1. 放血切口鉴别

健禽肉：切口不整齐，放血良好，切口周围组织有被血液浸润现象，呈鲜红色。

死禽肉：切口平整，放血不良，切口周围组织无被血液浸润现象，呈暗红色。

2. 皮肤鉴别

健禽肉：表皮色泽微红，具有光泽，皮肤微于而紧缩。

死禽肉：表皮呈暗红色或微青紫色，有死斑，无光泽。

3. 脂肪鉴别

健禽肉：脂肪呈白色或淡黄色。

死禽肉：脂肪呈暗红色，血管中淤存有暗紫红色血液。

4. 胸肌、腿肌鉴别

健禽肉：切面光洁，肌肉呈淡红色，有光泽、弹性好。

死禽肉：切面呈暗虹色或暗灰色，光泽较差或无光泽，手按在肌肉上会有少量暗红色血液渗出。

怎样区别草鸡和洋鸡

1. 毛色

草鸡的毛色较鲜亮，有光泽，尤其是公鸡。这是由于草鸡在开放的环境中，可以自由活动，整理羽毛，精神状态很好；吃的多是小虫子、草籽、嫩草，有些放养条件好的，鸡还能采食螺蛳等营养很好的活物。

2. 外形

草鸡的脚杆和爪子粗糙，大部分的鸡都有类似人类的老皮、老茧；鸡腿相对较细。这是因为草鸡在放养的环境中经常运动、奔走的缘故。脚杆和爪子细嫩，腿粗、爪粗圆的就是笼养的鸡，这是商家无法造假的。

3. 行动

草鸡从高处飞下时，落地较轻，没有声音；不像体重较重的肉杂鸡，多数会有飞不动的情况，且落地有声音；草鸡很容易受惊，而且很难捕捉。一旦不慎让它逃走，徒手是很难捕捉的，所以会有鸡飞狗跳之说。有些用心经营的养殖场，有爱心的老板，喂的食好，放养范围大，一般养出来的鸡很容易就能飞到树上。

4. 精神状态

草鸡精神状态饱满，行动敏捷、有力，不会长时间待在一个地方不动（除非受惊后躲在墙角处），但容易受惊吓。这是因为放养的草鸡一般都是早晨 4：00~5：00 就出窝，太阳下山才归巢，平时很少见人。

5. 体重

草鸡体重一般都在 1kg 左右，很少超过 1.5kg 的，除非是好几年生的老鸡，但和洋鸡、肉杂鸡相比，基本也不会超过 2.5kg。

加工食品真伪判断

将原料经过加工手段处理后得到的食品统称为加工食品。加工食品的安全性除了由原料引起的以外，加工过程中引起的安全性问题更不容忽视。

加工过程中引起食品安全问题来源于：加工工艺不合理、加工机械化程度不够引起安全性问题；加工环境污染引起安全性问题；包装材料不合格造成食品安全性问题；人为造成的安全性问题，这其中有企业管理混乱、人为造假等。

现在市场上对加工食品安全性关注主要集中在滥用食品添加剂和非法使用非食用化工原料两方面。

卫生部门汇总发布了截至 2012 年年底《食品中可能违法添加的非食用物质和易滥用的食品添加剂名单》。

食品中可能违法添加的非食用物质名单

序号	非食用物质名称	可能添加的食品品种
1	吊白块	腐竹、粉丝、面粉、竹笋
2	苏丹红	辣椒粉、含辣椒类的食品（辣椒酱、辣味调味品）

续表

序号	非食用物质名称	可能添加的食品品种
3	王金黄、块黄	腐皮
4	蛋白精、三聚氰胺	乳及乳制品
5	硼酸与硼砂	腐竹、肉丸、凉粉、凉皮、面条、饺子皮
6	硫氰酸钠	乳及乳制品
7	玫瑰红B	调味品
8	美术绿	茶叶
9	碱性嫩黄	豆制品
10	工业用甲醛	海参、鱿鱼等干水产品、血豆腐
11	工业用火碱	海参、鱿鱼等干水产品、生鲜乳
12	一氧化碳	金枪鱼、三文鱼
13	硫化钠	味精
14	工业硫磺	白砂糖、辣椒、蜜饯、银耳、龙眼、胡萝卜、姜等
15	工业染料	小米、玉米粉、熟肉制品等
16	罂粟壳	火锅底料及小吃类
17	革皮水解物	乳与乳制品、含乳饮料
18	溴酸钾	小麦粉
19	β-内酰胺酶（金玉兰酶制剂）	乳与乳制品
20	富马酸二甲酯	糕点
21	废弃食用油脂	食用油脂
22	工业用矿物油	陈化大米
23	工业明胶	冰淇淋、肉皮冻等
24	工业酒精	勾兑假酒
25	敌敌畏	火腿、鱼干、咸鱼等制品
26	毛发水	酱油等
27	工业用乙酸	勾兑食醋
28	肾上腺素受体激动剂类药物（盐酸克伦特罗，莱克多巴胺等）	猪肉、牛羊肉及肝脏等

序号	非食用物质名称	可能添加的食品品种
29	硝基呋喃类药物	猪肉、禽肉、动物性水产品
30	玉米赤霉醇	牛羊肉及肝脏、牛奶
31	抗生素残渣	猪肉
32	镇静剂	猪肉
33	荧光增白物质	双孢蘑菇、金针菇、白灵菇、面粉
34	工业氯化镁	木耳
35	磷化铝	木耳
36	馅料原料漂白剂	焙烤食品
37	酸性橙Ⅱ	黄鱼、鲍汁、腌卤肉制品、红壳瓜子、辣椒面和豆瓣酱
38	氯霉素	生食水产品、肉制品、猪肠衣、蜂蜜
39	喹诺酮类	麻辣烫类食品
40	水玻璃	面制品
41	孔雀石绿	鱼类
42	乌洛托品	腐竹、米线等
43	五氯酚钠	河蟹
44	喹乙醇	水产养殖饲料
45	碱性黄	大黄鱼
46	磺胺二甲嘧啶	叉烧肉类
47	敌百虫	腌制食品

食品中可能滥用的食品添加剂品种名单

序号	食品品种	可能易滥用的添加剂品种
1	渍菜（泡菜等）、葡萄酒	着色剂（胭脂红、柠檬黄、诱惑红、日落黄）等
2	水果冻、蛋白冻类	着色剂、防腐剂、酸度调节剂（己二酸等）
3	腌菜	着色剂、防腐剂、甜味剂（糖精钠、甜蜜素等）
4	面点、月饼	乳化剂（蔗糖脂肪酸酯等）、乙酰化单甘脂肪酸酯等）、防腐剂、着色剂、甜味剂
5	面条、饺子皮	面粉处理剂

续表

序号	食品品种	可能易滥用的添加剂品种
6	糕点	膨松剂（硫酸铝钾、硫酸铝铵等）、水分保持剂磷酸盐类（磷酸钙、焦磷酸二氢二钠等）、增稠剂（黄原胶、黄蜀葵胶等）、甜味剂（糖精钠、甜蜜素等）
7	馒头	漂白剂（硫黄）
8	油条	膨松剂（硫酸铝钾、硫酸铝铵）
9	肉制品和卤制熟食、腌肉料和嫩肉粉类产品	护色剂（硝酸盐、亚硝酸盐）
10	小麦粉	二氧化钛、硫酸铝钾
11	小麦粉	滑石粉
12	臭豆腐	硫酸亚铁
13	乳制品（除干酪外）	山梨酸
14	乳制品（除干酪外）	纳他霉素
15	蔬菜干制品	硫酸铜
16	"酒类"（配制酒除外）	甜蜜素
17	"酒类"	安塞蜜
18	面制品和膨化食品	硫酸铝钾、硫酸铝铵
19	鲜瘦肉	胭脂红
20	大黄鱼、小黄鱼	柠檬黄
21	陈粮、米粉等	焦亚硫酸钠
22	烤鱼片、冷冻虾、烤虾、鱼干、鱿鱼丝、蟹肉、鱼糜等	亚硫酸钠

我国台湾地区塑化剂事件出现后，卫生部发出公告，禁止在食品中添加邻苯二甲酸酯类物质，列出17种邻苯二甲酸酯类物质。

序号	邻苯二甲酸酯类物质
1	邻苯二甲酸二（2-乙基）己酯（DEHP）
2	邻苯二甲酸二异壬酯（DINP）
3	邻苯二甲酸二苯酯

序号	邻苯二甲酸酯类物质
4	邻苯二甲酸二甲酯（DMP）
5	邻苯二甲酸二乙酯（DEP）
6	邻苯二甲酸二丁酯（DBP）
7	邻苯二甲酸二戊酯（DPP）
8	邻苯二甲酸二己酯（DHXP）
9	邻苯二甲酸二壬酯（DNP）
10	邻苯二甲酸二异丁酯（DIBP）
11	邻苯二甲酸二环己酯（DCHP）
12	邻苯二甲酸二正辛酯（DNOP）
13	邻苯二甲酸丁基苄基酯（BBP）
14	邻苯二甲酸二（2-甲氧基）乙酯（DMEP）
15	邻苯二甲酸二（2-乙氧基）乙酯（DEEP）
16	邻苯二甲酸二（2-丁氧基）乙酯（DBEP）
17	邻苯二甲酸二（4-甲基-2-戊基）酯（BMPP）

加工食品做假离不开上述材料。食品做假，确是防不胜防。本书在这里一一举例，只希望消费者以上述材料为基础去仔细鉴别。其实我国食品安全性总体来讲还是很高的，每次食品安全性检查以卖场为例，合格率总是在95%以上。希望消费者购买食品，还是到正规的商店，购买知名公司的产品。

部分日常蔬菜的质量鉴别

1. 根菜类

凡是以肥大的肉质直根为食用部分的蔬菜都属于根菜类。这类蔬菜的特点是耐贮耐运，并含有大量的淀粉或糖类。主要品种包括萝卜、胡萝卜、根用芥菜、芜菁等。

（1）萝卜

春小萝卜：优质春小萝卜为长圆柱形的小型萝卜，多于早春风障阳畦或春露地中栽培，春末夏初上市。小萝卜的肉为白色，质细，脆嫩，水分

多，皮色分红白两种。上市时多带缨出售。

秋大萝卜：优质秋大萝卜多为大型或中型种，这类萝卜品质好，耐贮藏，用途多，为萝卜生产最重要的一类。

萝卜贮藏条件差，温度高、湿度小，或顶芽萌发，造成糠心，质量下降。

（2）胡萝卜

优质胡萝卜表皮光滑，色泽橙黄而鲜艳，体形粗细整齐，大小均匀一致，不分叉，不开裂，中心柱细小，其粗度不宜大于肉质根粗的1/4，质脆、味甜、无泥土、无伤口、无病虫害。

2. 茎菜类

茎菜类蔬菜供人食用的主要部分是茎部。茎分为地上茎（莴笋、石刁柏、竹笋、榨菜、苤蓝等）和地下茎（马铃薯、姜、菊芋等）。这类蔬菜中的莴笋、石刁柏、竹笋以新鲜的嫩茎供人食用，不可久放。马铃薯、姜、菊芋等耐贮存，可以全年供应。

（1）莴笋

莴笋，俗称有莴笋、青笋、生笋等，为菊科莴苣属植物。

优质莴笋：色泽鲜嫩，茎长而不断，粗大均匀，茎皮光滑不开裂，皮薄汁多，纤维少，无苦味及其他不良异味，无老根、无黄叶、无病虫害、不糠心、不空心。

次质莴笋：叶萎蔫松软，有枯黄叶，茎皮厚，纤维多，带老根，有泥土。

劣质莴笋：茎细小，有开裂或损伤折断现象，糠心或空心，纤维老化粗硬。

（2）芦笋

市场上有些不法商贩将芦苇的嫩芽、芦竹的嫩芽以及箬竹的嫩茎作为冒牌的芦笋卖给不识货的人，使其受骗上当。为避免购买假货，可以从墩茎外观体形和色泽去鉴别：

外形：芦笋的鲜嫩茎外形像一支洋蜡烛，上下粗细一样，茎的顶部呈圆形，一般长度在10~30cm，直径大者在2.5cm以上。芦苇的笋（嫩茎）通常没有芦笋粗，大者直径也很少超过2cm，而且茎的顶部呈尖形。

色泽，鲜芦笋的嫩茎呈绿色，培土软化的嫩茎为白色，但嫩茎的顶部壳带有较淡的紫色或绿色。芦苇的嫩笋为乳白色，有的还微显出淡红色。

（3）马铃薯

马铃薯，马铃薯又叫土豆，它既是蔬菜又是粮食，为世界五大食用作物之一。

优质马铃薯：薯块肥大而匀称，皮脆薄而干净，不带毛根和泥土；无干疤和糙皮，无病斑，无虫咬和机械外伤，不萎蔫、不变软，无发酵酒精气味，薯块不发芽，不变绿。

次质马铃薯：与优质者相比较，薯块大小不均匀，带有毛根或泥土，并且混杂有少量带疤痕、虫蛀或机械伤的薯块。

劣质马铃薯：薯块小而不均匀，有损伤或虫蛀孔洞，薯块萎蔫变软，薯块发芽或变绿，并有较多的虫害、伤残薯块，有腐烂气味。

（4）姜

姜，又叫生姜、鲜姜，它具有特殊的辛辣味和香味。

姜可分成片姜、黄姜和红爪姜3种。片姜外皮色白而光滑，肉黄色，辣味强，有香味，水分少，耐贮藏。黄姜皮色淡黄，肉质致密且呈鲜黄色，芽不带红，辣味强。红爪姜皮为淡黄色，芽为淡红色，肉呈蜡黄色，纤维少，辣味强，品质佳。

优质姜：姜块完整，丰满结实，无损伤，辣味强，无姜腐病，不带枯苗和泥土，无焦皮，不皱缩，无黑心、糠心现象，不烂芽。

次质姜：姜块不完整，较干瘪而不丰满，表皮皱缩，带须根和泥土。

劣质姜：有姜腐病或烂芽，有黑心、糠心，芽已萌发。

3. 叶菜类

这类蔬菜的叶片肥大、鲜嫩，含水量较多，多作鲜食，也可加工腌制。

（1）大白菜

大白菜，又叫结球白菜，是我国的特产。在北方地区，大白菜曾经是一种一季吃半年的蔬菜，在整个蔬菜生产和供应中都占有重要位置。

按照大白菜成熟的早晚，可将其分成早熟、中熟、晚熟3种。

早熟种：一般棵较小，叶片色淡黄叶肉薄，纤维含量少，味淡汁多，品质中等。

中熟种：棵较大，叶片厚实。

晚熟种：棵大，叶片肥厚，组织紧密，韧性大，不易受伤，耐贮藏，品质好。

根据上市时间的早晚，大白菜又可分为贩白菜和窖白菜，对两者的质量要求有所差别。

贩白菜：贩白菜属于早熟品种的白菜，其特点是叶白嫩而宽大，包头、实心、含水量大、不耐贮藏。因此，收获后需及时上市出售，故名贩白菜。贩白菜的农家品种有翻心白、翻心黄、拧心白、抱头白等。

优质贩白菜：色泽鲜爽，外表干爽无泥，外形整齐，大小均匀，包心紧实，用手握捏时手感坚实，根削平，无黄叶、枯老叶、烂叶，心部不腐烂，无机械伤，无病虫害。

次质贩白菜：包心紧实，用手握有充实感，根削平，无烂叶，无病虫害，菜心不腐烂，外形不整齐，大小不等或有少量损伤。整理得不干净，有泥土或带黄叶、枯叶、老叶。

劣质贩白菜：包心不实，手握时菜内有空虚感，外形不整洁，有机械伤，根部有泥土或有黄叶、老叶、烂叶，有病虫害或菜心腐烂。

窖白菜：窖白菜多为中、晚熟品种的青帮菜。其特点是包心实、叶色绿、耐贮藏，其主要农家品种有小青口、大青口、青白口、核桃纹、抱头青、拧心青等，曾是北方地区冬春供应的主要蔬菜。

优质窖白菜：叶色深绿，表面干爽无泥，根削平，无黄叶、烂叶，允许保留4~5片较老的绿色外叶，外形整齐，棵体大小均匀，无软腐病，无虫害，无机械伤，菜心不失干缩。

次质窖白菜：叶色深绿，干爽，根削平，无烂叶，无软腐病，无虫害，无机械伤，菜心不干，仅是外观不整洁，棵体大小不匀或带有泥土、黄叶等。

劣质窖白菜：包心不实，成熟度在"八成心"（八成熟）以下，外形不整，大小不一，根部有泥土，菜体有黄叶、烂叶，外叶有软腐病或机械伤。

成熟度要求：一级窖白菜的成熟度达到"八成心"即可，"心口"过紧（充分成熟）反而不利于贮藏。

水分含量要求：菜体鲜嫩或经过适当的晾晒。晾晒的目的是使外叶（菜帮）散失掉一定的水分，使组织变软，这样可以减少机械损伤，有利于贮藏。但晾晒要适度，识别的方法是当菜棵直立时，外叶垂而不折。

（2）甘蓝

甘蓝，这里是指结球甘蓝，又叫洋白菜、圆白菜、大头菜、卷心菜等。它也是北方寒冷地区的主要菜种之一，在全年蔬菜供应上占有重要位置，尤其是在解决蔬菜淡季供应方面起着很大作用。

优质甘蓝：叶球干爽、鲜嫩而有光泽，结球紧实、均匀，不破裂，不抽苔，无机械伤，球面干净，无病虫害，无枯烂叶，可带有3~4片外包青叶。

次质甘蓝：结球不紧实，不新鲜或央水萎蔫，外包叶变黄或有少量虫咬叶。

劣质甘蓝：叶球焊裂或抽苔，有机械伤或外包叶腐烂，病虫害严重，有虫粪。

（3）菠菜

菠菜，又叫赤根菜、鹦鹉菜，因其原产波斯，所以又叫波斯菜。

菠菜根据叶形分为圆叶菠菜和尖叶菠菜两种类型。尖叶菠菜叶片狭而薄，似箭形，叶面光滑，叶柄细长。圆叶菠菜叶片大而厚，多萎缩，呈卵圆形或椭圆形，叶柄短粗，品质好。

优质菠菜：色泽鲜嫩翠绿，无枯黄叶和花斑叶，植株健壮，整齐而不断，捆扎成捆，根上无泥，捆内无杂物，不抽苔，无烂叶。

次质菠菜：色泽暗淡，叶子软榻，不鲜嫩，根上有泥，捆内有杂物，植株不完整，有损伤折断。

劣质菠菜：抽苔开花，不洁净，有虫害叶及霜霉叶，有枯黄叶和烂叶。

（4）葱类

葱原产亚洲西部，在我国栽培历史悠久，是北方人喜食的"三辣"蔬菜之一，也是日常生活中必备的调味佳品。葱的叶子鲜美，葱白质地细密，柔嫩洁白，味辛辣而芳香，生食与熟食皆宜。

小葱

优质小葱：叶色青绿，无枯尖和干枯霉烂的叶鞘，不湿水，葱株均匀，完整而不折断，扎成捆，干净无泥，不夹杂异物，无斑点叶及枯霉叶。

次质小葱：粗细不均匀，有折断或损伤，有枯尖，葱体不干净，夹杂泥土。

劣质小葱：叶子萎蔫，叶鞘干枯，有枯黄叶、斑点叶及霉烂叶。

大葱

优质大葱：新鲜青绿，无枯、焦、烂叶，葱株粗壮匀称、硬实，无折断，扎成捆，葱白长，管状叶短，干净，无泥无水，根部不腐烂。

次质大葱：葱株粗细高矮都不均匀，葱白较短，假茎上端松软，葱心空而不充实。

劣质大葱：葱株细小，有枯、焦、烂叶，根茎或假茎有腐烂现象，有折断或损伤。

（5）大蒜

大蒜和大葱、韭菜是主要的荤辛菜，大蒜的营养丰富，具有特殊的香辛气味，它还含有大蒜素，具有强大的杀菌力，能治疗多种疾病。大蒜头、蒜苔均可供人食用。

（6）蒜苔（蒜心、蒜毫）

优质蒜苔：色泽青绿脆嫩，干爽无水，苔梗粗壮而均匀，柔软且基部不老化，苔苞小，不膨大，不带叶鞘，无划苔，无斑点，无病虫害，不腐烂。

次质蒜苔：苔梗粗细，长短不齐，有划苔或苔梗上有小斑点，苔梗基部发白出现老化。

劣质蒜苔：苔梗变黄，基部萎缩，苔苞开始膨大，苔梗发糠，腐烂发霉。

（7）蒜头

优质蒜头：蒜头大小均匀，蒜皮完整而不开裂，蒜瓣饱满，无干枯与腐烂，蒜身干爽无泥，不带须根，无病虫害，不出芽。

次质蒜头：蒜头大小不均匀，蒜瓣小，蒜皮破裂，不完整。

劣质蒜头：蒜皮破裂，蒜瓣不完整，有虫蛀，蒜瓣干枯失水或发芽，变软、发黄、有异味。

（8）花椰菜

花椰菜又叫花菜、菜花，是甘蓝的一个变种，原产欧洲。花椰菜供食用的花球和嫩茎部分营养丰富，尤其维生素 C 含量较高，它的粗纤维含量少，质嫩适口，味道清淡，容易消化，尤适于老人、孩子、病人食用。

优质花椰菜：花球洁白，脆嫩，色泽好，花球紧实，握之有重量感，无茸毛，可带 4~5 片嫩叶，菜形端正，近似圆形或扁圆形，无机械损伤，球面干净无玷污，无虫害，无霉斑。

次质花椰菜：花球色泽不洁白，球面中央淡黄色或黄色，花球上有霉斑，占整个花球面积的 1/10~3/10，花球不端正，有少许机械伤。

劣质花椰菜：花球松散，花梗伸长有散花，花球失水萎蔫，外包叶变黄，花球上霉斑较多，占花球的 3/10~5/10。

（9）黄花菜

黄花菜，又叫金针菜，是一种营养价值很高的植物性食品。黄花菜一般都经过干制，下面仅简介干制黄花菜的感官鉴别方法。

优质黄花菜：颜色金黄而有光泽，气味清香，无青条（即色青黄或暗绿，花虚软，是由于加工时蒸制未全热所致）和油条（即花体发黑发黏，是由蒸制过熟造成），花条长且粗壮，挺上，均匀完整，干燥无霉烂和虫蛀，无异味，无杂质，开花菜不超过 10%。

次质黄花菜：色泽深黄而略带微红，但无青条、油条，花条略短而细，稍欠均匀，干燥无霉烂虫蛀，无异味，无蒂柄杂质，开花菜不超过 10%。

劣质黄花菜：色萎黄带褐，无光泽，有青条或油条，有杂质或虫蛀，有烟熏味或霉味，开花菜多，占 10% 以上。

黄花菜极易霉变，如果黄花菜发生霉变，经过晒干后，则菜色呈现出开裂（脐裂果），果实破裂，有异味，有筋腐、脐腐、日烧等病害或虫蛀孔洞。

4. 果菜类

（1）黄瓜

营养丰富，脆嫩多汁，一年四季都可以生产和供应，是瓜类和蔬菜类中重要的常见品种。

优质黄瓜：鲜嫩带白霜，以顶花带刺为最佳，瓜体直，均匀整齐，无折断损伤，皮薄肉厚，清香爽脆，无苦味，无病虫害。

次质黄瓜：瓜身弯曲而粗细不均匀，但无畸形瓜，或是瓜身萎蔫不新鲜。

劣质黄瓜：色泽为黄色或近于黄色，瓜呈畸形，有大肚、尖嘴、蜂腰等，有苦味或肉质发糠，瓜身上有病斑或烂点。

（2）番茄

番茄，又叫西红柿、洋柿子，果实味甜汁多，营养丰富，风味好，它既是菜，又是一种大众化的水果。番茄中含有的番茄素是非常好的抗氧化剂

优质番茄：表面光滑，着色均匀，有3/4变成红色或黄色，果实大而均匀饱满，果形圆正，不破裂，只允许果肩上部有轻微的环状裂痕或放射性裂痕，果肉充实，味道酸甜适口，无筋腐病、脐腐病和日烧病害及虫害。

次质番茄：果实着色不均或发青，成熟度不好，果实变形而不圆整，呈桃形或长椭圆形，果肉不饱满，有空洞。

劣质番茄：果实有不规则的瘤状突起（瘤状果）或果脐处与果皮处开裂。

5.真菌类

（1）银耳

银耳，又称白木耳，是一种经济价值很高、很珍贵的胶质食用菌和药用菌。它不仅是席上珍品，而且也是久负盛名的良药。

不同等级的银耳品质特点如下：

优质银耳：干燥，色泽洁白，肉厚而朵整，圆形伞盖，直径3cm以上，无蒂头，无杂质。

次质银耳：干燥，色白而略带米黄色，整朵，肉略薄，伞盖圆形，直径1.3cm以上，无蒂头，无杂质。

劣质银耳：色白或带米黄色，但不干燥，肉薄，有斑点，带蒂头，有杂质，朵形不正，直径1.3cm以下。

（2）黑木耳

黑木耳形状如人耳，黑褐或黄褐色，胶质，有弹性。晒干呈深褐色、

红褐色或黑色。

市场上出售的黑木耳，有4个等级和1个等外级。其中一级品，不仅质量好，而且营养成分也高。

一级品：表面青色，底灰白，有光泽，朵大肉厚，膨胀性大，肉质坚韧，富有弹性，无泥杂、无虫蛀、无卷耳、无拳耳（由于成熟过度及久晒不干，经多次翻动而使木耳黏在一起的干品）。

二级品：朵形完整，表面青色，底灰褐色，无泥杂，无虫蛀。

三级品：色泽暗褐色，朵形不一，有部分碎耳、鼠耳（因营养不足或秋后采收而形成的小木耳），无泥杂，无虫蛀。

四级品：通过检验不合一级、二级、三级的产品，如不成朵形或碎耳数量很多，但无杂质、无霉变现象。

等外级：碎耳多，含有杂质，色泽差。

（3）蘑菇

蘑菇是食用菌中的一大类，它分为野生蕈和人工培植蕈两类。野生蘑菇种类较多，因生长地理环境、气候条件不同，形态和种类也有所不同。人工培植蘑菇的种类日渐增多。市场上深受欢迎的有金针菇、香菇、平菇、凤尾菇等。

优质食用菌菇：具有正常食用菌菇的商品外形，色泽与其品种相适应，气味正常，无异味，品种单纯，大小一致，不得混杂有非食用菌、腐败变质和虫蛀菌株。

次质食用菌菇：具有正常食用菌菇的商品外形，色泽与其品种相适应，气味正常，品种不纯、大小不一致，混杂有其他品种，蕈盖或蕈柄有虫蛀痕迹。

劣质食用菌菇：不具备正常食用菌菇的商品外形或者食用菌菇的商品外形有严重缺陷，色泽与其相应品种不一致，品种不纯，混有非食用菌以及腐败变质、虫蛀等菌体，甚至有掺杂的菌株、菌柄、菌盖等物，碎乱不堪，并有杂质。

第五章

天然食品中的营养及有害成分

引 言

自然界已知的各种动植物有 300 多万种，真正可以被用来食用的只有数千种，在长期的进化过程中，生物为了生存和繁衍，会产生一些物质保护自己，比如从酵母菌开始直至各种高等动植物，包括人类，细胞内都含有谷胱甘肽的物质，这种物质可保护细胞免受紫外线的伤害，水果中富含维生素 C，保护自身免被自由基破坏。但也有不少生物产生的物质以伤害其他生物作为保护自身的手段，这一类物质有的对人有害，比如新鲜的黄花菜含有秋水仙碱，人或动物吃了都会中毒。

大多数天然食品是安全的，只是其中有小部分食品或本身含有对人有毒有害物质，或外源性有毒有害物质进入体内，食用这些食品需要小心。下面着重介绍水产品及其他品种。

水产品是指生活在水中的各种可食用的动物，从动物分类上讲，包括低等的无脊椎动物和脊椎动物的鱼类。被选食的低等的无脊椎动物主要有腔肠动物、软体动物、节肢动物、棘皮动物中的一些种类。各种可食水产品由于营养丰富深受人们的喜爱，但常有报道因食用水产品而引起的食品安全性问题。本章介绍水产品本身存在的安全性问题，主要为食用水产品造成食物过敏和食物中毒两个方面。水产品因环境因素造成的食品安全问题已在第一章中予以介绍。

海蜇

海蜇是海生的腔肠动物，生物学名为"水母"。在我国分布于渤海到南海北部。日本、朝鲜海域也有分布。海蜇个体直径通常为250~500mm，伞部呈半球形，胶质厚而硬。伞下8个加厚的（具肩部）腕基部愈合使口消失（代之以吸盘的次生口），下方口腕处有许多棒状和丝状触须，上有密集刺丝囊，能分泌毒液。

我国沿海产量最高的食用水母，其营养价值丰富，据测定：每百克海蜇含蛋白质12.3g、碳水化合物4g、钙182mg、碘132μg以及多种维生素。

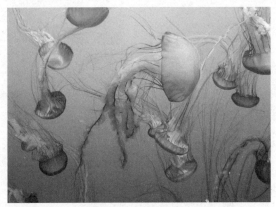

在海中飘浮的海蜇

海蜇是沿海各地居民喜爱的食品品种。中国是最早食用海蜇的国家，晋朝张华所著的《博物志》就记载关于如何食用海蜇。此外，海蜇还是治病良药。中医认为，海蜇有清热解毒、化痰软坚、降压消肿之功效，此外，海蜇还可去积尘、清肠胃，保障身体健康。但海蜇刺丝囊内含海蜇毒素和四氨络物、组织胺等。海蜇毒素属多肽类物质，作用于心脏传导系统；组织胺引起局部反应。中毒表现：海蜇或其他水母刺伤后出现局部疼痛，数小时后可出现线条状红斑、丘疹，类似鞭痕；严重者局部可出现淤斑、水疱，甚至表皮坏死。一般经15~20d痊愈。部分患者伴有发冷、肌肉酸痛、胸闷、气急以及恶心、呕吐、腹痛、腹泻等，重者可发生休克和肺水肿。

渔民在捕捞海蜇时，一般都会尽量用工具而不直接接触海蜇。新鲜海蜇不宜直接食用，因为新鲜海蜇含水较多，皮体较厚，还含有海蜇毒素。必须用食盐、明矾腌制3次（俗称三矾），使鲜海蜇脱水3次，才能让毒素随水排尽。三矾后海蜇呈浅红或浅黄色，厚薄均匀且有韧性，用力挤也挤不出水，这种海蜇方可食用。加工后的产品，称伞部者为海蜇皮，称腕部者为海蜇头。

海葵

海葵是腔肠动物门的珊瑚类动物。外表很像植物，广泛散布于海洋中。一般为单体，无骨骼，富肉质，因外形似葵花而得名。海葵固着在海底的岩石上或珊瑚礁上。除了依附岩礁之外，还会依附在寄居蟹的螺壳上。当寄居蟹长大要迁入另一个较大的新螺壳时，海葵也会主动地移到新壳上。海葵的寿命很长，据报道有人对来自深海数只海葵采用放射性同位素碳-14技术测定，惊讶地发现它们的年龄竟达到1500～2100岁。

在我国，沿海居民有食用海葵的习惯，认为海葵是健康补品。据烹饪师介绍，海葵炖汤，味美而滋补，有滋阴壮阳的功效，若加人参、西洋参，效果更好。海葵能镇静、止咳、降压、抗凝、抗菌、抗癌、兴奋平滑肌，甚至还有"通乳下奶"作用，所以浙江黄龙岛的人们称之为"石奶"。海葵可入药，沿海渔民常用它来治疗风湿性关节炎。海葵可止痛，似颅痛定，颅痛定是一种强效止痛剂，广泛用于癌肿、神经等方面的痛症缓解，而海葵的作用却优于颅痛定。

海葵

但是海葵也有毒，海葵毒素是多肽类的蛋白质毒素。主要为心脏和神经毒素，多数毒素与电压依赖性钠通道结合，减慢钠通道的失活过程；也有一些毒素是钾通道阻断剂。另外，有些毒素还表现抗病毒和细胞毒作用等。海葵误食中毒，中毒潜伏期1~4h。中毒表现：头晕、舌麻、精神委靡、恶心、呕吐、流涎、胸闷、肢麻、腹痛、腹泻，甚至惊厥、昏迷，以至死亡。

沙蚕

沙蚕为环节动物门多毛纲动物，可分为头部、躯干部和尾部。头部发达，由口前叶和围口节两个主要部分组成。躯干部有许多结构相似的体节，每个体节两侧具外伸的肉质扁平突起，即疣足。尾部为虫体最后一节或数节，亦称肛节，具一对肛须、肛门开口于肛节末端背面。刚毛有毒腺，刺到皮肤有红肿疼痛的现象。

使用沙蚕作钓饵的垂钓者有头痛、恶心、呕吐、呼吸异常的症状。经研究，从沙蚕体内分离出一种活性物质，命名为沙蚕毒素。

沙蚕

在福建、广东、广西沿海地区的居民还视生殖腺成熟的沙蚕为营养珍品。干制后，煮汤白如牛奶，味极鲜美，且浓度大，有"天然味精"之称。油炸后酥松香脆，为下酒佳肴。沙蚕无论在国内或出口，都十分畅销。但烧熟的沙蚕往往只有手指粗细。沙蚕是一种绝对的美味，无论炖肉、烧汤，都能给人留下无穷的回味。有的地方把海蜈蚣叫做沙蚕，海蜈蚣也是种极其鲜美的海鲜，不过和沙蚕不是同一种动物。

鲍鱼

鲍鱼不是鱼，是一种爬附在浅海低潮线以下岩石上的单壳类软体动物，鲍鱼的身体外边，仅一边包被着一个厚的石灰质的贝壳，这是一个右旋的螺形贝壳，呈耳状。鲍鱼的足部特别肥厚，分为上下两部分。上足生有许多触角和小丘，用来感觉外界的情况；下足伸展时呈椭圆形，腹面平，适于附着和爬行。人们食用鲍鱼主要就是足部的肌肉。鲍鱼生活在水流湍急、海藻繁茂的岩礁地带，沿海岛屿或海岸向外突出的岩角都是它们喜欢栖息的地方。

鲍鱼

皱纹盘鲍：分布在我国北部沿海，山东、辽宁产量较多。皱纹盘鲍为我国所产鲍鱼个体最大的。

杂色鲍：我国沿海有分布，以海南岛及广东的洞州岛产量较多；鲍鱼美味，是名贵的海产食品。鲍贝壳即有名的药材石决明，又是制作贝雕画的重要材料。

鲍鱼本身营养价值极高，鲍鱼为深海生物，中医认为鲍鱼有滋阴补养，而且补而不燥。鲍鱼中含有"鲍素"，可以有效防癌。中医认为鲍鱼可以"养阴、平肝、固肾"，还可调节肾上腺分泌。

但是，鲍鱼的内脏器官含有一种被称为 Pyropheophorbide a 的光致敏毒素，是海藻叶绿素衍生物的分解产物。这种毒素一般在春季聚集在鲍鱼的肝脏中，具有光化活性，如果有人吃了含有这种化合物的鲍鱼，然后又暴露于阳光中的话，该物质会促使人体内的组氨酸、酪氨酸和丝氨酸等胺化合物的产生，从而引起皮肤的炎症和毒性反应。鲍鱼毒素的中毒症状为脸和手出现红色水肿，但不是致命的。

泥螺

　　泥螺属软体动物门腹足纲阿地螺科。外壳呈卵圆形，壳薄脆，其壳不能包被全部身体，腹足两侧的边缘露在壳的外面，并且反折过来遮盖了壳的一部分。体长方形，拖鞋状头盘大，无触角。壳无螺塔。

　　泥螺在我国沿海都有出产，是典型的潮间带底栖匍匐动物，多栖息在中底潮带，泥沙或沙泥的滩涂上，在风浪小、潮流缓慢的海湾中尤其密集，以东海和黄海产量最多。泥螺是杂食性、海产较小的贝类动物，属软体动物门，腹足纲，侧腔目。常匍匐在海滩上，吞食藻类泥沙等。泥螺是可供食用的主要软体动物之一。个体虽小，名声却大。自古我国民间就有吃泥螺的习惯，尤其是江浙沪闽沿海一带的民众，把它作为海味珍品，而且加工、食法讲究。经腌渍加工的糟醉泥螺味道鲜美，清香脆嫩，丰腴可口。

泥螺

　　但是，过多食用泥螺，有些人会在皮肤暴露部位出现潮红、充实性弥漫性水肿、表面光亮、可见丘疹和大小不等的水疱，往往呈对称分布，以头面和手足背等处为多。淤斑以鼻背和颧部易见，约经两周即渐消褪，溃疡愈合后可遗留萎缩性瘢痕。指甲失去光泽，呈灰褐色，甲下可见瘀斑。

少数病人口唇黏膜发生红肿和糜烂。自觉灼热、瘙痒和触痛，以指头和甲部较为显著。此外，病人还可有紧张感、发麻或蚁走感。全身症状一般不明显，但有时可以发热、头昏头痛、全身乏力、食欲不振、腹痛或腹泻等。女性多见。

织纹螺

织纹螺俗称海丝螺、海狮螺、麦螺或白螺，有些地方还称作割香螺、甲锥螺，一般生活在近海礁石附近和泥沙底，盛产于广东、浙江、福建沿海，其外形特征表现为尾部较尖，螺体细长，长度约1cm，宽度约0.5cm。

织纹螺

有关资料表明，织纹螺本身无毒，其致命毒性是由于织纹螺摄食有毒藻类、富集和蓄积藻类毒素而被毒化，在其生长过程中附集了有毒藻类的一些神经麻醉毒素。近年来，由于海洋环境受到污染，"赤潮"频发，使织纹螺体内石房哈毒素含量大增。经检测，该毒素对人体的经口致死量为0.54~0.9mg，一颗小小的织纹螺很可能致人死命。

织纹螺引起的食物中毒称为石房蛤毒素的麻痹性贝类中毒。石房蛤毒素的中毒症状与河豚毒素中毒症状极为相似，人食用毒贝后，一般几分钟到几小时后，唇、舌、喉头、面部、手指有麻木感，还会发展到四肢末端和颈部麻木，并伴有恶心、呕吐等，最后出现呼吸困难，重症者常在2~24h因呼吸麻痹而死亡。目前，对贝类中毒尚无有效解毒剂，有效的抢救措施是尽早采取催吐、洗胃、导泻，设法去除毒素，同时对症治疗。

织纹螺引起的食物中毒有很强的季节性，中毒事件常见于每年的4~8月，这与织纹螺的生活习性有很大关系。

芋螺

芋螺俗名鸡心螺，贝壳圆锥形或纺锤形，螺旋部通常较低，体螺层高大，壳口窄长。壳面光滑，或具细浅的螺旋沟纹，并常具各样斑点和花纹，色泽美丽。为热带和亚热带海洋中生活的种类。栖息于岩石、珊瑚礁、沙和泥沙质的海底。中国沿海约有70种。浙江南部即有分布，越向南种类越多，在珊瑚礁中种类尤为丰富。肉均可食，贝壳供观赏，有的价值很高。芋螺体腔中有毒腺，带有毒液的箭形齿舌可以自吻射出体外，杀伤其他动物为食，人若不慎被其刺伤，会引起剧痛，重者有致命危险。

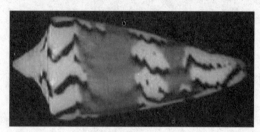

鸡心螺

贻贝

贻贝古称"东海夫人"，俗名"青口"。我国沿海常见的有：紫贻贝、厚壳贻贝和翡翠贻贝3种，其中翡翠贻贝产于东、南沿海，是广东养殖的贝类。在我国食用贻贝的历史文献早有记载。唐朝陈藏器的《本草拾遗》中记载说："东海夫人，生东南海中，似珠母，一头尖，中衔少毛，味甘美，南人好食之"。宋朝孟铣所写《食疗本草》，对贻贝吃法有以下的记载："…与少米先煮熟后，除去毛，再入萝卜或紫苏或冬瓜同煮即更妙"。直到现在，贻贝仍是我国居民主要的海产食品。

贻贝的干制品称"淡菜"，具有滋阴、补肾、益精血、调经等功能，用于治疗眩晕、盗汗、高血压、阳痿、腰痛、吐血等病症。

贻贝在接触有毒海藻后几天或几小时内获得很强的毒性，被作为麻痹性贝类毒素（PSP）指示生物。在贻贝的体内，还会存在腹泻型贝类毒素。这些情况往往出现在水温较高和赤潮发生时期。

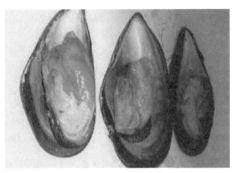

贻贝

毛蚶

在我国近海海域均有分布，毛蚶栖息在浅海泥沙滩底，尤喜于淡水流出的河口附近。以辽宁、山东和河北省沿海产量最多。7~8月产卵，2~3龄成熟。北方每年7~8月、南方8~12月易于采捕。

毛蚶肉味鲜美，高蛋白，低脂肪，含有多种氨基酸、维生素等营养成分，易被人体吸收。毛蚶还具药用价值，蚶肉味甘，性温，具补血、温中、健胃、消食功能。

毛蚶

1988年，上海发生的甲肝大流行事件，30万人食用毛蚶中毒，就是由于吃了未经彻底加热的不洁毛蚶而引起的。毛蚶（牡蛎、蛤蜊等）生长在河口和海湾的泥沙中，以海水中浮游生物为生，由于它们栖息的近海水域常常受到沿海城市污水的污染，使海水中可能含有肝炎病人排泄的肝炎病毒。一只毛蚶每小时可过滤 5L 海水，通过滤食活动，海水中的肝炎病毒在贝体内浓缩储积，当这些含有病毒的海鲜成批供应市场时，如果是生吃或半生吃，就易导致甲型肝炎。毛蚶体内还可能含有戊肝病毒、沙门氏菌等，很多戊型肝炎病人也是因为进食这些生的水产品而得病的，因此毛蚶不能生吃。

缢蛏

缢蛏俗称"蛏子"，海生贝壳软体动物，涨潮时出洞摄食，退潮时穴居。喜生长在涂质柔软、硅藻丰富的港湾潮流地带。缢蛏肉味鲜美，营养丰富，蛋白质含量 5.5%，脂肪 0.8%，糖类 1.8% 和无机盐 1.1%。缢蛏的软体部还有补虚的作用，对阴虚、血虚效果最佳，产后、病后多用之。

缢蛏是滤食性的贝类，发生赤潮时，缢蛏摄食毒藻后，毒性不会排出体内，而是将毒素富集体内，人们若是食用了这种缢蛏，会引起中毒。

缢蛏

紫石房蛤

软体动物帘蛤科的紫石房蛤，分布在中国辽东半岛南部与山东半岛北部，日本海沿岸与前苏联的远东海域。

紫石房蛤俗称"天鹅蛋"，因它的贝壳形态酷似天鹅蛋，软体部肥大，味道鲜美、营养丰富，含有蛋白质、脂肪、甜菜碱、肝糖、维生素 A、维生素 B、维生素 D 等。除鲜食、烹炒、做汤外，还可干制。它的体液中有抗血友病的活性成分，可使白血病患者延长生存时间。大连和烟台地区的餐饮业，常作为高档海鲜美食。其壳入药，主含碳酸钙、壳角质等，具有软坚散结、清热化痰之功，用于瘰疬、咳嗽、痰多、胸胁痛、咯血、崩漏带下及外用疮疡。赤潮时，有毒藻类进入体内而成有毒蛤类。

紫石房蛤

扇贝

软体动物珍珠贝目中的一科扇贝。广泛分布于世界各海域，以热带海的种类最为丰富。中国已发现约45种，其中北方的栉孔扇贝和南方的华贵栉孔扇贝及长肋日月贝是重要的经济品种。扇贝有两个壳，大小几乎相等，壳面一般为紫褐色、浅褐色、黄褐色、红褐色、杏黄色、灰白色等。贝壳里面为白色，壳内的肌肉为可食部位。闭壳肌肉色洁白、细嫩，味道鲜美，营养丰富。闭壳肌干制后即是"干贝"，被列入八珍之一。赤潮时，有毒藻类进入体内而成有毒贝类。

扇贝

海兔

海兔分布于世界暖海区域，我国暖海区也有出产。我国的海兔种类很多，已定名的有 21 种。海兔可食。沿海居民称的"海粉丝"，即海兔胶质丝卵袋的干制品，又有"海粉"和"海挂面"之称。福建、广东沿海渔民进行人工养殖海兔。据记载，我国福建厦门渔民养殖海兔已有 100 多年的历史。此外，海兔还具有消炎退热、润肺、滋阴的功效。《本草纲目拾遗》说：能治赤痢、风痰。民间验方，以海兔放置水中浸泡，加冰糖炖服，能治发烧、咳嗽，并治鼻衄等疾病。

海兔

近年来，日本名古屋大学山田静之教授等人，从海兔体内提取了一种名为"阿普里罗灵"的化合物，通过动物实验，认为可作为抗癌剂。海兔因此声名远扬。

海兔体内有毒腺，又称为蛋白腺，能分泌一种略带酸性的乳状液体气味，令人恶心。海兔的皮肤中所含的有毒物质是一种挥发油，对神经系统有麻痹作用。误食海兔的有毒部位，或皮肤的伤口部位接触海兔都会引起中毒。

章鱼、乌贼、鱿鱼

章鱼或称蛸，软体动物门类。体呈短卵圆形，无鳍，头上生有 8 条腕，俗称"八带"，章鱼的臂腕，既是捕食的工具，也是流动时的辅助用具。"凉拌八带"即是以活的小章鱼为原料制成的。章鱼为肉食性动物，以瓣鳃类和甲壳类为食。章鱼是一种营养价值非常高的食品，不仅美味，而且也是食疗补养的佳品。章鱼体内含有丰富的蛋白质、矿物质等营养元素，并还富含天然牛黄酸，具有抗疲劳、抗衰老、延长人类寿命等重要作用。章鱼特别适宜体质虚弱、气血不足、营养不良之人食用。章鱼嘴和眼里均是沙子，吃时须挤出。肉嫩无骨刺，凉性大，所以吃时要加姜。

章鱼

章鱼有100多种，有些有毒，对人有危害。章鱼的颌像鹦鹉的喙，咬的力量很大，能将触腕抓到的食物撕咬着吃。当它咬到目标后，就将毒液经唾液腺注入猎物的伤口。据报道，因被章鱼咬伤而毙命的事例有不少。其中之一是在澳大利亚，一位潜水者抓到一只小的蓝环章鱼，只有20cm，觉得很好玩，让它从胳膊上爬到肩上，最后爬到颈部背面，在那里呆了几分钟，不知出于什么原因，它朝潜水员颈部咬了一口，2h后，潜水员不幸身亡。

蓝环章鱼

　　乌贼，软体动物门类，体呈袋形，背腹略扁平，侧缘绕以肉质狭鳍。头部发达，有一对大眼，头顶有口，内有角质颚两个和齿舌。体内墨囊发达，遇敌即放出墨汁而逃避，故又称墨鱼。每年 5~6 月间产卵于海藻及其他物体上。肉厚味美，供鲜食或干制。种类较多，我国南北沿海常见的为金乌贼和无针乌贼，后者产量较大，是我国四大海洋渔业之一。

　　乌贼干制品称"墨鱼干"，无针乌贼干制品称"螟蜅鲞"，两者雄性生殖腺干制品称"墨鱼穗"，雌性缠卵腺的干制品称"墨鱼蛋"，都是著名食品。眼球、墨汁等又是工业原料。

乌贼

　　鱿鱼，又称柔鱼，枪乌贼。它和墨鱼、章鱼等软体腕足类海产品在营养功用方面基本相同，都是富含蛋白质、钙、磷、铁等，并含有十分丰富的诸如硒、碘、锰、铜等微量元素的食物。鱿鱼中含有丰富的钙、磷、铁元素，对骨骼发育和造血十分有益，可预防贫血。鱿鱼除了富含蛋白质及人体所需的氨基酸外，还是含有大量牛黄酸的一种低热量食品。可抑制血中的胆固醇含量，预防成人病，缓解疲劳，恢复视力，改善肝脏功能。其含的多肽和硒等微量元素有抗病毒、抗射线作用。中医认为，鱿鱼有滋阴养胃、补虚润肤的功能。如何分辨鱿鱼和乌贼呢？用手指用力按一下胴体的中部，如果有坚硬感，就是乌贼鱼，如果较软，就是鱿鱼。因为乌贼鱼有一条像船型的硬乌贼骨，而鱿鱼仅有一条叶状的透明薄膜横亘于体内，所以手感不同。另外，鱿鱼一般都体形细长，末端呈长菱形，肉质鳍分列于胴体的两侧，倒过来观察时，很像一只"标枪头"，而乌贼鱼外形稍显肩宽，与鱿鱼的其他特征也有区别。

每 100g 的鱿鱼胆固醇含量达 265mg，属于胆固醇偏高的食物，所以鱿鱼虽然美味，但是并不适合所有人。高血脂、高胆固醇血症、动脉硬化等心血管病及肝病患者应慎食。鱿鱼性质寒凉，脾胃虚寒的人也应少吃。鱿鱼、乌贼鱼和章鱼都有致敏物质，过敏体质者慎食，患有湿疹、荨麻疹等疾病的人忌食。

鱿鱼

蚕蛹（蜂蛹）

我国许多地方的居民喜欢食用油炸蚕蛹，食用蚕蛹在我国有将近 1400 年的历史。蚕蛹中含有丰富的蛋白质，还有肽类、胆碱及酶类等，肽类多为激素的成分。蚕蛹对身体的糖和脂肪代谢能起到一定调节作用，可以有效降低血脂和胆固醇，蚕蛹中活性物质还能有效提高人体的免疫水平。但一次性摄入太多会引起急性中毒。中毒情况主要侵犯消化和中枢神经系统，蚕蛹中毒所致中枢损害，可能与变态反应相关，即食物过敏。

中毒表现：开始为恶心、呕吐、腹泻和腹痛等症状，同时常伴头昏、头痛和全身麻木等；继而可突然发生意识障碍及抽搐，并出现眼球震颤、舌肌震颤、步态蹒跚等，抽搐呈阵发性。发作时手足痉挛，面呈苦笑面容，眼球固定，瞳孔缩小，呼吸困难，面色青紫，意识不清，每次历时 15~30min 或数小时后可再发作，发作过后呼吸急促、困难或不规则，神志可呈恍惚状态，大喊大叫，有的持续意识不清，可伴大小便失禁、心律失常及休克。脑电图检查呈高度或中度异常。

螃蟹

全世界螃蟹种类可达 500 余种。最大的螃蟹为高脚蟹，产于日本沿海，体长可达 2m。中国的阳澄湖大闸蟹远近闻名。螃蟹含有丰富的蛋白质、微量元素等营养，对身体有很好的滋补作用。国人吃螃蟹的历史可以上溯到周朝。近年来研究发现，螃蟹还有抗结核作用，吃蟹对结核病的康复大有补益。一般认为，药用以淡水蟹为好，海水蟹只可供食用。中医认为螃蟹有清热解毒、补骨添髓、养筋活血、通经络、利肢节、续绝伤、滋肝阴、充胃液之功效。对于淤血、损伤、黄疸、腰腿酸痛和风湿性关节炎等疾病有一定的食疗效果。

螃蟹性咸寒，又是食腐动物，所以吃时必蘸姜末醋汁来祛寒杀菌，不宜单食。螃蟹的鳃、沙包、内脏含有大量细菌和毒素，吃时一定要去掉。不能食用死蟹。因为死蟹体内含有大量细菌和分解产生的有害物质，会引起过敏性食物中毒。醉蟹或腌蟹等未熟透的蟹不宜食用，应蒸熟煮透后再吃。存放过久的熟蟹也不宜食用。蟹长肥时正是柿子熟的季节，应当注意忌蟹与柿子混吃。蟹肉性寒，不宜多食，不宜与茶水同食，吃蟹时和吃蟹后 1h 内忌饮茶水。脾胃虚寒者尤应引起注意。患有伤风、发热胃痛以及腹泻的病人，消化道炎症或溃疡胆囊炎、胆结石症、肝炎活动期的人都不宜食蟹；患有冠心病、高血压、动脉硬化、高血脂的人应少吃或不吃蟹黄，蟹肉也不宜多吃；体质过敏的人不宜吃蟹。蟹肉寒凉，有活血祛淤之功，尤其是蟹爪，孕妇忌食。

蟹分为河蟹和海蟹。河蟹中雌蟹营养价值较高；如果是海蟹中雄蟹营养价值较高。当螃蟹垂死或已死时，蟹体内的组氨酸会分解产生组胺。组胺为一种有毒的物质。随着死亡时间的延长，蟹体积累的组胺越来越多，毒性越来越大，即使蟹煮熟了，这种毒素也不易被破坏。

活蟹体内的肺吸虫幼虫囊蚴感染率和感染度是很高的，肺吸虫寄生在肺里，刺激或破坏肺组织，能引起咳嗽，甚至咯血，如果侵入脑部，则会引起瘫痪。据专家考证，把螃蟹稍加热后就吃，肺吸虫感染率为 20%。吃腌蟹和醉蟹，肺吸虫感染率高达 55%。而生吃蟹，肺吸虫感染率高达 71%。肺吸虫囊蚴的抵抗力很强，一般要在 55℃的水中泡 30min 或 20% 盐水中腌 48h 才能杀死。生吃螃蟹，还可能引发肠道发炎、水肿及充血等症状。

台产蟹类有毒的共有 11 种，包括铜铸熟若蟹、花纹爱洁蟹、绣花脊熟若蟹、雷诺氏鳞斑蟹、蕾近爱洁蟹、杨氏近扇蟹、毒鳞斑蟹、锋足鳞斑蟹、绒毛仿银杏蟹、切脊熟若蟹、钝额曲毛蟹等，所含的毒素是强烈的河鲀毒与麻痹性贝毒。绣花脊熟若蟹是目前被证实最毒的毒蟹，食用本蟹种中毒者无人存活，每 100g 的肉含有可致死 400 人的毒素。

有毒的绣花脊熟若蟹

虾

虾是一种蛋白质非常丰富、营养价值很高的食物，脂肪含量较低，且多为不饱和脂肪酸，此外更含大量维生素 A、胡萝卜素和无机盐。具有防治动脉粥样硬化和冠心病的作用。另外，虾的肌纤维比较细，组织蛋白质的结构松软，水分含量较多，所以肉质细嫩，容易消化吸收，适合病人、老年人和儿童食用。

龙虾

对虾

沼虾

河虾

不同的虾除了口味的差异外，营养价值其实大同小异。海虾肉的韧性好，口感比河虾要好一些。我国常见的海虾就有 500 多种，不同的品种在各地的称呼也有所不同，常见的有龙虾、对虾、皮皮虾、白虾、沼虾、河虾、基围虾、虾米等。

中医认为，海虾性味甘、咸、温，具有开胃化痰、补气壮阳、益气通乳等功效，对肾虚阳委、腰酸膝软、筋骨疼痛、中风引起的半身不遂等病症有一定的疗效。但是，虾为发物，体质过敏，如患过敏性鼻炎、支气管炎、反复发作性过敏性皮炎的老年人不宜吃虾；身上生疮或阴虚火旺或患有皮肤疥癣者亦忌食。

中国民间古老相传"螃蟹与柿子不宜同吃"，此话不是没有道理的。虾也一样，虾含有比较丰富的蛋白质和钙等营养物质。如果把它们与含有鞣酸的水果，如柿子、葡萄、石榴、山楂等同食，不仅会降低蛋白质的营养价值，而且鞣酸和钙离子结合形成不溶性结合物，即俗称"结石"刺激肠胃，引起人体不适，出现呕吐、头晕、恶心和腹痛、腹泻等症状。

美国芝加哥大学研究人员发现，虾和贝壳类食物中含有一种浓度较高的"五价砷化合物"。吃虾后不宜服维生素 C 片剂。该物质吃下去本身对人体无毒害作用，但服用维生素 C 片剂后，可使原来无毒的"五价砷"转变为有毒物质——砒霜，危及人的生命。

食用死虾等水产品对人体极其有害。像虾、蟹等水产品含有的蛋白质高，它的蛋白质构成中含有大量组氨酸。当水产品死后，体内蛋白质很快分解，有些细菌专爱袭击组氨酸，摄取其中养分，并将组氨酸转化为有毒物质组胺。人食用一定量的组胺后会中毒，严重时可能致命。另外，腐败的虾中还会产生大量微生物，这些都是影响健康的有害因素。

海参

海参又名刺参、海鼠。是一种名贵的海产动物。具有高蛋白、低脂肪、低胆固醇的特性，此外含有多种生理活性物质，是不可多得的海洋药物资源。中医认为，海参具有补肾益精、除湿壮阳、养血润燥、通便利尿的特性。海参本身具有很强的细胞毒性及鱼毒，能抑制癌细胞，抑制蛋白质、核糖核甘酸的合成，有提高人体免疫力和抗癌杀菌作用。海参中所含的硒，能抑制癌细胞及血管的生长，具有明显的抗癌作用。梅花参体内含有的海参素，虽然具有潜在的药用价值，但是它具有细胞毒性和溶血毒性，可抑制神经传导。皮肤接触后会发生红、肿、痛的症状，口服后可发生呕吐、腹痛等症状，需使用抗己酰胆碱药物解毒。

在食用海参时必须注意避免一次摄入过多，因为皂苷摄入的量太多，对人体而言总会有一些不适的症状出现，例如，恶心、呕吐、嘴唇麻痹等中毒症状。为了避免中毒，少量食用就好，避免一次吃太多的海参。

海参

海胆

　　黄海胆又称为海刺猬。属海珍品之一，营养价值之高，可与海参、鲍鱼媲美，以精深加工的冰鲜黄海胆肉在国际市场上供不应求。黄海胆是营养极其丰富的海珍品之一，含有大量的蛋氨酸和不饱和脂肪酸。用其性腺为原料加工而成的鲜海胆黄、海胆酱不仅味道非常鲜美，还可美容。其壳入中药可医治颈淋巴结核、积痰不化、胸肋胀痛、胃及肠道溃疡、甲沟炎等症，具有极高的经济价值。

海胆

　　少数海胆的卵巢有毒，在春、夏季人误食后中毒，出现呕吐、腹泻症状。绝大多数海胆的棘刺有毒，如人被毒棘海胆的叉棘刺伤后，发生剧痛、昏迷现象，有过死亡的记录。

鲶鱼

　　鲶鱼，身体表面多黏液，无鳞，背部苍黑色，腹面白色，头扁口阔，上下颌有4根须，尾圆而短，不分叉，背鳍小，臀鳍与尾鳍相连。生活在河湖池沼等处，白昼潜伏水底泥中，夜晚出来活动，吃小鱼、贝类、蛙等。

　　高温可以破坏鲶鱼鱼卵中的毒素，只要将鱼卵煮熟就可以放心食用。

　　如烧煮时间过短，鱼卵没熟透食后还会引起中毒，引发腹痛和腹泻。

鲶鱼

鲶鱼的特点是嘴边有像猫一样的触须，上颚上方有一对，嘴边还有一对，下颚还有一对。许多鲶鱼背上有脊骨，有胸鳍。它们的脊骨上可能有毒腺，被刺中会感到疼痛和伤害。卵有毒，误食会导致呕吐、腹痛、腹泻、呼吸困难，情况严重的会造成瘫痪。

河鲀（河豚鱼）

一种海江洄游性鱼类。在海中食有毒藻类，毒素积累。

亚洲的日本、朝鲜及中国均极喜爱吃河鲀；"不吃河鲀，不知鱼味。"河鲀肌肉洁白如霜，肉味腴美，鲜嫩可口，含蛋白质甚高，营养丰富。食用河鲀肉，除品尝其鲜美外，还有降低血压，治腰腿酸软，恢复精力等功能。但是河鲀毒性极大，如烹调不当，食后往往中毒，甚至危及性命。

河鲀的肝脏、卵巢、皮肤和肠都含有河鲀毒素，河鲀毒素的毒性相当于氰化钠的1250倍，1g河鲀毒素可致1000人丧命。河豚毒素是一种无色针状结晶体，属于耐酸、耐高温的动物性碱，为自然界毒性最强的非蛋白物质之一。其五千万分之一，就能在30min内麻醉神经，对人体的最低致死量为0.5mg。但是这种极强的毒素，能溶入水，易溶于稀醋酸中，240℃便开始炭化。在弱碱溶液里（以4%氢氧化钠处理20min），马上就被破坏为葡萄糖化合物而失去毒性。在100℃加热4h，或115℃加热3h，或120℃加热30min，或200℃以上加热10min，便可使毒素完全破坏，毒性消失。

星鲀

河鲀的毒素主要分布于卵巢和肝脏,其次是肾脏、血液、眼睛、鳃和皮肤;而精巢和肌肉是无毒的。如果鱼死后较久,内脏毒素溶入体液中便能逐渐渗入肌肉内。其毒素的毒量多少,常因季节的不同而有变异。每年2~5月为卵巢发育期,毒性较强;6~7月产卵后,卵巢退化,毒性减弱。肝脏也以春季产卵期毒性最强。所以,每当春末夏初鲜食河鲀鱼时,应特别谨慎,必须选择鲜活鱼体,严格去除内脏,以免中毒。

食用河鲀,首先要使肌肉保持新鲜,加工处理要极为严格。方法是沿脊骨剖开鱼体,将皮肤撕下,砍掉头,挖去内脏,将鱼肉在清水中反复洗涤,彻底清除血液方可食用。

鲤鱼

鲤鱼为我国重要的淡水鱼类,各地淡水河湖、池塘,一年四季均产。

鲤鱼呈柳叶形,背略隆起,嘴上有须,鳞片大且紧。鲤鱼体肥肉嫩,是人们日常喜爱食用并且很熟悉的水产品。

鲤鱼

鲤鱼的蛋白质不但含量高，而且质量也佳，人体消化吸收率可达96%，脂肪多为不饱和脂肪酸，能很好地降低胆固醇，可以防治动脉硬化、冠心病。中医认为：鲤鱼味甘、性平，有补脾健胃、利水消肿、通乳、清热解毒、止嗽下气的功效。适宜肾炎水肿、黄疸肝炎、肝硬化腹水、心脏性水肿、营养不良性水肿、脚气浮肿、咳喘者及妇女妊娠水肿、胎动不安、产后乳汁缺少之人食用。

同时，鲤鱼是发物，身体阳亢及疮疡者慎食，患有恶性肿瘤、淋巴结核、红斑性狼疮、支气管哮喘、儿童痄腮、血栓闭塞性脉管炎、痈疽疔疮、荨麻疹、皮肤湿疹等疾病之人均忌食。

有资料显示，鲤鱼忌与绿豆、芋头、牛羊油、猪肝、鸡肉、荆芥、甘草、南瓜、赤小豆和狗肉同食，也忌与朱砂同服。鲤鱼与咸菜相克，可引起消化道癌肿。

鲤鱼鱼腹两侧各有一条同细线一样的白筋，去掉可以除腥味。在靠鲤鱼鳃部的地方切一个小口，白筋就显露出来了，用镊子夹住，轻轻用力，即可抽掉。

鲤鱼同上述几种海鱼一样，都容易产生组胺。

大豆

黄豆、黑豆、青豆通称大豆。大豆的营养价值很高，大豆蛋白质和豆固醇能明显降低血脂和胆固醇。大豆中富含不饱和脂肪酸和大豆磷脂，有助于保持血管弹性，有效预防防脂肪肝。大豆中的植物雌性激素与人体中的植物雌性激素十分类似。可以作为妇女更年期雌性激素有效补充来源。大豆还富含皂角苷、蛋白酶抑制剂、异黄酮、硒等物质，能有效抑制癌症。

但是大豆中含有抗营养成分胰蛋白酶抑制剂和血球凝集素，误食于身体不利。胰蛋白酶抑制剂，这种成分进入体内，能抑制人类血清及血浆中胰蛋白酶的活性。胰蛋白酶是一种消化酶，专门分解蛋白质成为氨基酸的一种酶。它不仅起消化酶的作用，而且还能限制分解糜蛋白酶原、羧肽酶原、磷脂酶原等其他酶的前体，起活化作用。胰蛋白酶抑制剂容易引起恶心、呕吐、腹泻等症状。在食品加工时，湿热100℃、15min可破坏胰蛋白酶抑制剂而使其失活，失去作用。血球凝集素，在人体有凝固红血球的作用的有毒糖蛋白。误食含有血球凝集素的大豆，会出现恶心、呕吐等症状，严重时可致死。湿热也可破坏其分子结构而使其失活。

蚕豆

又名胡豆、夏豆、罗汉豆。蚕豆含有大量蛋白质和氨基酸，可以延缓动脉硬化。蚕豆中含有大量磷脂和胆碱，可增强记忆力和延缓衰老。中医认为，蚕豆能益气健脾，利湿消肿。

但是，有的人体内缺少某种酶，食用鲜蚕豆后会引起过敏性溶血综合征。症状为全身乏力、贫血、黄疸、肝肿大、呕吐、发热等，若不及时抢救，会因极度贫血而死亡。

蚕豆

蚕豆病的症状是在吃蚕豆几小时或一两天内发生的。蚕豆病有明显的遗传倾向。因此，有蚕豆过敏史的人需格外注意，吃蚕豆时要特别慎重。

扁豆

又名菜豆、四季豆。扁豆含丰富的蛋白质和氨基酸。经常食用可起到强健脾胃、增进食欲的功效。夏天多吃扁豆可起到消暑清火的作用。中医认为：扁豆有调和脏腑、安神益气、消暑化湿和利水消肿的功效。

小扁豆

女性白带过多、皮肤瘙痒，食用扁豆可起到一定疗效。

但是，扁豆特别是不经霜打的扁豆中含有一种毒蛋白，豆荚上有溶血素和生物碱。这些物质须高温才能破坏，如果加热不够，食后可发生恶心、呕吐、腹痛、头晕等中毒症状。预防扁豆中毒的最好办法是加热处理，使其毒性物质完全分解掉。

蓖麻子

蓖麻子，蓖麻种子，呈椭圆形或卵形，稍扁，长0.9~1.8cm，宽0.5~1cm。表面光滑，有灰白色与黑褐色薮红棕色相间的花斑纹。蓖麻子一面较平，一面较隆起。较平的一面有一条隆起的种脊；一端有灰白色或浅棕色突起的种阜。种皮薄而脆，胚乳肥厚，白色，富油性。性平，味甘、辛。消肿拔毒，泻下通滞。用于痈疽肿毒、喉痹、瘰疬、大便燥结。蓖麻子中含有致命的蓖麻蛋白毒素。从理论上讲，仅仅一颗小小的蓖麻子就足以在几分钟内将一名成年人置于死命。

蓖麻子消肿拔毒，泻下通滞。用于痈疽肿毒、喉痹、瘰疬、大便燥结。

但是从蓖麻中提取的油却是无毒的，是因为在提取的过程中，蓖麻子中的致命毒素蓖麻蛋白被去除掉了。

蓖麻子

相思豆

相思豆，亦称红豆，相思豆呈红色，上有一个黑点，其外形非常容易辨认。分布于我国南方广东、广西、云南等地，为木质藤本，枝细弱，春夏开花，种子米红色。其根、叶、种子均有毒，种子最毒。

相思豆

相思豆毒素是一种剧毒性蛋白质毒素植物血凝素，其含量约占种子质量的 2.8%~3.0%，它对所有的动物和人类都有毒性，毒素进入体内后，破坏核糖体的活性。初期反应为恶心、发烧、呕吐、流涎及一系列功能失调症状，随后会出现神经亢奋、浮肿、痉挛、肾衰、视网膜出血及内脏广泛性损伤。可引起严重的胃肠炎，损害肝脏、肾脏、脾脏等实质器官，目前尚无特效预防治疗药物。对成人的致死量为：5~7μg/kg（体重），毒性约为蓖麻毒素的 70 倍。

木薯

　　木薯是灌木状多年生作物。块根可食，可磨木薯粉，木薯粉是食品工业的重要原料。

木薯

　　木薯的植株各部位都有毒，含氢氰酸，对人体危害很大。所以要想食用，必须通过浸水、去皮等手段进行去毒处理。食品工业用木薯粉经去毒处理是无毒的。在木薯产地，食用木薯中毒的报道很多。中毒症状轻者恶心、呕吐、腹泻、头晕，严重者呼吸困难、心跳加快、瞳孔散大，以致昏迷，最后抽搐、休克，因呼吸衰竭而死亡。还可引起甲状腺肿、脂肪肝以及对视神经和运动神经的损害等慢性病变。木薯的叶子是中药材，有消肿解毒的功效。用于痈疽疮疡、淤肿疼痛、跌打损伤、外伤肿痛、疥疮、顽癣等症。

土豆

　　土豆为草本植物，是一种粮菜兼用型的蔬菜，学名"马铃薯"。土豆是低热能、多维生素和微量元素的食物，且营养成分齐全，是理想的减肥食品。土豆中所含的粗纤维，有促进肠胃蠕动和加速胆固醇在肠道内代谢的功效，有一定的通便和降低胆固醇的功效。科学证明，含钾高的食物可以降低中风的发病率。每 100g 土豆含钾高达 300mg。中医认为，土豆性平味甘，具有和胃调中、益气健脾、强身益肾、消炎、活血消肿等功效，可辅助治疗消化不良、习惯性便秘、神疲乏力、慢性胃痛、关节疼痛、皮肤湿疹等症。土豆对消化不良的辅助治疗有效，是胃病和心脏病患者的优质保健食品。

马铃薯（土豆）

发芽的土豆

土豆全株有毒，未成熟或发芽的块茎和果有一种叫龙葵素（又称茄碱）的毒素。质量好的土豆每100g中只含龙葵素10mg，不致引起中毒，而变青、发芽、腐烂的土豆中龙葵素可增加50倍或更多。中毒剂量：200mg（约吃半两已变青、发芽的土豆）。中毒症状：经过15min～3h就可发病。最早出现的症状是口腔及咽喉部瘙痒，上腹部疼痛，并有恶心、呕吐、腹泻等症状，症状较轻者，经过1～2h会通过自身的解毒功能而自愈，如果吃进300～400mg或更多的龙葵素，则症状会很重，表现为体温升高和反复呕吐而致失水，以及瞳孔放大、怕光、耳鸣、抽搐、呼吸困难、血压下降，极少数人可因呼吸麻痹而死亡。因此，未成熟的青皮土豆不能食用，不吃已发芽的土豆。发青的部位及腐烂部分应彻底清除。利用龙葵素具有弱碱性的特点，在烧土豆时加入适量米醋，利用醋的酸性作用来分解龙葵素，可起解毒作用。孕妇若吃进太多的龙葵素，可能会使胎儿出现畸形，所以应特别小心。

荞麦

又名三角麦、乌麦、花荞。荞麦在我国种植的历史十分悠久，我国栽培的荞麦为普通荞麦和鞑靼荞麦两种，前者称甜荞，后者称苦荞。由于苦荞的种子中含有芦丁，所以也称芦西苦荞。荞麦蛋白质中含有丰富的赖氨酸成分，铁、锰、锌等微量元素比一般谷物丰富。荞麦含有丰富膳食纤维、抗性淀粉、维生素 E、烟酸和芦丁（芸香甙）等物质。现代医学研究证明：荞麦是唯一含有芦丁的粮食作物，对防治高血压、肺结核、消化道感染、脱发等疾病有疗效，尤其对治疗高血压、糖尿病有特效，还能预防心脑血管疾病。实践证明，荞麦有杀肠道细菌、消积化滞、降血、消湿解毒、治疗肾虚、偏头体痛、缓解化除肿瘤等功能，具有防癌、抗癌的作用，是目前国内外降血脂、血糖、尿糖的食疗佳品。

荞麦

荞麦含有膳食纤维和抗性淀粉，因此被认为有清理肠道沉积废物的作用，因此民间称这为"净肠草"。平时在食用细粮的同时，经常食用一些荞麦对身体很有好处。荞麦一次不可食用太多，否则易造成消化不良。荞麦是老弱妇孺皆宜的饮食，对于糖尿病人更为适宜。日本把荞麦食品列为保健食品。

脾胃虚寒者不宜食，有时（对少数人）可引起皮肤瘙痒、头晕等过敏反应；荞麦面忌黄鱼、猪肝，荞麦性寒，黄鱼、猪肝多脂肪都是不易消化的食物，易致消化不良；荞麦中所含蛋白质及其他过敏物质，可引起某些人的过敏反应，凡体质易过敏者当慎重或不食荞麦。

油菜籽

油菜籽是重要的油料作物。菜籽油是我国老百姓常食用的一种植物油脂，其中含有芥酸。芥酸是脂肪酸类化合物，在自然界存在于十字花科芸苔属植物白芥种子的脂肪中。菜籽油中约含 20%~50%。动物实验发现：大量摄入含芥酸高的菜籽油，引起动物心肌中脂肪积聚，并以甘油三酯的形式存在，可导致心肌纤维化。芥酸对人体是否有害，没有直接证据，有人认为，长期吃含较高芥酸的菜籽油会产生不易觉察的不良反应，如体重减轻、容易疲乏等现象。世界上有些国家规定菜籽油中芥酸含量不超过 5%。

油菜籽

红茴香

红茴香又名山大香、莽草，常绿灌木，分布于长江下游以南各省。其蓇葖果木质，排列成星芒状，似八角茴香，顶端有长而弯曲的尖头，具短而向上弯曲的嘴，且味苦，似樟脑；八角茴香的蓇葖先端较纯，具有几乎直伸的嘴，有茴香味。八角茴香为常用的调味料，而红茴香的果实种子和种皮含有有毒成分。误食会引起中毒。

中毒症状：口渴、恶心、剧烈腹痛，最后可因惊厥或肝肾脏器损害而死亡。

八角茴香

红茴香

商陆

　　商陆又名土人参、水萝卜、山萝卜，为多年生草本植物。分布河南、湖北、安徽、陕西。主根肥大，肉质。外皮黄白色或浅棕色。横切片为不规则圆形，弯曲不平，边缘皱缩，商陆直径2~8cm，厚2~6cm，切面浅黄棕色或黄白色，形成多个凹凸不平的同心形环纹，俗称"罗盘纹"。纵切片不规则长方形，弯曲或卷曲，木质部呈多数隆起纵纹。质坚硬，不易折断。商陆含三萜皂甙及甾醇类化合物，加利果酸、皂甙元及去羟基加利果酸等。商陆性寒，味苦，有毒。中毒症状：恶心呕吐、腹泻、头痛、言语不清、躁动、肌肉抽搐等症状，严重者血压下降、昏迷、瞳孔放大，可因心脏和呼吸中枢麻痹而死亡。有毒成分经煮沸可破坏。可外治痈肿疮毒，用量3~9g。

商陆

花椒

　　花椒是调味料，各种调味品里都可能有它的身影。

花椒

2010 年 11 月 24 日，扬州晚报报道一对四川母女来到扬州后不多久，时常出现心慌、头昏、浑身乏力等症状，诊断是因吃多了花椒而"中毒"所致。这对四川母女到了扬州，还保留着四川的饮食习惯，每天每顿饭都要吃花椒。

花椒中有花椒毒素，属呋喃香豆素类天然化合物，不溶解于水中，也不易溶解于乙醇、丙酮等有机溶剂中，是一种低毒类毒素。

中草药书籍称花椒又名川椒。根据中医理论，它的性味是辛，大热，有毒；功效是温中止痛，杀虫。

四川人在本地食用花椒不会中毒，到扬州食用花椒会中毒，这是为什么呢?

四川人在本地常吃花椒，原因在于当地环境潮湿，易得风湿性关节炎等疾病，而花椒可以有效抗拒这一环境对人的侵袭，其毒性在当地的环境下也可以被"中和"。但是到了扬州，气候环境改变了，就不再适宜多吃花椒了。

第六章
食品安全与健康

引 言

本章是根据消费者提出的问题而编写的。

我们经常讲的食品安全，大多数是讨论食品本身的安全性，而食品的食用，除本身的安全性外，更有食用方式与人体健康亦有关系。

人们不仅要关心常用食品如饮用水、茶、葡萄酒、油脂的安全等，也需关心日常生活起居及饮食健康。本章从一个侧面向大家提示了人们的身体健康，不全部是由食品安全性因素决定的。许多食品存在有毒有害物质是客观的，是生物种群特征和环境因素决定的，凡是有毒有害物质只要含量低到不影响人们身体健康，这类食品都称为安全食品。

安全食品要正确食用，对人体健康才能有促进作用；反之也会对人体健康有影响。许多慢性病的出现，就是食用安全食品方法不对而引起的。所以要求人们对身体要有自我保护意识：食疗养生很重要。

今天，你喝的是什么水

1. 导语

水是和我们最亲密的物质之一，人体受精卵中 99% 是水，出生时，人体中水的比例占 90%，成年后，这一比例缩减到 70%。而人行将衰老时，水的比例下降到 50%。所以要保持身体健康，这 70% 的水的清洁健康至关重要。然而水究竟是什么？我们生活的城市水资源状况如何？水质又是怎样？如何保证我们每天喝的水都是健康的？

2.水是"超级物质"

水是地球上最不寻常的物质之一，是自然界唯一拥有固态、液态和气态3种形态的物质。水是由氢、氧两种元素组成的无机物，水分子之间链接被称为氢键。它的存在减缓了水变热和变冷的速度。因此，在有水的环境中，温度相当稳定。不仅如此，由于水的密度较大，这一特性为水中漂浮或游动的生物提供了足够的物理支撑。因此，水的特征对海洋乃至生命进化都起着至关重要的作用。

3.水，没你想的那么多

地球是太阳系行星中唯一被液态水所覆盖的星球，表面的液态水超过总面积的70%。虽然地球表面的2/3被水覆盖，但是其中97.5%是咸水，在余下的2.5%淡水中，又有87%是人类难以利用的两极冰盖、冰川、冰雪，可供人类利用的淡水只占全球水总量的0.26%，而这些淡水大部分是地下水。实际上，人类可以取用的淡水只占地球水量的0.014%。预测到2025年，全世界将有30亿人缺水，涉及的国家和地区达40多个，中国亦在其中。

我国有300多个城市存在着不同程度的缺水问题，其中有50个城市严重缺水，中国人均占有水资源量只是全世界人均量的20%。而且在中国，80%的河流水质遭到破坏，变成了污染水。

4.水！干渴的北京

如今北京是世界上最缺水的大城市之一，北京的水资源主要来自地表水与地下水。

北京的地表水来自于降雨，但是1970~2008年，北京的年降雨量逐年下降，事实上，1999~2007年北京的年平均降水量不足430mm。在气象学上，降水量小于450mm的年份被定义为干旱的年份，从20世纪70年代至今的30多年里，北京有25年是干旱年份。

北京的地下水已经全部被开发，据北京水务局的估计，北京地下水安全使用量的范围是20~24.5亿 m^3/年，视降雨量而定。而目前北京的实际地下水使用量已经达到24.5亿 m^3/年。

由于地表水和地下水都在减少，北京的人均水资源从1949年的1000m^3，下降到2008年的不足230m^3。在世界120多个国家和地区的首都及主要城

市中占百位之后，远低于国际公认的人均 1000m³ 的下限。

但是，就水质而言，北京的自来水在全国来说算是较好的，因为北京的大部分水是从优质水源地输送过来的，对水源地的保护也到位。当然也有一些地区如丰台、房山缺水较严重，还有大兴、通州等属于高氟地区。

5. 为什么说北京的水比较"硬"

所谓水"硬"是指水中的钙、镁离子等含量较高。直观地说，就是将自来水烧开后，会看到开水壶内会有大量水碱沉淀或是少量水碱漂浮于水面上。若不及时清除，还会形成一层坚硬的水垢。一般来说，水硬度（即钙镁离子值）在 280~300mg/L 就会出现结垢现象，硬度越高，结垢越多重。一般结垢对人体的伤害并不大。人们对于水垢的恶感，很大程度上来自心理作用。硬水通常对于健康并不造成直接危害。硬水中含有比较多的钙盐，进到肠道里面如果部分被分解，还会成为人体的常量元素；如果不能溶解和分解的话，会随粪便排泄出去，不会对身体有特别的影响。

但是，水壶里水垢会吸附更多的有害物质，因此会产生一定的危害，如果一个人有结石症，而且又是钙结石的话，一旦喝硬水多了，就会加重病情。

国家标准的生活饮用水硬度在 450mg/L 以内。联合国 WHO 推荐的生活饮用水的硬度是在 100mg/L 以内。北京城近郊区以城市自来水水质划分大致可以分为 5 个区域。

东区：建国门、双井、潘家园等地区水质较硬，硬度一般在 200~280mg/L；

南区：宣武、丰台、大兴等地区水质较差，硬度一般在 450~800mg/L；

西区：八里店、甘家口、羊坊等地区水质硬度较高，硬度一般在 350~450mg/L；

北区：亚运村、望京、左家庄、安贞、和平街等地带水质较好，硬度一般在 120~180mg/L；

中区：木樨地、复兴门、三里河等地区水质较硬，硬度一般在 400mg/L 左右。

通过这组资料可以看出，北京地区除了北区即亚运村、望京、左家庄、安贞、和平街等地带水质较好以外，大多数地区水质都比较硬。

6. 你喝的是什么水

纯净水——太空水实质上都属纯净水。纯净水与人类传统饮用水有原则上的差别，它的优点在于：没有细菌、没有病毒、干净卫生。纯净水中含有极少量的微量元素，但是人体所需要的矿物质补充主要来源于食物，从水中吸收的只占有1%。由于人体的体液是微碱性，因此要选择弱碱性的纯净水，若长期饮用微酸性的水，体内环境将受到破坏。

矿泉水——矿物质适中才是健康水。并非所有的矿泉水都能作为饮用矿泉水，也不是能饮用的矿泉水都是健康水。矿泉水的"矿"和"泉"都缺一不可，饮水中不能没有矿物质，也不是矿物质越多越好。例如，饮水中碘化物含量在0.02~0.05mg/L时对人体有益，大于0.05mg/L时则会引发碘中毒。水中含有矿物质并不能完全说明水的活力强。因此，为了提高矿泉水的质量，在不改变天然矿泉水中原矿物元素成分的同时，应该保持水的"活性"，维持水生理功能。

自来水——含天然水中有益物质。自来水是天然水的一种，是安全水，还含有天然饮水中的有益矿物质，是符合人体生理功能的水。但存在管网老化、余氯等二次污染。如果能够深度净化，不失为一种更为大众化的健康水。

富氧水——属于医学研究用水。富氧水是指在纯净水里加入更多的氧气。听起来不错，有了更多的氧气，喝了当然也会更有活力。其实不然，这种水中的氧分子到了体内，会破坏细胞的正常分裂作用，导致人类衰老。而纯净水加入氧气后，由于分子结构的原因，仍然是大分子团水，不易被细胞吸收。

电解水（离子水）——须在医生指导下饮用。一般消费者对于电解水还比较陌生，所谓电解水是通过电解作用，把水分解成阳离子水和阴离子水。阳离子水应作为医疗用水，必须在医生指导下饮用，而阴离子水则用于消毒等方面。所以离子水不能作为正常人群的饮用水。

饮用水中的微量矿物质对人体有重要作用，只饮用纯净水会造成矿物元素代谢失衡。根据WHO公布的《生活饮用水水质准则》，有益于人体健康的水具有以下7大标准：

（1）不含任何对人体有毒、有害及异味的物质；

（2）水的硬度适中；

（3）人体所需的矿物质含量适中；

（4）pH 呈现弱碱性（pH7.0~8.0）；

（5）水中溶解氧及二氧化碳适中（溶解氧不低于 7mg/L）；

（6）小分子团水渗透溶解力强（每个水分子团含有 5~7 个 H_2O）；

（7）水的营养生物功能（溶解力、渗透力、乳化力）要强。

7. 选择你的饮水方式

目前，消费者获得日常家庭饮用水的方式主要有以下几种。

烧开水：普通最常用的自来水处理办法，它能够杀死部分致病细菌和病毒，但不能解决重金属、有毒无机盐、残留卤代物的问题。

桶装水：由大型净水器或纯水机对自来水进行净化灌装，配合饮水机使用。但饮水机容易滋生细菌需要定期清洗，而且"黑心桶""劣质水"等事件也层出不穷，作为水源的话，质量堪忧。

瓶装水：携带方便但用作家庭使用时成本过高，同时产生大量废弃塑料瓶不利于环保。

家用净水器：优质净水器能够有效去除自来水中的有害物质，保留对人体有益的矿物质。据悉我国北京、上海、广州三大城市净水产品的使用率已达 15%，并不断增长。由此可见，使用家用净水器已成为城市家庭最为主流的饮水解决方案。

BOX：好的净水器怎么挑

商场里的净水器五花八门，消费者难免会挑花眼，如何选择适合全家人的净水器呢？主要从以下 4 个标准进行考量。

1. 考察滤水技术

滤水技术是家用净水器的核心，直接决定了过滤质量和饮水安全。合格的滤水技术应该是在有效去除自来水中的有害细菌、病毒、重金属及化学有机物的同时，又可以保留水中有益人体的微量元素和矿物质。

目前，市面上净水器常用的滤水技术有活性炭吸附和反渗透膜过滤两种。然而，由于技术上的限制，这两种技术都无法保障水源与滤料有充分的接触面积和接触时间，实则严重影响了滤水效果，导致净水不达标。有的产品更是盲目地滤掉了有益人体的矿物质，长期饮用可能导致矿物质的摄入不足，损害健康。所以在选择时一定要注意。

2. 计算滤芯的寿命

如果长期使用未及时更换的滤芯，不仅达不到过滤水的目的，反而会使滤芯上堆积的有害物质进入水中，形成二次污染。所以在选择家用净水器时，还要特别关注滤芯的寿命和更换方式。目前市面上的净水器滤芯寿命有两种计算方式：一种是基于滤水时间。通常6~8个月需要进行滤芯更换，但消费者往往由于没有留意、忘记或根本不知道等原因而忽略更换，为健康埋下隐患；另一种是基于滤水量。净水器在达到规定滤水量后，滤芯自动关闭不再出水，等待更换。对比两种方式，后者在使用时更加便捷和安全。

3. 看准国家和国际的审批和认证

生产净水产品的企业，必须向政府卫生行政部门申请办理产品卫生许可批准文件。消费者购买时，一定要考察该产品是否获得国内或国际权威机构的认证，知名大品牌的产品上市需要严格的程序，在此方面做的较好。目前，国内产品由卫生部颁发相关认证批文；国际方面，美国水质协会颁发的WQA金牌认证为现今国际最权威最严格的认证程序。

4. 比较产品的便捷性设计

家用净水器不仅要保证水质的安全健康，更要有人性化的功能设置，以解决家庭不同成员的饮水需求。比如，是不是可以随意调节水温，是否可以实现一键操作，能否满足奶粉、茶叶或饮料的不同黄金冲泡水温，能否实现季节交替的冰沸水即饮需求等。所以消费者在选择时，一定要进行净水器功能设计上的比较。

茶，比你想的更神奇

1. 导语

20世纪50年代，日本广岛核辐射的许多幸存者陆续死于白血病和癌症，但是你可能不知道，其中很多搬到茶区并大量饮用绿茶的人却活了下

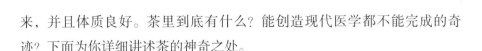

来，并且体质良好。茶里到底有什么？能创造现代医学都不能完成的奇迹？下面为你详细讲述茶的神奇之处。

2. 辐射离我们有多远

2011 年，日本大地震致使福岛核电站发生严重的核泄露事故，引发了全世界对核辐射的担忧。其实在我们的生活中，辐射可说是无处不在。小到手机电脑，大到电视台信号发射塔。包括室内环境的涂料、壁纸，自然环境中的太阳照射等，都对人体产生辐射影响。过量的辐射破坏人体的器官和组织的微弱的电磁场，影响机体正常工作，并使得身体产生更多的自由基。研究显示，在辐射源集中的环境中工作、学习、生活的人，容易失眠多梦、记忆力减退、体虚乏力、免疫力低下，癌细胞的生长速度比常人快 24 倍。

3. 天然的辐射过滤器

茶叶中的茶多酚具有优异的抗辐射功能，可吸收放射性物质，阻止其在人体内扩散。有一项跟茶有关的实验很能说明问题，在两组接受核辐射的白鼠中，注射茶制剂的白鼠存活率为 70%，而未注射的白鼠全部死亡。众所周知，超过剂量的射线对人体非常有害，会引起白细胞减少，免疫力下降。而茶多酚恰恰能增强人体的非特异性免疫功能，升高血液中的白细胞数量。

其实，茶叶抗辐射的机理是多样的。茶叶中含有的茶多酚，包括类黄酮和儿茶素，以及微量元素锰等，均能从不同角度发挥抗辐射、中和食物中亚硝酸胺和对抗自由基损伤，提高机体免疫功能的作用。因此茶可说是天然的辐射过滤器。对于经常接触射线的人，比如放射科医师或正在接受化疗的病人，喝茶是一种理想而简便的抗辐射方法。

4. 古已有之的举国之饮

茶可说是中华民族的举国之饮。发于神农，闻于鲁周公，兴于唐朝，盛于宋代。中国茶文化糅合了儒、道、佛诸派思想，独成一体。上至帝王将相，下至文人墨客，都把饮茶看做一种颐养性情，自得其乐的生活方式。通过茶马古道的开辟，更是把茶文化推广到西亚，中欧乃至世界各地。在全世界，总体而言，喝茶的人要比不喝茶的人更健康，部分原因可能是大多数喝茶的人不会过多饮用其他含糖的软饮料或酒。但是更重要的是，茶本身各种有益的成分。

5. 茶叶里头有什么

研究证实，茶叶共含有50多种元素，其中，碘、钾、镁、氟、硒等含量都很高，此外，还有含有与人体健康密切相关的生化成分。

茶多酚：茶叶中30多种酚类化合物的总称，主体为儿茶素。不但能够帮助人体抵抗辐射，还能清除人体内有害自由基，提高酶的活性，从而起到防突变、防癌抗癌的作用。

蛋白质：茶叶中蛋白质含量也很高，但是能被人体吸收只占到2%。

氨基酸：茶叶中含10多种人体必需的氨基酸。另外茶氨酸含量最高。

维生素：茶叶中维生素E的含量很高，除此之外，还有维生素A、维生素B_1和维生素B_2等。

生物碱：包括茶碱、可可碱、咖啡碱、腺嘌呤、黄嘌呤等，其中咖啡碱含量最高。咖啡碱具有兴奋提神的作用，也是形成茶叶苦味最主要成分。

脂肪类化合物：主要有磷脂、糖脂、甘油三酯等人体必需脂肪酸。

TIPS：斗茶

斗茶，又称茗站。始于宋朝，是一种上至宫廷，下至市井都乐此不疲的品茶游戏。通过对茶质的优劣品评和茶艺的高低一论胜负，也可说是一种非常有雅趣的生活方式。

6. 茶叶药材本一家

"神农尝百草，日遇七十二毒，得茶而解之。"一代名医李时珍在《本草纲目》中，对茶的药理作用记载得很详细："茶苦而寒，阴中之阴，沉也，降也，最能降火……心肺脾胃之火多盛，故与茶相宜。"认为茶有清火去疾的功能。

研究证明，茶叶不仅具有提神清心、清热解暑、消食化痰、去腻减肥、清心除烦、解毒醒酒、生津止渴、降火明目、止痢除湿等药理作用，还对辐射病、心脑血管病、癌症等有一定的药理功效。茶叶功效之多，作用之广，是其他饮料无可替代的。

绿茶：中国主要茶类，属于不发酵茶，在制作工艺上由于杀青和干燥工艺的不同，可分为炒青绿茶、蒸青绿茶、烘青绿茶以及晒青绿茶。常饮绿茶能防癌、降血脂、防电脑辐射以及抗衰老，吸烟者可减轻尼古丁伤害。一项在上海的调查显示，在同样抽烟和喝酒的人群中，有喝茶习惯的人比不喝茶的人罹患食道癌的比例要低 50%。

白茶：属于轻微发酵茶，为茶类中的珍品，在制作过程中不揉不炒，直接烘干或晒干而成。白茶具有防暑、解毒、防癌、抗癌等功效，陈年的白茶可用作麻疹患儿的退烧药，效果比抗生素更好，且不会产生抗药性。白茶可分解体内多余的糖分，促进血糖平衡并促进脂肪代谢。白茶还含有丰富的维生素 A，可预防夜盲症与干眼病。同时还能防辐射，对人体的造血机能有显著的保护作用，此外白茶富含的二氢杨梅素等黄酮类天然物质可有效帮助肝脏分解酒精，从而对肝脏起到保护作用。

黄茶：属于轻发酵茶，最大特点是黄汤黄叶，制作工艺与绿茶相似，只是多了一道"闷黄"的工序。黄茶是沤茶，在沤的过程中，会产生大量的消化酶，对脾胃最有好处。消化不良、食欲不振、懒动肥胖，都可饮而化之。黄茶中富含茶多酚、氨基酸、可溶糖、维生素等丰富营养物质，对于增加脂肪代谢、杀菌、消炎防癌、抗癌均有特殊效果，为其他茶叶所不及。

青茶：又名乌龙茶，属于半发酵茶，兼具绿茶的清香和红茶的浓郁，茶叶冲泡后叶片中间呈绿色，叶缘有明显的红边，因此有"绿叶红镶边"的美称。除了具有一般茶叶提神消疲、生津利尿、解暑防热、杀菌消炎等保健功能外，还突出表现在防癌、降血脂、抗衰老等特殊功效。

红茶：属于全发酵茶，是六大茶类中茶多酚氧化聚合程度最深的茶类。红茶中的多酚类化合物具有消炎的效果，能吸附重金属和生物碱，具有舒张血管、强壮骨骼、抗氧化、延缓衰老、养胃护胃、抗癌等功效。

黑茶：属于后发酵茶，是我国特有的茶类。对主食牛、羊肉和奶酪，饮食中缺少蔬菜和水果的西北地区的居民而言，是人体必需矿物质和各种维生素的重要来源，因此又称作"生命之茶"。黑茶具有显著的降低血脂和提高血液中过氧化物活性的作用。不仅含有丰富的抗氧化物质如儿茶素、类黄酮、维生素 C、维生素 E、β-胡萝卜素等，还含有大量的具抗氧化作用的微量元素，如锌、锰、铜和硒等可抗氧化延缓衰老，对肿瘤细胞具有明显的抑制作用。

专家 Q&A

俞元宵：国家茶艺师职业资格考试考评员，高级评茶员，"玄元茶悟——茶文化体验馆"创办人，"旅游卫视，城市惠生活栏目"特邀茶文化老师，曾出版《茶叶鉴赏与购买指南》。

Q：季节的变换对饮茶有影响吗？主要表现在哪些方面？

A：当然有。春天气候转暖，万物生发，可饮用高香气的茶品，如花茶、轻发酵的乌龙茶、老白茶等；夏天暑热，适合饮用偏凉性的茶，如绿茶、黄茶、白茶祛暑；秋天气候逐渐转凉，可饮用发酵适中的乌龙茶，如广东的凤凰单枞茶；冬天寒冷，可以饮用发酵度偏高，茶性温和的茶品，如红茶类、发酵度高的乌龙茶，还有普洱熟茶或者一些老茶。另外，还应该根据不同地域的气候和饮食方式来选择适合的茶品。

Q：茶适合所有人吗？什么样的人不适合饮茶？

A：喝茶因人而异，应科学地选茶和品茶。脾胃虚弱、神经衰弱的人可以品饮发酵度高、茶性温的茶，比如普洱熟茶。对咖啡碱敏感的人，可尽量选择低温冲泡，减少茶叶中咖啡碱的渗出率；处于生理时期的女性也应少饮茶，对于孕妇和儿童，尽可能不要喝浓茶，可饮用淡茶。

Q：什么样的饮茶习惯对健康有害？

A：空腹喝茶，饭后立即饮茶，喝隔夜茶，喝特别浓的茶，喝冲泡次数过多的茶都于健康有碍。

Q：一天中不同的时间段对饮茶有影响吗？什么时间喝茶对身体比较好？

A：对于体质差、肠胃虚弱的人来说，要注意要避开空腹状态下喝茶、饭前饭后饮茶。尽可能选择在下午喝茶，既可提神，又不会影响睡眠。对于神经衰弱，对咖啡碱比较敏感的人而言，尽量不要在入睡前喝茶。

Q：水温对茶的影响如何？过高的水温是否会破坏茶的有效成分吗？

A：要泡好一壶好茶，重要的是能够熟练驾驭茶性，而水温的掌控是关键。宋代蔡襄在《茶录》中说："候汤最难，未熟则茶浮，过熟则茶沉。"候汤指的就是烧水煮茶。

品茗时我们喝到的鲜爽的感觉主要来自于氨基酸，苦味主要来自于咖啡碱的作用，而涩感主要是由于茶多酚的影响，而这些物质的溶解程度与水温有很大的关系，氨基酸可溶于水，对水温没有要求，而咖啡碱和茶多酚的溶出率随着水温增高而加快。

对于高级绿茶、黄茶，特别是芽叶细嫩的茶品，水温上要掌握在80~90℃，如果水温过高，茶汤容易发黄，滋味较苦，维生素C会大量破坏，而对于像日本的玉露茶，冲泡水温就更低了，要求在50~60℃为佳。对于发酵度偏高的茶而言，譬如乌龙茶、普洱茶，因其芳香类物质的释放沸点较高，我们则需要用沸水来冲泡，特别针对于一些老茶，还要尽可能可以选择铁壶这样的煮水器来确保水温。

Q：北京水质偏硬，对泡茶是否有影响？

A：水为茶之母，明代张大复在《梅花草堂笔谈》中曾提到："茶性必发于水，八分之茶，遇十分之水，茶亦十分矣；八分之水，试十分之茶，茶只八分耳。"水质会直接影响茶汤品质。一般不建议用北京自来水来泡茶，偏硬的水泡茶会使得茶汤颜色变的暗沉，香气减弱，口感趋于平淡。

Q：怎样贮藏最能保持茶叶的有效成分和风味？

A：温度、水分、氧气、光照都会影响茶的成分和风味。对于发酵度很轻的茶，或者不发酵的茶，比如黄茶、绿茶，还有像乌龙茶中的台湾高山乌龙、闽南乌龙、漳平水仙等都应该做到低温贮藏。其他茶品则常温下贮藏就可以，比如茉莉花茶，如果在低温下贮藏则会降低香气。茶品在贮藏时应做到避光、密封，放置在干燥无异味的地方。而对于像黑茶这样的后发酵茶，则需做到避光、无异味、相对干燥的地方进行贮藏。

BOX：中国名茶知多少

1. 西湖龙井

被称为中国第一名茶，产于浙江省杭州市西湖周围的狮峰、龙井、五云山、虎跑一带。历史上分为"狮、龙、云、虎、梅"5个产地，其中以"狮"最佳。

2. 洞庭碧螺春

产于江苏省苏州市太湖洞庭山。条索纤细，卷曲成螺，满披茸毛，色泽碧绿，故名"碧螺春"。

3. 祁门红茶

产于安徽省西南部黄山支脉区的祁门县一带。祁红外形条索紧细匀整，锋苗秀丽，色泽乌润，俗称"宝光"。

4. 君山银针

中国著名黄茶之一。产于湖南岳阳县洞庭湖中青螺岛。其特点为冲泡后三起三落，如雀舌含珠，美不胜收。

5. 黄山毛峰

产于安徽省黄山。茶芽状如雀舌，格外肥壮，柔软细嫩，叶片肥厚，经久耐泡，香气馥郁，为茶中的上品。

6. 安溪铁观音

安溪铁观音茶产于福建省安溪县。其茶叶条索紧结，色泽乌润砂绿，冲泡后有天然兰花香，滋味浓纯。

7. 信阳毛尖

产自河南省信阳车云山，集云山、天云山、云雾山、震雷山等群山中，素来以"细、圆、光、直、多白毫、香高、味浓、汤色绿"的独特风格而著称。

8. 都匀毛尖

又名细毛尖、白毛尖。因形似鱼钩和雀舌，又称为鱼钩茶和雀舌茶，乃茶中珍品。

9. 六安瓜片

产于皖西大别山茶区，其中以六安、金寨、霍山最佳，每年春季采摘，成茶呈瓜子形，因而得名。

注：本文中部分内容源自《2011—2012茶叶鉴赏与购买指南》。

葡萄酒，会喝才健康

1. 导语

说法国人会吃，大概没人会有异议。看看他们的菜单：牛排、羊羔肉、海鲜，甚至鹅肝、鸭肝、牛肝、奶油、芝士等高脂肪高胆固醇食物层出不穷。更不用说还有举世闻名的甜点马卡龙，吃过的人都知道：那里面一大半都是糖！然而，据调查显示，法国人罹患心血管疾病比例却相当的低。这和他们酷爱葡萄酒的习惯不无关系。下面就为你揭开，葡萄酒，要怎么喝才健康。

2. 心血管病？别以为你还年轻

据北京市心血管病发病率监测系统发现：2007~2009 年，北京市心血管疾病例数上升了 18.5%，发病率上升了 13.4%。而且患者有越来越低龄化的趋势。2012 年 7 月和 2011 年 9 月，杭州和武汉分别有两位淘宝店主，在连续几天通宵熬夜后，于睡梦中死于心力衰竭，一位 27 岁，另一位年仅 24 岁。另外，据专家介绍，从医院现在的急诊情况来看，约有七成猝死者因心脏病引起。可以说，由于过度疲劳和长期不良生活习惯，使得心血管疾病的突发在年轻人群中已经不再是个案。

3. 护卫心血管的生力军团

据调查显示，每天喝 2~3 杯葡萄酒的人比起不喝葡萄酒的人，罹患心脏病和癌症比例低很多，而且更为长寿。这是为什么呢？因为红葡萄酒中富含单宁和白藜芦醇，都是非常强效的抗氧化物质，可以有效清除身体里的氢氧自由基，保持身体活力和健康。白藜芦醇是一类寡聚原花青素，对于促进血液循环有特别的作用，既可以增进血管壁的完整性，又能促进毛细血管的循环。不但如此，红葡萄酒还能有效降低胆固醇，防治动脉粥样硬化。另外，红葡萄酒中的多酚物质，还能抑制血小板的凝集，防止血栓形成。

4. 葡萄酒，历史到底有多久

距今 6000 年，黑海与里海间的外高加索地区，就有人类种植和酿造葡萄酒的记载。5000 多年前，葡萄酒传到两河流域和埃及，并在公元前2500 年传到了爱琴海，然后再由腓尼基人和希腊人带往地中海沿岸及西欧。

公元前 3000 多年，苏美尔人用人工灌溉的方式开辟葡萄园并酿造葡萄酒。后在埃及尼罗河三角洲，发展出更繁复的葡萄酒酿造技术，当时的葡萄酒相当珍贵，是神和贵族阶级享用的饮料。

公元前 4000 多年，葡萄酒的酿造技术自埃及传入希腊。当时，葡萄的种植遍及希腊及爱琴海诸岛，葡萄酒成为重要的贸易商品，被迅速传到黑海沿岸及地中海西部。北非、西西里、意大利南部、法国南部等地都开始种植葡萄酿酒。而后，罗马军团更将葡萄传播到欧洲各地。现在欧洲主要的葡萄园，很多都是在罗马时代建立的。

在西罗马帝国灭亡之后，基督教会的力量维系了葡萄园的建立和葡萄酒的发展。许多教会都拥有葡萄园，葡萄的种植与酿造成为教会工作的一部分，而后基督教的北传，促成了葡萄酒在欧洲寒冷区域的发展。

伴随着新大陆的开拓，欧洲的葡萄种植很快传播到各地，16 世纪中期，在墨西哥及南美阿根廷等地就有葡萄酒的生产。18 世纪，美国加州和澳洲开始酿造和生产葡萄酒。

现在，欧洲以外的葡萄酒产国被统称为新世界葡萄酒产国，近 20 年来，品质和产量都有惊人的增长，新世界葡萄酒风格明快爽朗，与欧洲古典保守的风格的形成了鲜明的对比。

5. 了解葡萄酒要先从葡萄开始

成熟后的葡萄串是葡萄酒的主要原料，葡萄各部分所含成分不同，在酿造过程中也各自扮演不同角色。葡萄一般在 6 月结果，果实成熟需要 100 天的时间。在此过程中，葡萄体积变大，糖分增加，酸味降低，花青素和单宁等酚类物质增加使葡萄皮变厚，颜色增加。葡萄成熟后，潜在的香味经过酒精发酵后即可散发出来。

6. 葡萄梗

含有丰富的单宁，但涩味较重，较为粗糙。通常在酿造之前会先经过去梗的步骤。部分酒厂为了加强酒的单宁的含量会加进葡萄梗一起发酵。

7. 葡萄籽

含有大量单宁及油脂，但是所含单宁相当粗涩，而油脂又会破坏酒的品质，所以在酿造过程中，必须避免弄破葡萄籽，以免影响酒的品质。

8. 葡萄皮

仅占葡萄的 1/10，但是对酒的品质影响相当大，葡萄皮除了含有丰富的纤维素和果胶，还含有单宁和香味物质。另外，黑葡萄皮还富含花青素，是红酒颜色的主要来源。葡萄皮越厚，所制成的葡萄酒越坚实浓郁。葡萄皮中的单宁较为细腻，是葡萄酒口感构成的重要因素。葡萄的香味物质位于皮的下方，分为挥发性的香和非挥发性的香。葡萄外皮上的白色果粉里含有酵母菌，可让葡萄自行进行发酵。

9. 果肉

占葡萄80%的重量，相对食用葡萄而言，酿酒葡萄更为多汁。果肉主要成分为水分、糖分、有机酸和矿物质。其中糖分是酒精发酵的主要成分，包括葡萄糖和果糖，有机酸则以酒石酸、乳酸、柠檬酸和苹果酸为主，矿物质中以钾的含量最多。

10. 单宁到底有多重要

单宁的存在是区分红葡萄酒和白葡萄酒重要标志之一。

单宁（Tannin）是一种酸性物质，主要源于葡萄皮和葡萄籽。单宁是红葡萄酒的灵魂，主要作用有：为葡萄酒建立"骨架"，使酒体结构稳定、坚实丰满；有效地聚合稳定色素物质，赋予葡萄酒完美和鲜活的颜色；和酒液中的其他物质发生反应形成新的物质，增加葡萄酒的复杂性。红葡萄酒是要保留葡萄皮发酵的，在发酵过程中，酒液还会从橡木中汲取一定的单宁物质。

单宁具有抗氧化作用，可以有效避免葡萄酒因为被氧化而变酸，使长期贮存的葡萄酒能够保持最佳状态，并且对于红葡萄酒的陈年品质具有决定性的作用。

11. 葡萄酒种类知多少

一般分为气泡葡萄酒及不起泡葡萄酒两大类。气泡葡萄酒以香槟为代表。不起泡葡萄酒又分白酒、红酒及玫瑰红酒三种；另外，添加白兰地的雪莉酒；加入草根、树皮，采传统药酒酿造法制成的苦艾酒，都是葡萄酒的同类品。

葡萄采摘酿造过程依次为：香槟—白葡萄酒—桃红葡萄酒—红葡萄酒—晚摘甜酒。

12. 香槟

传统香槟酒是采用主发酵后的干白葡萄酒加糖、酵母，再装瓶，在瓶中进行二次发酵制成。现在法律规定，只有巴黎东北部的 REIMS 和 EPERNAY 地方出产的，才能称为香槟酒，其他国家和地区生产的同类品统称为气泡酒。

13. 白葡萄酒

用霞多丽、雷司令等白葡萄或者红葡萄去皮榨汁后发酵酿制而成，色淡黄或金黄。和红葡萄酒相比，白葡萄酒没有浸皮这一道工序或者浸皮时间特别短暂，在破皮去梗后马上榨汁。由于葡萄酒中的单宁和花青素主要来自葡萄皮，因此和红葡萄酒相比，白葡萄单宁含量很低，几乎忽略不计。主要成分除了葡萄果汁和酒精外，有糖、醇类、有机酸、矿物质、维生素等。

14. 红葡萄酒

用赤霞珠、黑皮诺等红葡萄经过破皮、去梗、浸皮、浓缩、发酵、榨汁、调配、换桶等一系列工序酿制而成，色泽暗红浓郁。主要成分为葡萄果汁、酒精、酒酸、果酸、矿物质和单宁酸。

15. 粉红葡萄酒

酿造法和口感比较接近白葡萄酒，用黑葡萄直接榨汁或者经过短暂的浸皮，很少经过橡木桶。少部分的粉红葡萄酒用红葡萄酒和白葡萄酒混合而成，色泽通透，从浅红到深粉红不一。

16. 晚摘甜酒

在葡萄正常成熟后，仍然留在树枝上，经过一段时间之后，果实进一步完成了糖分的积累，形成特殊香气，才进行采收、酿造的葡萄酒。这种葡萄酒在达到正常酒精度（12度左右）的同时，仍然可以保留超过100g/L的糖分，香气浓郁、酸甜适口。这种类型的甜葡萄酒在标签上注明"晚摘收"或者"迟采收"葡萄酒（英语称为"late harvest"，法语称为"vendange tartive"）。

17. 加烈葡萄酒

加烈葡萄酒种类很多，红白葡萄酒都有。酿造法比较多元。酒精含量比一般葡萄酒高，以甜型居多，常采用非常成熟的葡萄酿造。

18. 葡萄酒的作用

（1）舒缓情绪

适量的葡萄酒可对神经运动中枢起作用，给人以舒适、愉快的感觉。

因此，对于那些精神焦虑或神经官能症折磨的人，饮用少量的葡萄酒可平息焦虑的心情。此外，葡萄酒中的维生素 B_1，能消除疲劳安定情绪。

（2）帮助消化

一般而言，60~100g 葡萄酒，可以使正常胃液的分泌量提高。另外，葡萄酒有利于蛋白质的同化，葡萄酒中含有的单宁，可以增加肠道肌肉系统中的平滑肌纤维的收缩性。因此，葡萄酒可以调整结肠的功能，对结肠炎有一定的疗效。另外，甜白葡萄酒含有山梨酸钾，有助于胆汁和胰腺的分泌。

（3）延缓衰老

红葡萄酒中含有较多的抗氧化剂，如酚化物、鞣酸、黄酮类物质、维生素 C、维生素 E 和微量元素硒、锌、锰等，能消除或对抗氧自由基，所以具有抗老防病的作用。

（4）预防心脑血管病

红葡萄酒能升高血液中高密度脂蛋白（HDL），而 HDL 的作用是将胆固醇从肝外组织转运到肝脏进行代谢，所以能有效的降低血胆固醇，防治动脉粥样硬化。不仅如此，红葡萄酒中的多酚物质，还能抑制血小板的凝集，防止血栓形成。虽然白酒也有抗血小板凝集作用，但几个小时之后会出现"反跳"，使血小板凝集比饮酒前更加亢进，而红葡萄酒则无此反跳现象，在饮用18h之后仍能持续的抑制血小板凝集。

（5）预防癌症

葡萄皮中含有的白藜芦醇，具有很强的抗癌性能，可以防止正常细胞癌变，使得癌细胞丧失活动能力，抑制癌细胞的扩散。在各种葡萄酒中，以红葡萄酒中白藜芦醇的含量最高。

（6）美容养颜

由于葡萄酒具有软化血管的作用，促使身体各部位的气血供应充足，此外，红葡萄酒中具有良好的抗氧化作用的多酚和寡糖，还能直接保护肌肤，促进肌肤的新陈代谢，防止皱纹的形成、皮肤松弛、脂肪堆积等，促使肌肤红润、紧致、富有弹性。

（7）预防老年痴呆

法国的一个研究小组，对 3727 名 65 岁以上的老人的多年追踪调查结果表明，每天喝3~4杯干红葡萄酒的人，其阿兹海默氏症的发病率仅为滴酒不沾的人的1/4，而老年痴呆症（含阿兹海默氏症）的发病率则更低，仅为1/5。所以，每天饮用适量的干红葡萄酒，可有效地防止阿兹海默氏症和痴呆症。

19. 如何合理饮用葡萄酒

（1）最理想饮用品类

由于红酒是带皮发酵，所以富含单宁、花青素及矿物质等营养物质，相对来说更全面，具有良好的抗氧化作用和预防心血管疾病的功能。

（2）最佳饮用量

世界卫生组织建议，对于健康人体来说，葡萄酒的饮用量每天控制在半瓶之内，男性3杯（约120mL），女性2杯（约100mL），是合理饮用范围。

（3）最佳饮酒时间

晚7：00~9：30，这段时间人体肝脏中乙醇脱氢酶的活性升高，酒精更容易被代谢掉。之后时间越晚，肝脏的解酒能力越低。

（4）减少空腹饮酒

边进餐边喝酒，有利于葡萄酒抗氧化功能的充分发挥，还能减少人体对酒精的吸收，血液中的酒精浓度可比空腹饮用时减少一半左右。从酒精的代谢规律看，最佳佐菜当推高蛋白和含维生素多的食物。

（5）喝酒不忘喝水

有饮酒习惯的人，将每天喝水量保持在1~1.5L左右，可使酒精代谢加速，尽快排出体外。

（6）根据自身状况选酒

对于有肥胖倾向的人和糖尿病患者，不要选择含有糖分的甜酒或气泡。尽量选用干红或者干白饮用。另外，对于肝功能不好的人来说，不要选择烈性葡萄酒或尽量选择度数低的葡萄酒适量饮用。此外，身体有湿气的人一定要控制酒量，因为过多酒精会引起水分在身体滞留，加重湿气。

专家 Q&A

梁竞志，葡萄酒讲师，葡萄酒专栏作家，《酒尚》杂志酒品顾问。

WSET3 认证

参加 2011 年、2012 年两届中国最佳法国酒侍酒师大赛进入决赛，西班牙赫雷斯产区雪莉酒认证讲师。

葡萄酒专业杂志专栏作家。

Q：温度、时间或季节的变化对于葡萄酒品尝是否有影响？

A：温度肯定是有影响的。不同的温度下，葡萄酒的香气分子挥发程度及酸度的感觉会有很多不同。所以，我们常说葡萄酒要注意适饮温度。从时间来讲，早上 10：00 左右的味觉和嗅觉最好。季节不会对葡萄酒本身产生明显的影响。但是对于饮用的人来说，比如冬天大家喜欢喝的暖和一些，如干红、甜红等；而在夏季，一杯冰镇后的干白则相当不错。

Q：为何雨水较多的年份会对红酒品质造成影响？有没有某些公认的年份是认为不适合购买的？

A：葡萄的生长离不开土壤和水分，雨水对葡萄酒影响是存在的，但要看什么时间下，下多少，这个影响也许是正向积极的也许是有害的。这里还涉及很多其他因素，不能一概而论。年份在每一个小地区都是有差异的。所以了解一个小产区每个年份的状况可以增加对这个产区的了解，但是没有什么年份是完全不适合购买的。每一个年份都独一无二，所以只有好年份和经典年份的差别。

Q：什么体质的人是不适合喝葡萄酒的？

A：对酒精过敏体质，或者肝功能比较差的人，对酒精代谢不良的人都不适合喝葡萄酒。另外对于糖尿病患者，含有糖分的甜白、气泡、甜红明显也是不合适的。

Q：请问怎样判断一瓶葡萄酒的品质？

A：品质是一个很复杂的构成，包括物理特性和感观特性。就专业角度来说，鉴定葡萄酒要通过色泽是否清澈，带有光芒。从香气来说，平衡度是否好，主要是酒精的感觉是否明显，如果酒精感觉明显，证明葡萄酒的平衡度不好。从口感上来说，要看口感是否顺滑。

Q：葡萄酒的品质和对人体的益处是否有直接关联？

A：葡萄酒的健康因素存在于酒中的多酚类成分、花色苷以及白藜芦醇等。完全由葡萄酿造的葡萄酒都含有这些成分，与品质的关系不大。品质更多体现在饮用的享受度上。

Q：如何贮存才能保持葡萄酒的最佳状态？

A：合理的温度（12~14℃），合理的湿度（70%~85%），横放，避光，减少震动，环境没有异味就可以了。

Q：俗话说"酒越陈越香"。葡萄酒贮存的年份是不是越久越好，为什么？

A：葡萄酒并非越陈年越好，但高品质的葡萄酒一定具有陈年力。年份条件的好坏决定了葡萄酒是否具有陈年能力。如果这个年份多雨潮湿，葡萄皮薄和水多，这样年份的酒一般是快熟而不能陈年。炎热干旱的年份，葡萄皮厚，酿成的酒单宁较强，陈年能力就比较好。好的年份条件造就可陈年的高品质葡萄酒。最佳适饮期才是葡萄酒合理的储存期限。

Q：对于红酒来说，是否单宁含量越高酒越醇？

A：单宁不足的葡萄酒发育不良，通常表现为质地轻薄，索然无味。但是单宁含量与红葡萄酒的质量并不成正比，并不是说单宁含量越高，葡萄酒就越好。一杯好的葡萄酒，应该是酒精、酸以及单宁相互协调和平衡的结果。

Q：传统上习惯用红酒配红肉，在健康上有无道理？

A：单宁强劲的红葡萄酒特别适合为油腻的高蛋白物质（比如牛排、干酪、烧鹅、烤鸭、红烧肉等）来佐餐。因为单宁分子带有负电荷，蛋白分子带有正电荷，当红酒的单宁分子负电荷遭遇牛排的蛋白正电荷，单宁就会化解油腻，并且使得口感迅速软化柔顺，这种化学反应会使人的口腔产生十分舒适和愉悦的感觉。

推荐几款性价比较高的葡萄酒：

法国乔治村城堡中级酒庄干红葡萄酒

法国当歌城堡干红葡萄酒

法国嘉娃酒庄琴歌桃红葡萄酒

法国雅乐园传统系列干红葡萄酒

阿根廷埃塔弥思科酒庄的赛尔巴马贝克干红葡萄酒

汝卡玛伦酒庄的雅坤马贝克赤霞珠

赛尔巴的维欧尼干白葡萄酒

汝卡玛伦酒庄的雅坤特浓情干白葡萄

PM2.5，你的肺还能扛多久

1. 导语

2012 年北京的秋天可谓"史上最悲催秋天"。几乎有一半的日子都处于阴霾笼罩中。据说，空气污染指数已经超出了所能测量的范围。在北京，6 年来肺癌一直高居各种癌症之首，因为出现灰霾严重的年份之后7 年，就会有一个肺癌高发期。曾有这样的例子，一位生活在空气污染环境中，年仅 32 岁的男人，在医院检查的时候，发现自己的肺龄居然高达54 岁！肺龄越高就代表肺部功能越差，出现病变的可能性也就越大。"

中医有言："肺为娇脏"，肺在五脏中直接与外界相通，因此最易受环境因素的影响。现在生活在北京的灰色天空下，空气污染每每突破临界点，我们的肺还能扛多久？该如何好好养护自己的肺？得从了解自己的肺，了解空气污染对肺的影响开始。

2. 空气污染知多少

大气中主要的污染物概括起来可分为两类，颗粒状污染物和有害气体。悬浮在空气中的粒径小于 $100\mu m$ 的颗粒物通称为悬浮颗粒物，PM10 是指粒径小于 $10\mu m$ 的可吸入颗粒物。PM2.5 是指直径小于等于 $2.5\mu m$ 的可入肺颗粒物。PM2.5 相对 PM10 危害更大，因为 PM2.5 能吸附大量有害物质穿过鼻腔中的鼻纤毛，进入血液和肺泡，对呼吸系统和心血管造成伤害。目前已有科学数据证明，PM2.5 与肺癌、哮喘等疾病密切相关。世界卫生组织认为，PM2.5 小于 10 才是安全值。

有害气体是指氮氧化物和二氧化硫等，主要来自煤和石油燃烧的废气以及汽车尾气。对人体最突出的危害是刺激上呼吸道黏膜等呼吸器官和眼睛，引起急性和慢性中毒。

3. 室内空气干净吗

答案可能令你大吃一惊。室内的空气污染要比室外要高出 2~5 倍。这些污染粒子可引发过敏及其他呼吸道疾病甚至癌症，主要分为3大类。

生物性污染：人体代谢散发出的病原菌及体内废物；脱落的细胞；隐藏在地毯里的尘螨。

化学性污染：日常生活中使用的化学产品，以及室内装修使用的各种涂料材料及家具等，都会散发出酚、甲醛等有害物质，被国际癌症研究所列为可疑致癌物质。

燃烧性污染：厨房油烟是室内空气的隐形杀手，厨房油烟导致突变性和高温食用油氧化分解的致变物可引发肺癌。

4.肺的生理特性

肺位于胸腔，居横隔之上，分为左右两肺，上连气道，与喉相通，是一个质地疏松、内里含气的器官。人的肺脏分左、右两部分，分别占据左、右胸腔的绝大部分体积。从解剖角度，右肺可以分为上、中、下三叶，左肺仅有上、下两叶。每个肺叶都有独立的支气管和血液供应，结构和功能均相对独立。在纤维结构上，肺主要由海绵样组织构成，具有非常大的内表面，这些内表面就是气体交换的场所。

中医认为，肺与大肠、皮毛、鼻等构成肺系统，与四时之秋相呼应，在五行，属金。肺主气，司呼吸。主一身之表，外合皮毛，助心行血，通调水道，主治节。肺主气是指肺主呼吸和主一身之气，调节气机，肺气顺则五脏六腑之气皆顺，新陈代谢就能正常运行。人体血液的运行、津液的输送和分布均有赖于肺呼吸运动的均匀和协调才能维持正常的生理功能。此外，手太阴肺经与手阳明大肠经相互络属于肺与大肠，故肺与大肠相为表里。

（1）肺为娇脏

肺叶娇嫩，不耐寒热，故有"肺为娇脏"之说。在五脏中，肺是最易受外界环境因素影响的脏器，外界的风、寒、暑、湿、燥、火等风寒邪气侵袭人体的时候，首当其冲的往往是肺。因为肺通过气管、喉、口鼻直接与外界相通，位于胸腔，在五脏六腑之中居位最高，覆盖心和诸脏腑为脏腑之外卫。肺部发病初期多见发热、恶寒、咳嗽、鼻塞等肺卫失调的症状。

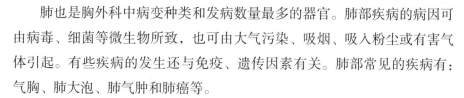

肺也是胸外科中病变种类和发病数量最多的器官。肺部疾病的病因可由病毒、细菌等微生物所致，也可由大气污染、吸烟、吸入粉尘或有害气体引起。有些疾病的发生还与免疫、遗传因素有关。肺部常见的疾病有：气胸、肺大泡、肺气肿和肺癌等。

（2）养肺有道

气能养肺：肺本性喜清肃而恶燥邪，所以要想使肺保持健康，就要保持吸入空气的洁净且有一定湿度。吸烟的人要戒烟，不要在人多空气污浊的地方多做逗留。有条件的话可以经常到草木茂盛、空气新鲜的地方做做深呼吸。在室内，可选择合适的空气净化器净化湿润空气。

志能养肺：肺属金，在志为悲。因而在秋天常有"悲秋"之说。情志的悲伤容易伤及肺脉，肺病患者也易悲伤。心属火，笑为心声，经常开怀大笑能克制肺金的悲忧。同时增大肺活量，有助于宣发肺气，有利于人体气机的升降。

动能养肺：适当运动，可以增进心肺的功能。不同的人群可根据自身条件选择合适的运动，以激发锻炼人体的御寒能力，预防感冒的发生。

食能养肺：中医讲究药食同源，因此可以通过食疗来养肺。口、鼻、皮肤干燥的人群，也可以多吃养肺的食物达到肺部保健的目的。

专家 Q&A

唐忻，台湾籍中医师，精通中西医治疗，擅长内分泌及妇科调理，对于针灸、方剂、推拿、拔罐均有一定造诣。

Q：中医上说肺与大肠相表里，所以肺与肠道的病会相互影响吗？比如便秘有没有可能是肺气不足所引发？

A：肺主气，气能运化，故能帮助大肠传化与肺通调水道，濡润大肠排出糟粕，所以肺气不通则腑气（大肠）不利，所以感冒时肺气壅闭则造成便秘，而便秘时肺有可能出现胸闷、咳嗽等症。肺气不足或者不通以及肺阴虚都可能是造成便秘的原因。

Q：肺主皮毛是什么意思？肺的健康状况真的会影响皮肤吗？

A：肺将脾吸收的能量和津液以及形成的防卫之气，布散到全身及皮毛。肺的宣发也管理着汗孔的开闭，汗孔又称气门。因此，肺气闭塞会影响排汗与排毒，气门不能闭合则易受外界邪气侵袭而致病。

Q：空气情况不佳，对健康影响有多大？有没有办法避免？哪些生活习惯对肺特别不好？都容易引起哪些肺部疾病？

A：吸入污染空气或粉尘易产生吸入性肺炎、矽肺病。因此，空气污染严重时外出应配带口罩，气候或季节偏干燥时应注意肺部滋养与保健。另外，以下生活习惯对肺特别不好。

吃辣：易引起干咳、便秘、皮肤干痒。

吸烟：易引起肺炎、肺癌、干咳、慢性咽炎、易诱发成人呼吸窘迫症。

贪凉饮冷：易引起肺气肿、过敏、哮喘。

Q：肺部疾病会不会影响到其他脏器？

A：从脏腑表里关系来看，肺与大肠有关；从五行相生相克角度来看，脾、肾、心都与肺有相互影响的关系，从而造成他脏的疾病。比如西医中经常遇到心肺功能衰竭的情况；心脏出现问题会影响肺循环，或肺部换气率有问题，造成血液中氧含量较低，增加心脏负担。

Q：经常吃那些食物可以清肺养肺？

A：像食物中甘蔗、秋梨、百合、蜂蜜、萝卜、银耳，中药的南沙参、北沙参、麦冬、五味子、冬虫夏草、川贝、燕窝等，都有滋养润肺的功能。

Q：除了食疗之外，有没有什么外在方式可以帮助养肺？

A：一般的运动只能增加肺活量，但是古代中医的养生运动，如太极拳、五禽戏，有些动作对保健肺部更有针对性。太极拳、五禽戏也可以增加肺活量，但是需要长期运动，持之以恒。

唐医师养肺菜谱

川贝冰糖炖雪梨

材料：川贝 10g、冰糖 12~15g、雪梨或丰水梨一个（可适量加入百合或枸杞）。

做法：（1）将梨洗净，不去皮。对半切后，将核挖去。

（2）将梨放入碗中，把冰糖及川贝或配料一并置入梨子被挖去核的凹洞中，加入少许纯水盖过川贝。

（3）将碗置入蒸锅或电锅中加水蒸煮，大火煮开后转小火慢炖一小时即可食用。

双参麦冬鸡

材料：乌鸡一只、西洋参 6g、鲜沙参 15~20g、麦冬 10g、姜片 5~6 片。

做法：（1）将乌鸡、鲜沙参等材料洗净备用。

（2）在锅中至入少许香（麻）油爆香姜片至微黄。

（3）将乌鸡、西洋参、鲜沙参、麦冬等置入锅中并加水，水盖过鸡肉（依个人喜好调整水量）。可用高压锅或电子压力锅炖煮。

（4）自压力锅取出后，置于锅中再以明火慢火炖煮 40~60min，炖煮时适量加入盐及料酒，时间到关火即可食用。

燕窝银耳羹

材料：燕盏 1 片、干银耳 2~3g、冰糖 6~8g、桂花酱 2~3g。

做法：（1）将燕盏与银耳分装两碗加水发泡，燕盏发泡约 40~60min，银耳发泡约 2h。

（2）燕盏及发泡的水一起保留，将银耳取出与冰糖、桂花酱一起加入燕盏碗中，适量补充水位后置入蒸锅或电锅中蒸煮。

（3）慢火蒸煮约 1h 后，即可关火取出食用。

BOX：如何挑选空气净化器？

空气净化器是用来净化室内空气的小型家电，主要解决由于装修或者其他原因导致的室内空气污染问题。由于室内空气中污染物的释放具有持久性和不确定性，因此，使用空气净化器是国际公认的改善室内空气质量的方法。每个人的生活环境和使用状况不同，所以学会挑选适合自己的空气净化器很重要。

明确净化目的：比如新装修家庭应选择去甲醛功能，开车的人应选择车载空气净化器。过敏性人群和哮喘患者则更应注重产品的固态污染物净化效能等。

选择合理净化面积：盲目追求适用面积大的产品反而会造成耗电量的增加和滤网寿命下降，应根据自己需要的使用面积进行合理选择。

洁净风量值（CADR）：利用 CADR 值，可评估空气净化器在运行一定时间后去除室内空气污染物的效果。数值越高，则表示净化效能越高。

噪音值（dB）：好的空气净化器即使在高速运转情况下，依然能保持静音效果。

想要养生，先看体质

1. 导语

有些人三伏天还得穿秋裤，有些人三九严寒却只用 T 恤套大棉袄；有些人适合游泳跑步，有些人却只能太极拳或瑜伽。同样一味药材对有人是大补，有人吃了可能得进医院。这是为什么？说到底，还是和个人体质有关。下面讲述各种体质以及对应养生方法。

2. 不靠谱的养生"秘方"

现在的人越来越注重自己的健康，从好的方面说，这是观念进步的表现，从坏的方面说，想养生却不得其法，效果可能适得其反。今天听说红薯减肥，就顿顿吃红薯，明天听说粗粮健康，就开始熬棒碴粥，听说水果养颜，于是又买一大堆水果变着法吃。更不用说曾经流行过的什么"绿豆养生"和"泥鳅养生"等偏方。结果呢，时间和金钱浪费了不说，效果却不佳。归根到底，还是因为个人情况不一样，所谓一种药医百样人的神话是不存在的。

3. 想养对，观念先要对

中医对于健康的观念向来是养生和治疗并重，所谓"不治已病治未病"，在疾病还没有出现或者刚刚表现出有疾病倾向的时候，换句话说：刚刚表现出偏颇体质的时候，就进行养生调理，从而保证人体的阴阳平衡、新陈代谢的正常进行。所以想要正确养生，就得先知道自己是哪种体质。

4. 体质是什么

中医认为，体质是人体在先天禀赋和后天调养的基础上所形成的形态结构、生理机能以及心理状态方面等固有特性。传统的中医将人的体质划分为 9 种类型：分别为阴阳平和型、阴虚内热型、阳虚外寒型、气虚无力型、血虚风燥型、痰湿困脾型、湿热内蕴型、气滞血瘀型、气滞抑郁型。除了阴阳平和型外，其他都属不太健康的偏颇体质。

（1）阴虚内热型

阴虚是都市女性的常见症候，熬夜、食物辛辣、情绪压抑都会导致阴虚。中医认为，阴虚就是体内阴气阴液不足，各个器官缺乏阴液的滋养，从而表现出手脚发热，身体消瘦，皮肤干燥，心烦失眠等症状。阴虚之人经常上火，如果任其发展可能会引起口腔溃疡、失眠等症，甚至有可能得肺结核、肿瘤疾病。

症状：形体消瘦、皮肤无华、手脚发热以及头晕、易热、心烦、失眠。

（2）阳虚外寒型

和阴虚体质刚好相反，是由体内阳气不足所造成的，往往表现身体发冷、精神不振，如果任其发展，可能导致高血脂、肥胖、慢性炎症等多种疾病。

症状：畏寒怕冷，尿频夜尿多，容易腹泻，性欲减退，腰腿容易酸痛。

TIPS：减肥导致阳虚，长期服用减肥的药物，因为药物使用了很多峻下逐水的药物，如番泻叶决明子，即使人本身没有病，也会导致体质向阳虚体质转化，因为这些药物发挥作用是以阳气耗损为代价的。

（3）气虚无力型

中医认为，元气是人体根本，"气聚则生、气壮则康、气衰则弱、气散则亡"，气虚者体内元气严重不足，身体虚弱，外表羸弱，长受感冒困扰，甚至可能还有一些慢性炎症。气虚体质的调理，也应从饮食、药物、精神、经络等方面着手。尤其是饮食、药物方面，应多多进补。

症状：爱出汗，容易气短，面色萎黄，口唇色淡，容易疲劳，体型瘦弱或虚胖。

（4）血虚风燥型

血虚体质是由体内供血不足导致的，身体器官得不到血液提供的足够营养，从而表现出多种不适，如皮肤发痒、气色差、干燥等。营养不良、过度思虑、多度劳累等都可能导致血虚。调理血虚的关键在于补血，多吃一些益气补血、含铁较高的食物。另外，可以通过经络进行调养。

症状：头发稀疏，皮肤干燥，气色苍白，指甲无血色，舌淡苔少，眼睛干燥，大便干结，手足发冷，心悸失眠，多梦健忘。

（5）痰湿困脾型

"百病皆由痰作祟"，现代人的一些不良生活习惯，如饮食不节、生活不规律、多吃少动，都是酝酿痰湿体质的温床。痰湿容易使人发胖。如果不及时调整，容易患上三高和代谢综合症。

症状：肥胖、贪睡。

（6）湿热内蕴型

湿热，顾名思义就是体内又湿又热，排泄不畅。湿热体质往往与抽烟、喝酒、熬夜等不良习惯相伴而生，容易滋生痤疮、体臭。对女性容貌有很大的影响。应注意对生活习惯的调整，应戒烟忌酒，保持生活惯干爽清洁，饮食和药疗等方面应着重疏肝利胆，清热祛湿。

症状：口气体味大、面色暗黄油腻、舌苔牙齿发黄、情绪急躁、大便黏腻、小便发黄味大。

（7）血瘀气滞型

体内气血运动不是很通畅，"痛则不通，通则不痛"，因此血瘀体质的常见的疾病为身体各部分的疼痛，甚至出现淤青肿瘤。血瘀体质调理应注意精神养生，保持心情舒畅同时应吃一些活血化瘀、疏肝理气的食物或药物。

症状：头痛如针刺，头发干枯，皮肤干燥，身体容易出现淤青，面容衰老。

（8）气滞抑郁型

主要由于情志不舒导致，性格多表现为内向，常郁闷，情绪低落，生闷气，久而久之就会转化为抑郁症。对于气郁体质来说，主要还是保持心情舒畅，配合一定的食疗和药疗会收到不错的效果。

症状：形体消瘦或偏胖，面色萎黄，舌苔白色舌尖淡红，胸胁经常疼痛，喉咙梗阻，二便不畅，睡眠不佳。

BOX：不良习惯你有几条

不吃早餐：对于肝胆疏泄非常不利，容易引发胆结石。

食物过于寒凉：伤脾胃，消耗阳气，影响气血运行。

过度减肥：容易营养不良，产生阳虚和气虚体质。

进食无度：加重肠胃负担，产生痰湿。

饮食过于重口：过咸会使得体内产生水肿，长期吃辣会加重湿热阴虚。

晚餐过晚或过饱：导致痰湿和阳虚。

过度劳累：长期身体和精神过度劳累，出现比较明显的气虚和阳虚及血虚。

过度安闲：体内气血运行缓慢，会促成或加重血瘀、气郁、痰湿、湿热等体质。

过于寒冷：造成阳虚。

用眼过度：伤肝血。

长期服药抽烟喝酒：容易导致体质偏颇及肝损伤。

专家 Q&A

Q：各种偏颇的体质是由什么因素造成的？

A：先天体质大约分成 3 种：偏阴性、中性、偏阳性体质。后天根据不同学派可分 5~10 种。

除了先天体质外，后天会形成各类体质多与生长环境、个性、嗜好、生活习惯、饮食结构等多种因素有关。

Q：不同的体质之间可以互相转化吗？

A：部分情况是可以转化的，像是居住在潮湿环境的人，出现食欲差、四肢沉重、部分部位水肿等症状，且雨天或吃甜食症状加重。若改换较为干燥的生活环境很多时候体质会有所改变，但是若体质偏性太明显，甚至已经到达疾病的状况，如出现风湿、腿痛、腹胀、水肿不消、便溏等症时，即使转换生活环境，有时也只能达到症状缓解的效果。此时体质的改变却需要更积极的方式才能调整或转换。

Q：为什么不同的人身上可以同时有几种体质的表现呢：比如阴虚和痰湿？

A：人的生活习惯多种多样，形成体质或疾病的原因也五花八门，有许多方面都可能造成多重体质的出现，以下简单举出一些例子：

（1）从五行五脏关系来举例：熬夜引起肾阴虚，可能造成心火或肝火（先不考虑虚火、实火），长此以往容易熬炼津液成痰，造成阴虚和痰湿同时出现。

（2）从上下或三焦分区来举例：不管是饮酒引起肝火熬炼肾水或是熬夜造成的阴虚，此时若出现外感发热热伤肺津或是常期吸烟造成的痰热，都会出现阴虚与痰湿并见的表现。

许多现实情况需由专业医师进行分析，且体质随气候环境等各种情况也会出现部分的变化，若要调整体质，建议由专业医师进行追踪并随证调整。

Q：对于体质的形成，先天和后天哪个影响比较大？

A：根据个体情况不同会出现不同状况，先天虚性体质经过及时的发现和系统治疗是有机会扭转的，但是当虚性表现达到囟门闭合晚，说话迟，牙齿生长晚等情况时，要扭转体质就有一定难度。反之，后天体质长期偏性，若达到像消渴（糖尿病）这样的表现时，就属于不易扭转的状况了。

Q：为什么熬夜同时会引起"阴虚"和"阳虚"两种体质。

A：这问题的答案常与阴阳消长有关，阴阳相生相长，相生相克，甚至同长同消。

Q：从中医角度来讲，痰湿是怎样形成的？

A：前面已提到过，部分痰湿是环境（潮湿寒冷）引起的，其他原因像是习惯（吸烟、饮酒、吃甜食）疾病（慢性肺炎、慢性支气管炎、消渴）都是常见的痰湿形成因素。

Q：经络疗法对体质调节有帮助吗？

A：现在常听到的经络疗法常是狭义的经络推拿（油压），这种手法对部分体质是有帮助的，但这也涉及技师的专业度及手法，受众个体本身的配合（吸烟、饮酒、熬夜、三餐不定）等因素的影响。

阴虚内热型：洋蔘石竹炖甲鱼

食材：甲鱼　药材：西洋蔘、石斛、玉竹、贡菊花、枸杞。

配料：葱段、生姜片。

调料：盐、八角、料酒（米酒或绍兴）。

将甲鱼用姜水川烫，并剥除甲壳表面透明软皮，可切块备用。

将所有材料一并放入压力锅，依次为：药材、配料、食材、调料、水。

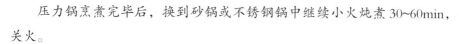

压力锅烹煮完毕后，换到砂锅或不锈钢锅中继续小火炖煮30~60min，关火。

气虚无力型：蓼耆乌鸡汤

食材：乌鸡1只。

药材：10年以上鲜蓼1只或西洋蓼（粉或片）、北黄耆、枸杞、广陈皮。

配料：葱段2段、生姜片。

调料：盐、料酒（米酒或绍兴）。

将乌鸡切块备用。

使用压力锅，将所有材料一并放入，依次为：药材、配料、食材、调料、水。

烹煮完毕后，换到砂锅或不锈钢锅中继续小火炖煮30~60min，炖煮时以滤网将汤面上血泡或杂质撇净，关火即可上菜。

血虚风燥型：杞枣云耳饮

食材：黑木耳（干）、大枣5~6枚（去核）、枸杞子（干）。

配料：生姜4~6片。

调料：红糖或蜂蜜适量。

将黑木耳泡水发好备用。

先将黑木耳、大枣及生姜2~3片放入调理机中加水适量打碎，之后倒入锅中再加入生姜2~3片、枸杞及适量红糖熬煮5~10min，关火静置。温度40~45℃时，加入适量蜂蜜即可饮用。

湿热内蕴型：藕蹄香茅饮

食材：鲜藕、鲜马蹄、鲜白甘蔗2段、鲜香茅1枝、玉米须、薏仁（米）。

配料：生姜4~6片。

调料：蜂蜜适量（糖尿病患者可用甜菜根30g或甜菊叶5g代替蜂蜜）。

将鲜藕、马蹄、甘蔗洗净，鲜藕切片，马蹄劈开备用。

将姜食材、配料、水放入锅中大火煮开转小火熬煮20~30min，关火静置。温度40~45℃时将汤汁滤出，加入适量蜂蜜即可饮用。

血瘀气滞型：**橘络生化乌鸡汤**

食材：乌鸡1只。

药材：桃仁、全当归片12g、枸杞、橘络、三七粉、川芎。

配料：葱段、生姜片。

调料：盐、米酒。

将乌鸡掏去内脏并洗净，切块备用。

使用压力锅，将所有材料一并放入，依次为：药材、配料、食材、调料、水。

压力锅烹煮完毕后，换到砂锅或不锈钢锅中继续小火炖煮30~60min，炖煮时以滤网将汤面上血泡或杂质撇净，关火即可上菜。

气滞抑郁型：**台式乌梅汤**

药材：乌梅、洛神花（玫瑰茄）、玫瑰花、桂花、酸梅、枸杞、广陈皮、橘核。

配料：红茶少许。

调料：红糖适量。

将药材、配料、调料、水放入锅中大火煮开转小火熬煮15~20min，关火盖锅盖。

静置。浸泡2~3h后将汤汁滤出，可选择性加入适量蜂蜜，即可饮用。

今天，让我们一起试试断食

1. 导语

"人吃进肚子里的食物1/4养活自己，3/4养活他的医生。"这是古埃及人刻在金字塔上的妙语。在21世纪的今天的我们，有些方面，不见得比前人更有智慧。顿顿肥甘，夜夜笙歌，人生得意须尽欢，也许是人生成功的象征。而事实上，当我们在开怀大嚼的时候，健康却也在一点点被吞噬。

2. 身体的无法承受之重

现代社会的生活水平和医疗水平日益提高，各种养生方法也层出不穷，然而现代人的健康水平反而每况愈下。除了过压力和过劳，恐怕和营养过剩脱离不了干系。许多医学报告证实，长期暴饮暴食，会对肠胃造成很大负担，体内积累的多余的脂肪和糖分，让身体的免疫系统和修复机能大幅下降，更不用说酗酒更加重肝脏排毒的负担了。过度饮食不但造成肠部蠕动低下，还会引起宿便堆积，肝脏功能受损，于是各种疾病接踵而来。从医学角度来讲，健康其实就是一种动态的平衡：包括气血调和，阴阳协调，酸碱平衡，营养平衡等。人体本身其实有着很强的自愈能力。然而吃的太好，摄入养分过多，反而给身体带来了额外的负荷，造成组织细胞富营养化、体质酸性化、微循环不畅等。断食疗法恰恰是通过减轻身体负担，刺激身体活力，让身体回归自然，回复平衡状态的一种天然有效的养生方法。

3. 你的身体是亚健康状态吗

腹部脂肪堆积，腰臀比例数值越来越低。

大量脱发造成斑秃或早秃。

去洗手间的频率超过一般人。

性能力下降，性欲减退。

记忆力减退，容易健忘，头脑时常觉得发晕。

常常无法控制自己情绪。

入睡越来越困难，睡眠质量低下。

精神不容易集中，常常走神。

惧怕与别人交往，不愿与陌生人打交道。

身体时常容易疲倦。

精神紧张，经常处于应激状态。

头疼，局部肌肉紧张或者僵硬。

对某种口味忽然特别偏爱，比如忽然很爱吃辣。

全身或局部皮肤发痒或过敏。

不时咳嗽或者打喷嚏。

无缘无故觉得燥热、潮红或者寒冷。

体重莫名增加或减少。

请比照自己的身体状况，有2项或以下者，表明身体比较健康，尽量保持；拥有 3~5 项，则为亚健康初期；6 项以上者，可确定为亚健康状态，最好尽早做身体调整。

4. 什么是断食疗法

断食疗法并不是新近才出现，而是一种非常古老的自然疗法。在西方被称为断食疗法，在中国古代被称为"辟谷"。断食是一种动物的本能行为，在野外，比如猫科动物由于经常吃腐食导致肠胃问题的时候，会自动断食几天，并咀嚼青草来帮助肠胃消化。佛教中有六斋日、十斋日、过午不食的说法，民间夏末秋初时有让儿童禁食二三顿的传统，这些都是中国古代运用断食疗法的例子。

所谓断食，其实吸收了佛道儒顺天应人的思想，基本哲学是顺应自然和身体规律，指在一段时间之内自动选择减少或者完全不进食固体食物，发挥人体自身的力量来清除体内垃圾，保持身体的洁净，达到养生的目的。

5. 断食的好处何其多

断食疗法对恢复健康有明显效果，国外有许多地方设立专门的道场和部门，像日本有 3000 多个断食道场。德国、澳洲、美国、俄罗斯和英国也在医院中设立断食部门，为病患者断食，改善健康。法国有将近 1000 位医生在为病人治病的过程中，指示病人搭配断食。曾经有一份 146 人进行断食疗法的医学样本，发现大部分病人的症状，包括精神性、皮肤性、心脏血管方面、呼吸系统等问题，都可以通过断食获得改善，48% 参与的医师认为病人情况有很好的改善。

断食到底有什么好处呢？

快速有效地排毒，较为彻底地清除人体内生的和外来的毒素，特别是宿便等积存于肠道的废物和毒素。

使胃肠负担减轻，有利于调节消化吸收功能。

改善肺、肝、肾等功能。

有助于脂肪分解，瘦身减肥。

加快老化细胞的排泄和有效再生新细胞，增强免疫力、自愈力。

6. 断食之道追本朔源

辟谷可算是中国最早的"断食"。古人称辟谷为"一食为适，再食为增，三食为下，四食为肠张，五食饥大起，六食人凶恶，百疾从此而生"，说明前人很早就已经意识到暴饮暴食对健康的危害。但同时又强调"全不食亦凶，肠胃不通"。也就是说，完全不进食也会损害健康。可见辟谷并不是绝食，而是慢慢节食，少食；或者不吃日常的五谷食物，而是服食具有滋补作用的食物或药物作为替代。

《神农本草经》中就记载有山药、蜂蜜、茯苓、莲子、芡实、苍（白）术、天门冬、麦门冬、泽泻等代替谷食的药物。实际上山药、蜂蜜等既是药品，也是营养丰富的食品，可以代替谷物为人体提供营养。后世的一些辟谷术中，也有用大豆、大枣、胡麻（芝麻）、栗子、酥油、茯苓、黄精、天门冬、白术、人参、蜂蜜等配伍，制成丸膏，以代谷食的方法。还有用含丰富植物油的松子仁、柏子仁、火麻仁等，再加入麦门冬、地黄、茯苓、山药、黄芪、人参等富含营养物质中药，制成营养高、消化慢、质地较硬的食物，以供食用；还有服用一些流质的胡麻汤、酥汤等。

TIPS：与断食有关的真实故事

1968 年，日本九州发生多氯联苯中毒的"油症事件"，引起了全社会的关注。中毒患者全身产生如青春痘样的皮肤湿疹，且伴随头痛、关节痛，非常痛苦。九州大学为此还设立了"油症研究班"，经过一年半的研究后，仍无进展，只好宣布放弃。

油症事件发生两年后，日本医学博士今村基雄在自己的诊所对9名油症患者施以断食疗法，结果产生奇效，有85%的患者回答说"改善很大"和"稍好"，引起了日本政府的重视。后来，官方印发的油症治疗指南中，第一优先的就是辟谷疗法，即断食疗法，其次才是药物疗法。

7. 断食方法知多少

坊间流行的断食方法五花八门，以下是一些比较著名及常见的断食方法。

甲田式断食法：甲田光雄是日本著名医生，也是断食疗法代表性人物之一。他通过亲身体验得出过度饮食是诱发疾病的主要原因的结论。甲田的主要观点是认为一日三餐中，餐与餐的间隔时间太短没有让肠胃休息的时间，从进食到完全被消化吸收大约需要 18 个小时。因此，研究并推出一日两餐的节食疗法。

瑜伽断食法：瑜伽清洁法中的一种，源于远古时期。通过净化身体达到心灵的洁净和安宁。在断食时，辅助以瑜伽体式、瑜伽呼吸或瑜伽冥想等，帮助人体排毒，并克服断食时不良反应的一种古老的断食法。

喝水断食法：过去被认为是最迅速最有效的排毒方式。一般禁食 1 天，不超过 2 天，3 个月至半年可重复一次。禁食开始前 3 天多吃水果和蔬菜，少吃主食，为禁食作准备；不喝咖啡和茶；喝 2~3L 水；不从事重体力劳动，以休息为主；禁食结束后慢慢恢复进食，由少到多，由稀到干开始饮食。

果汁断食法：由果汁和蔬菜汁代替水，是更温和的断食法，尤其是对营养过剩的个体，除了清洁血液，还能更好地有利于排毒。

果蔬排毒法：即 1 周或 1 月中有 1~2 天不吃干食、肉食，以果蔬充饥。

净食排毒法：不吃肉类，以杂粮、豆类、芝麻、坚果，加上水果蔬菜色拉或凉拌菜（用橄榄油），喝奶、橙汁和水。时限不等，3 天、7 天，甚至 10 天以上均可。

三日断食法：三日断食法即指每月 3 天的一种比较温和的断食法，适合从未断食的人群，可以帮助身体逐渐排毒，减除脂肪。

（1）给身体来个大扫除

在断食的初期，人有可能大感不适，会有呕吐、皮肤出疹、脓疮、大小便颜色变深散发恶臭、体味增加，甚至有发烧、晕眩、腹泻等现象，这些属于正常的范畴，而且是好的征兆，说明身体正在进行一场大扫除。正在进行排毒。

这是因为人体的能量主要积聚在脂肪组织，同时各种有毒有害物质贮藏最多的也是脂肪，当断食开始的时候，身体会自动对体内储存的脂肪进行分解，于是那些有毒物质会纷纷流进血液及淋巴液内，身体会用出汗、呼吸、大小便、呕吐等各种方法将之排出体外，正是因为如此，人在断食初期才会有种种不适反应。

（2）断食的禁忌

断食一定要注意量体而行，贵在适度，不能过度，要科学、有计划、有准备地进行。准备不充分的断食可能会产生饥饿或不适感，甚至低血糖反应。年老体弱者应慎行，儿童、妊娠前后的妇女和某些疾病的患者，如患有结核、肝病、胃病、糖尿病、低血糖症、癌症等不宜进行。以下是断食过程中需要严格注意的事项：

不能饮用刺激性饮料。断食时刺激性物质会刺激肠胃对身体造成伤害。要避免高强度运动，但也不可整日躺在床上，否则体力衰退会更快，更容易产生饥饿感。适当散步，静坐，腹式呼吸，指压，按摩等。避免性生活。

不能盲目用药。断食期间肠胃系统比较脆弱，药物会对身体造成刺激。尤其不要服用大剂量和药性强烈的药物以免对身体造成伤害。

女性要随时准备处理月经。

严禁热水浴，以免身体过度刺激或体力不支晕倒。

断食要根据身体的需要循序渐进。

超过 3 天以上断食请在专家指导下，最好是在专门场所进行。

（3）三日断食法餐单建议

属于众多断食法中比较温和的一种，适用于大部分人群。适合于工作忙碌、经常在外吃喝、休息不足的人群，原则是周六半食，周日断食，周一复食。

周六：半食

早餐：柠檬汁 + 水果（香蕉、苹果或梨）+ 牛奶燕麦粥

午餐：生菜沙拉（生菜 + 苹果或梨）+ 全麦面包 + 番茄汤

晚餐：蔬菜沙拉 + 水果

周日：断食

早餐：果汁 150mL（苹果汁、柠檬汁）

午餐：温水 150mL

晚餐：温水 150mL

周一：复食，五分饱即可

早餐：蜂蜜柠檬汁 + 水果 + 牛奶燕麦粥

午餐：生菜沙拉（煮熟鸡蛋 + 苹果 + 生菜）+ 番茄汤 + 全麦面包

晚餐：南瓜小米粥或有机菜心粥 + 蒸紫薯玉米 + 水煮青菜（开水略

烫一下就好）

（7）注意事项

复食对于断食非常重要，切勿在复食当日大吃大喝或大吃油腻或重口味，这样会对肠胃造成很大伤害，而且可能让整个断食前功尽弃。一定要视肠胃需要循序渐进。

见"色"才起意? ——食材中的色素

1.导语

为什么很多人都喜爱黑森林蛋糕？乳白的奶油上覆盖着深黑色的巧克力碎，感觉浓郁又可口，那颗醉红色樱桃更是挑逗味蕾，谁看了能无动于衷？老北京的炸酱面呢，热气腾腾的淡黄色面条，配上新鲜碧绿的黄瓜和红色的心里美，还有一小碟原料丰富的深色的炸酱，谁看了不馋？还有超市冷柜里切割整齐的深粉红色三文鱼、刚出笼的金黄色的玉米窝头冒着热乎气儿……面对这些美食，谁能不见"色"起意？但是试想一下，如果黑森林变成"灰"森林，三文鱼变成三"黄"鱼，面条变成"绿"面条，玉米窝头变成"黑"窝头，这样的食物谁还会有胃口？

2.食材中为何要添加色素

色、香、味、形是构成食品感官性状的四大要素，通过感官为人们提供身心享受，构成中国饮食文化的重要内容。特别是颜色，是食物通过视觉给人的第一印象。但是在加工保存过程中，受光、热、氧等影响，食物很容易会失去正常色泽。人们因此会认为食品可能做假或是已变质，本能地退避三舍。为了让食品具有使人喜爱和放心的色调，食品生产厂商常常在加工的过程中添加食用色素，让一些容易褪色或变色的食品更好地保持它们的色泽，以延长或改善给人们的感官体验。

我国食用色素的使用有着悠久的历史。民间做青团，过去是用嫩艾、小棘姆草的汁，现在改用小麦叶汁揉入糯米粉中，做成呈碧绿色的团子。也有食品企业直接用色素叶绿素铜钠盐，那是违规的；江苏常州酱菜罗卜干又脆、又好看，其颜色是用一种叫"姜黄"的色素着色的。姜黄是我国传统的中药材，有活血化瘀的功效。

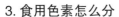

3. 食用色素怎么分

食用色素可分为天然色素和人工合成色素两种。天然色素是从动物、植物、微生物等的可食部分用物理方法提取精制而成的，安全性好，但价格较高。果蔬中的色素有的还具有很高的营养价值，如 β-胡萝卜素是维生素 A 源，是重要的营养成分。天然色素主要有：红曲红、辣椒红、栀子黄、姜黄等。

人工合成色素是指用人工化学合成方法所制造的色素。主要是通过化学方法从煤焦油中提取合成的。由于成本低廉、色泽鲜艳、着色力强、使用方便，又可任意调色，在我国现阶段是主要的着色剂，在食品工业中被广泛使用。我国批准允许使用的合成色素有：苋菜红、胭脂红、赤藓红、新红、诱惑红、柠檬黄、日落黄、亮蓝、靛蓝和它们各自的铝色淀。

与人工合成色素相比，天然色素的安全性较高，但是颜色不够鲜艳、着色不牢、易褪色，且价格较贵；而人工合成色素色彩鲜艳、着色较牢固、不易褪色、价格便宜。所以，在添加色素的食品中，我国使用天然色素的不足 20%，其余均为人工合成色素。在欧洲，天然色素的使用也不超过 25%，其余均为人工合成色素。

4. 人工合成色素的安全性

自从 1856 年英国人帕金合成出第一种人工色素——苯胺紫之后，人工合成色素便登上食品加工业舞台，在改善食品色泽上扮演重要的角色。人工合成色素按化学结构分为偶氮化合物和非偶氮化合物两类，偶氮化合物又分为油溶性和水溶性两种。油溶性的不溶于水，进入人体后不易排除，所以有较大的毒性；水溶性的含有亲水的磺酸基，进入人体后，可较快地排出体外。

人工合成色素的安全性一直是国内外关注的话题。目前我国使用的人工合成食用色素中，仅苋菜红在大剂量的使用中可致癌，俄罗斯在 1968~1970 年曾对苋菜红进行了长期动物试验，用苋菜红混合在饲料中喂养白鼠。25 个月后 25 只白鼠中有 11 只出现肿瘤。又如偶氮类色素，瑞典、芬兰、挪威、印度、丹麦、法国等早已禁止使用，其中挪威等一些国家还完全禁止使用任何化学合成色素。此外，还有一些国家已禁止在肉类、鱼类及其加工品、水果及其制品、调味品、婴儿食品、糕点等食品中添加任何人工合成色素。

我国食品加工业中广泛使用食用色素,尤其是人工合成色素,肉制品、面制品、方便食品,人工合成色素几乎无处不在。甚至有些茶叶也有添加。色素的铝色淀比较多地用在薄膜包衣,如糖包衣、蛋糕裱花、口香糖等产品上,还有固体饮料、巧克力等也有使用。

人工合成食用色素的使用成本在食品生产成本中本来就不高,生产厂家不应为了降低成本,使用价格低廉、品质很差的色素。在我国,厂商使用工业级色素代替食品级色素引发的重大食品安全事故时有发生,比如2006年引发轩然大波的苏丹红事件,河北一些禽蛋加工厂生产的"红心咸鸭蛋"被查出含有苏丹红。接着一些食品厂家的辣椒粉、番茄酱也相继查出含有苏丹红。像肯德基所出售辣鸡翅、辣腿堡和番茄酱中也同样含有苏丹红。

其实苏丹红就是一种人工合成的偶氮类、油溶性的化工染色剂,主要用于为溶剂、油、蜡、汽油增色以及鞋、地板等的增光。苏丹红进入人体,因为它不溶于水,故代谢困难,代谢产物苯胺对人体有毒。苏丹红具有致敏性,有过敏体质者可引起皮炎。苏丹红是动物致癌物,肝脏是苏丹红产生致癌性的主要器官,此外还可引起膀胱、脾脏等脏器的肿瘤。国际癌症研究机构(IARC)也将其归为三类致癌物,实际在辣椒粉中苏丹红的检出量通常较低,因此对人健康造成危害的可能性很小,偶然摄入含有少量苏丹红的食品,引起的致癌性危险性不大,但如果经常摄入含较高剂量苏丹红的食品就会增加其致癌的危险性,特别是由于苏丹红代谢产物苯胺是人类可能致癌物,因此应尽可能避免摄入这些物质。

另外,人工合成色素在制造过程中,如果工艺技术不过关,就会有杂质存在。不排除色素以外的化合物存在,这些化合物的毒性有可能要远大于色素本身;甚至有残留的砷、铅,混入食品,对人体构成危害。所以食品生产厂家对使用人工合成食用色素的来源要严加掌握。

5. 色素的来源

天然色素是一类来源于天然植物的根、茎、叶、花、果实和动物、微

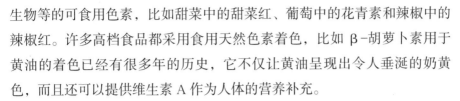

生物等的可食用色素，比如甜菜中的甜菜红、葡萄中的花青素和辣椒中的辣椒红。许多高档食品都采用食用天然色素着色，比如 β-胡萝卜素用于黄油的着色已经有很多年的历史，它不仅让黄油呈现出令人垂涎的奶黄色，而且还可以提供维生素 A 作为人体的营养补充。

6. 色素的特性

天然色素大多为花青素类、黄酮类化合物、β-胡萝卜素，是一类生物活性物质，有一定的营养价值。例如，β-胡萝卜素具有维生素 A 的生理活性，有抗氧化性、光保护作用以及促生长、抑制癌细胞增殖、提高免疫力等重要作用；红花黄色素具有清热、利湿、活血化瘀、预防心脏病的保健作用等；黄酮类化合物对于降低血脂和胆固醇有一定的功效等。

但是天然色素在动植物体中含量较少，分离和提纯较为困难，因此生产成本较合成色素高。而且大部分天然色素对光、热、氧、微生物和金属离子及 pH 变化敏感，稳定性较差，使用中一部分天然色素须添加抗氧化剂、稳定剂，方可提高商品的使用周期。大部分天然色素染着力较差，染着不易均匀，不如合成色素染着的鲜丽明亮。

7. 色素的应用

近年来，天然色素应用技术发展很快，如红曲红用于火腿肠、午餐肉的着色，辣椒红用于饼干喷涂，栀子黄用于方便面着色，姜黄用于酸奶着色等。

在天然色素的开发与应用方面，日本居于世界前列，早在 1975 年天然色素的使用量就已超过合成色素。目前，日本的天然色素市场已超过 2 亿日元的规模，我国批准使用的 48 个天然色素品种中，已生产、使用和出口的产品有焦糖色、红曲米、红曲红、辣椒红、栀子黄、高粱红、可可壳色、甜菜红、紫胶红、栀子兰、姜黄、姜黄素、紫草红、紫苏色和半合成的叶绿素铜钠盐等。

随着中国经济的不断发展，人们健康意识的不断提高，含有天然色素的食品必然越来越多地成为人们的选择。在未来，天然色素食品必将越来越为市场所青睐，成为食品生产企业首选。

8. 如何从色泽上挑选健康食品

（1）要看清食品标签上的成分表，尽量选择天然色素而非人工合成色素的食品。食品标签上食用色素的标法允许有两种，一是标出名称；二是标出代号。如"姜黄、诱惑红、玫瑰茄红"等又可用代号"色素102、012、125"标出，如果是标出名称的，消费者可选择天然色素而非人工合成色素的食品。

（2）对于我们不能分辨色素是否过量的食品，消费者尽可能选择名牌产品。

（3）食物摄入要多样化，食物多样化不仅是营养均衡的保证，也是食品安全的保证。因为食品中的色素在一定的剂量下才有可能造成对人体的伤害，比如有人偏爱橙色食品，选的饮料、冷饮、糖果、糕点等可能都含有日落黄，这时摄入的日落黄可能大大超出允许剂量，有可能对身体构成危害。所以选择食品不要太单一。我们可以尽量减少这些含色素食品的摄入量。少量色素可通过代谢正常地排出体外，对健康不会造成伤害。

附：截至2014年12月30日中国允许使用的天然色素

二氧化钛、番茄红、番茄红素、柑橘黄、核黄素、黑豆红、黑加仑红、红花黄、红米红、红曲黄色素、红曲米、红曲红、花生衣红、姜黄、姜黄素、金樱子棕、菊花黄浸膏、可可壳色、辣椒橙、辣椒红、萝卜红、落葵红、玫瑰茄红、葡萄皮红、桑椹红、沙棘黄、酸枣色、天然苋菜红、橡子壳棕、胭脂虫红、胭脂树橙、杨梅红、叶黄素、玉米黄、越橘红、藻蓝（淡、海水）、栀子黄、栀子蓝、植物炭黑、紫草红、紫甘薯色素、紫胶红、高粱红、天然胡萝卜素、甜菜红。

BOX：食用合成色素与儿童多动症

色彩鲜艳的食品很容易吸引孩子的注意力，还可以增进食欲，所以食品生产厂商制作食品特别是儿童食品时，常使用食用色素。比如带有水果味的彩虹糖，颜色丰富的奶油蛋糕。但是这些食品对孩子真的安全吗？

碳酸饮料和果汁类饮料也都含有大量人工合成色素，过量合成色素进入儿童体内，容易沉着在孩子未发育成熟的消化道黏膜上，引起食欲下降和消化不良，干扰体内多种酶的功能，并且增加肾脏过滤的负担，影响肾功能；还可妨碍神经系统的冲动引导，容易引起儿童的多动症，对新陈代谢和体格发育造成不良影响。

20世纪70年代,一位美国妈妈在电话采访中提到,以前她5岁的儿子在学校深受多动症的困扰,但当她不再给儿子吃含有人工合成色素的食品后,儿子的情况就好多了。这位妈妈说:"我十分肯定人造色素就是病因,因为验证准确得像打开或关闭开关一样。"加利福尼亚的一位小儿科过敏症专科医师本杰明·芬格多博士就曾通过不含人造色素的食谱成功治疗了一些孩子的多动症。另外,包括2007年发表在外科医学杂志上的一些研究结果显示,人造色素甚至有可能引起正常孩子的行为改变。

我国规定在婴儿食品中禁止使用任何色素,但是在儿童食品中,着色是非常普遍的现象,许多食品中的人工合成色素的含量甚至超过国家标准,对孩子的健康危害很大。家长在为孩子选择食品时要把好关,多为孩子的健康着想,尽量挑选不含人工合成色素的食品。

维生素:让衰老有多远走多远

1.导语

话说:"时间是把杀猪刀。"日常生活中的阳光曝晒、电脑辐射、汽车尾气、炒菜油烟、使用化妆品,甚至呼吸,都在产生一种很不稳定却无处不在的物质,使得皮肤失去弹性,越来越粗糙并产生皱纹;身体机能下降,抵抗力越来越差;各种疾病也随之而来……这种物质就是自由基。

2.自由基怎样让我们变老

衰老的过程其实就是一系列的氧化反应。人的生存离不开氧气,但是在身体耗氧的过程中,大量自由基被释放。细胞膜受到自由基氧化反应的攻击,就会失去弹性并使得细胞丧失功能,更可怕的是,因此导致基因突变从而引起机体系统性的混乱。大量资料已经证明,炎症、肿瘤、衰老、血液病,以及心、肝、肺、皮肤等各方面疾病的发生与体内自由基产生过多,人体清除自由基能力下降有着密切的关系。

3.人体的马其诺防线

人类是最长寿的生物之一,数百万年的进化使得人体拥有强大的抗氧化机制，组成抵抗自由基的重要防线：包括抗氧化酶、各类维生素和硒等。其中，维生素对于抵抗自由基发挥着重要的作用，不但可以直接清除自由基，而且彼此之间还可协同作用。另外，维生素对于抗氧化酶的形成也是必不可少的。

例如，维生素E对细胞膜有特别的保护作用，而维生素C是水溶性的，可自由出入细胞内外对细胞进行保护。此外，维生素可帮助形成产生抗氧化酶来对抗自由基，如维生素C可刺激身体产生额外的过氧化氢酶，维生素B_6可帮助身体制造谷胱甘肽。各种维生素和抗氧化酶及其他微量元素互相配合，形成了极其有效的抗衰老机制。

BOX：日常生活抗氧化

1. 坚决远离香烟

抽烟会迅速产生大量自由基，据调查，每吸一口烟会制造10万个以上的自由基。抽烟可引发各类癌症，并加速癌细胞生长，同时会造成例如心血管病症、糖尿病及肺部疾病。请记住：二手烟伤害比一手烟更大。

2. 减少做菜油烟

日常做饭免不了煎炒煮炸，由于大多数家庭习惯使用色拉油，在高温下会产生大量自由基，从呼吸道进入人体。因此，做菜尽量避免煎炸，改用蒸煮为好。

3. 避免过量服药

众所周知，许多药物都有毒副作用。例如，抗生素、消炎痛剂、化疗药物都会产生自由基，长期服药会造成身体内自由基大量累积。

4. 少吃烟熏烧烤

高脂肪及蛋白食物在烟熏、烧烤过程中，肉类油脂滴入碳中，在高温下分解形成毒性强的致癌物苯并芘，随烟熏挥发回到食物中。

5. 小心农药污染

农药的使用会产生大量自由基。有条件的话选择有机农产品，或者将果蔬放入冰箱1~2天才食用，可降低80%~90%农药残留量。

6. 拒绝加工食物

食品加工过程中不可避免地会使用色素、防腐剂及香料，过量食用身体会产生大量自由基。例如，腌制食品含有硝酸盐，会在胃里和蛋白质合成强致癌物硝酸胺。而维生素C可以有效阻断硝酸胺的形成。

7. 运动注意适量

运动时会发生比平常多的自由基，一旦运动过量，体内自由基中和系统来不及修补，就会在体内积累对身体造成损伤，因此运动要适量。运动过后可以食用富含的维生素C、维生素E、β-胡萝卜素的各种青菜水果，来中和体内的自由基。

8. 喝水要喝好水

弱碱性水中含有大量的电子，呈负电位，这些多余的电子可中和并清除自由基。纯净的弱碱性饮用水，是身体最好的水分补充物。

9. 食用蔬菜水果

新鲜蔬果中含有大量天然抗自由基的维生素及黄酮素以及纤维素。每天至少食用有3种颜色以上生鲜蔬果对身体很有好处。

10. 维生素有多重要

维生素是人体生长和代谢所必需的微量有机物，在维持人体的生理功能方面有重要作用，同时帮助身体形成有效的抗氧化机制，不但可以直接消灭自由基，而且还可以通过参与形成消灭自由基的抗氧化酶，间接保护细胞。

已发现的维生素有20多种，分为水溶性维生素和脂溶性维生素两大类。前者包括B族维生素和维生素C；后者包括维生素A、维生素D、维生素E、维生素K等。

11. B族维生素：最"多样"维生素

已知B族维生素有12种：维生素B_1、维生素B_2、维生素B_6、维生素B_{12}、烟酸、泛酸、叶酸等。在维持人体运转中发挥着各自不同的生理功能，如维生素B_1和B_2能降低人体罹患肠道癌和卵巢癌风险；叶酸对于胎儿脑部发育有着重要作用；缺乏维生素B_1容易引起脚气病及肠胃功能紊乱；缺乏维生素B_6容易引起贫血和溢脂性皮炎；B族维生素之间有协同作用，一次摄取大部分或者全部要比分别摄取效果更好。

B族维生素是非常好的抗氧化剂，可帮助清除肝脏脂肪，降低胆固醇，预防动脉硬化。维生素B还能预防太阳晒伤及皮肤癌，保持皮肤光滑滋润，延迟皱纹的出现，另外还能促进毛发健康生长。

12. 维生素C：最"解毒"维生素

维生素C是一种水溶性维生素，有着广泛的解毒作用，能在很大程度上缓解铅、汞、镉、砷等重金属对机体的毒害。据调查，在污染环境工作的人保持体内高水平维生素C以后，对有害元素的吸收则大幅度降低。此外，维生素C还可清除体内由抽烟引起的尼古丁。更重要的是，维生素C可以阻断强致癌物亚硝胺的合成。每天吃富含维生素C的新鲜水果，会大大降低各类癌症的发病率。

维生素C是重要的抗氧化剂，不但自身可以清除自由基，还能和维生素E在体内协同作用，使得清除自由基的功效加倍。同时可以保护如维生素A、维生素E、不饱和脂肪酸等其他抗氧化物。

维生素C能够治疗坏血病并具有酸性，所以又称作抗坏血酸。

小故事：Vc成就"日不落帝国"

公元15世纪，欧洲航海家开始率领远洋船队远征海上，经常会接连几个月吃不到新鲜的水果蔬菜，于是坏血病开始蔓延，有的船员牙床破裂，有的流鼻血，有的浑身无力，待船到达目的地时，从原来的几百人剩下最后几十人。1747年，英国海军医官詹姆斯·林德发现富含维生素C的柠檬可以治愈坏血病，于是英国海军部规定每个官兵每天必须饮用3/4盎斯柠檬汁。于是英军中坏血病病例大幅降低，军队战斗力倍增，终于在1797年击败西班牙无敌舰队，开始了缔造大英日不落帝国历程。

13. 维生素E：最"性感"维生素

维生素E又名生育酚，对人体生长发育有重要作用，能促进人体性激素分泌，使女性雌性激素浓度增高，提高生育能力，同时还能改善月经不调及性冷淡；可使男子精子活力和数量增加，防治男性不育症。另外，维生素E在美容方面有着特别的功效：能保护皮肤免受紫外线和污染的伤害，减少疤痕与色素的沉积，同时还能加速伤口的愈合。

维生素E是一类非常重要的强抗氧化剂，不但自身可清除自由基，还可保护不饱和脂肪酸、维生素A和ATP等其他抗氧化物；保护机体细胞免受自由基的毒害。维生素E还有改善脂肪代谢和血液循环，降低胆固醇及甘油三脂，预防高血压的作用。另外，还能降低细胞的需氧量，从客观上减少了氧化反应的发生。

14. 维生素A：最"视觉系"维生素

维生素A又名视黄醇，从名字上能知道和视觉系统有直接的关联。其实早在唐朝，名医孙思邈在《千金要方》中已经明确记载动物肝脏可治疗夜盲症。而维生素A确实大量存在于动物肝脏中，是一类在结构上与胡萝卜素相关的脂溶性维生素。不但帮助人体维持正常视觉功能，还能维持骨骼正常生长发育，并能促进机体发育。同时对于上皮的正常形成、发育与维持十分重要。

维生素A的前体β-胡萝卜素具有抗氧化作用，是机体捕获活性氧的有效抗氧化剂，对于防止脂质过氧化，预防心血管疾病、肿瘤，以及延缓衰老均有重要意义。同时对于机体免疫功能有重要影响，能有延缓或阻止癌前病变特别是上皮组织肿瘤。临床上作为辅助治疗剂已取得较好效果。

15. 维生素D：最"强壮"维生素

维生素D是一种脂溶性维生素，民间一直流传"多晒太阳可补钙"的说法，事实上，受阳光中紫外线的照射后，人体内的胆固醇能转化为维生素D。而维生素D的生理功能是帮助人体吸收磷和钙，是骨骼生长的必需原料。有助于形成骨骼和软骨，具有抗佝偻病作用。

另外，维生素D还能使牙齿坚硬，此外对炎症有一定的抑制作用。

16. 维生素K：最"不缺"维生素

维生素K属脂溶性维生素，具有促进凝血的功能，故又称凝血维生素。1929年，丹麦化学家达姆从动物肝脏和麻子油中发现。具有防止新生婴儿出血疾病；预防内出血及痔疮；减少生理期大量出血；促进血液正常凝固的作用。缺少它凝血时间会延长，严重的会流血不止，甚至死亡。有意思的是人的肠道中有一种细菌会源源不断地制造维生素K，因此通常人体不会缺乏。

BOX：维生素存在于哪些食物中

B族维生素：谷物、果蔬、牛乳、蛋黄、鱼类、禽类、瘦肉、动物肝脏、酵母、坚果、糠麸、大豆等。

维生素C：樱桃、柠檬、橘子、苹果、酸枣、草莓、辣椒、土豆、菠菜、花菜、青辣椒、橙子、葡萄汁、西红柿等各类果蔬。

维生素E：果蔬、坚果、压榨植物油、瘦肉、乳类、蛋类，此外在红花、大豆、棉籽、小麦胚芽、鱼肝油中大量存在。

维生素D：鱼肝油、动物肝脏、蛋黄、黄油、各种奶制品、三文鱼、金枪鱼等海鱼。

维生素A：动物肝脏、蛋类、乳制品、菠菜、苜蓿、豌豆苗、甜薯、胡萝卜、青椒、南瓜香蕉、橘子和一些绿叶蔬菜。

维生素K：绿叶蔬菜、猪肝、鸡蛋。

脂肪，正能量或负能量

1. 导语

减肥又名"减脂"，因此，很多人把脂肪看成身体的"不可承受之重"。其实，脂肪不但在人体中扮演着不可或缺的生理功能，而且某些种类的脂肪更是对人体健康起着至关重要的作用。下面讲述脂肪到底是正能量还是负能量？什么样的脂肪才是真正健康的脂肪。

2. 脂肪是什么？

脂肪存在于动物及人体的皮下组织及植物体中，是生物体的组成部分和储能物质，也是食油的主要成分。人体内脂肪主要包括体脂和血脂。血脂是存在于血液中的脂肪，体脂主要分布于皮下和内脏周围，特别是腹脏器官周围等处。除了为人体代谢提供能量外，还能保护内脏，维持体温；协助脂溶性维生素的吸收；参与机体各方面的代谢活动等。

3. 脂肪的分类

人体内的脂类分成两部分，脂肪与类脂。类脂是指胆固醇、脑磷脂、卵磷脂等。脂肪又包括不饱和与饱和两种，动物脂肪以含饱和脂肪酸为多，在室温中成固态。相反，植物油则以含不饱和脂肪酸较多，在室温下成液态。

4.脂肪很重要

（1）高效的储能物质

在体内，同样燃烧脂肪产生的能量，是相同分量蛋白质葡萄糖的一倍多。

（2）重要物质基础

脂肪、蛋白质和糖分构成身体所需三大重要物质基础。磷脂、糖脂和胆固醇构成细胞膜的类脂层，胆固醇又是合成胆汁酸、维生素 D_3 和类固醇激素的原料。同时，胆固醇对于维持血管完整性也不可或缺。

（3）维持体温和保护内脏

脂肪能缓冲外界对身体压力，减少热量散失，同时阻止外界热能传导到体内，有维持正常体温的作用。

（4）提供必需脂肪酸

必须脂肪酸在维持身体代谢和健康方面起着重要作用。

（5）脂溶性维生素的重要来源

鱼肝油和奶油富含维生素 A、维生素 D，许多植物油富含维生素 E。脂肪还能促进这些脂溶性维生素的吸收。

（6）增加饱腹感

由于脂肪在胃肠道内停留时间长，所以有增加饱腹感的作用。

（7）脂肪 = 心血管疾病杀手？

医学界认为，心血管疾病的发病的主要原因是因为向心脏输送血液的动脉和其他相关器官逐渐被堵塞，导致血栓形成。而这其实是一个长期的过程。当这种堵塞阻碍了向心脏输送血液主要动脉的血液流动，结果就会导致心肌梗死。

长久以来，普遍认为吃富含饱和脂肪的食物会提高血液中胆固醇的含量，导致动脉堵塞，从而引发种种心血管疾病。由于动物类食品，比如肉和奶制品的饱和脂肪中含有大量胆固醇，因此经常吃动物类饱和脂肪，意味着也在吃富含胆固醇的食物，从而增加了罹患心血管疾病的风险。果真是这样吗？

人体的胆固醇总指标其实是两项指标之合，一项是高密度载脂蛋白

（HDL），在血液中大约占20%，另一项是低密度载脂蛋白（LDL），在血液中占据65%，高密度载脂蛋白从血液里黏附胆固醇输送回肝脏进一步处理，是好的胆固醇。低密度载脂蛋白将胆固醇输送回细胞里，是坏的胆固醇。胆固醇在肝脏中合成为甘油三酯。而高水平的甘油三酯的指标是心脏病的一个重要的危险因素。大量的甘油三酯会使得血液变得黏稠，以致不能轻松地通过血管，从而形成凝块堵塞血管。高水平的甘油三酯和低密度载脂蛋白（坏的胆固醇）加低水平的高密度载脂蛋白（好的胆固醇）是血管疾病的致命组合。

（8）低脂＝健康?

1999年，有一项针对脂肪和血脂的饮食调查显示，有238个人在几星期中摄入同等热量中40%来自脂肪的食物，同一时间，同样多的人摄入同等热量中20%来自脂肪的食物，按照想象，那些摄入低脂食物的人血脂形态会有所改善，事实刚好完全相反，吃低脂食物的人的血脂发生了糟糕的变化，他们的甘油三酯水平和低密度载脂蛋白（坏的胆固醇）开始升高，而高密度载脂蛋白（好的胆固醇）水平却开始下降。这也就意味着同样热量吸收，少量脂肪摄入反而提高了心血管疾病的风险。

（9）反式脂肪是元凶

早在20世纪初的欧洲，人们主要摄入的脂肪为猪油、黄油和牛油。但医学界几乎没有关于心肌梗死案例的记录。一直到1912年才有第一例病例，到1930年，由心脏病导致的死亡仍然在3000例以下。20世纪50年代，美国心脏病学会发起了"注意饱和脂肪"的呼吁，大力推广用玉米油、人造黄油代替黄油、猪油和牛油的运动。事实上，从动物脂肪换成固态的植物油的30年内，心脏病人从1930年的3000例增长到了后来的50万例。

反式脂肪是一种加工过在室温下呈固态的多聚不饱和脂肪酸。反式脂肪不但替代了可以提供必需脂肪酸的天然油脂，而且还阻止人体吸收必需脂肪酸。堆积在原本应该是必需脂肪酸所在的细胞膜上，除了损伤细胞膜以外，还阻碍了原本必需脂肪酸的生化反应，此外由于反式脂肪的结构异于普通天然脂肪，身体无法识别，因此非常难以被代谢。同样正常的脂肪身体可以用7天代谢出体外，然而反式脂肪身体却需要51天。

（10）神奇的不饱和脂肪

早在 1908 年，格陵兰岛的本地人几乎没有得心脏病。尽管这些人几乎完全依靠肉类为食。在 20 世纪 30 年代，再次对样本进行研究时，仍然没有发现心脏病。直至今天，在那些以传统食物，即包括鲸鱼、海豹和冷水鱼为食的格陵兰人中，心脏病还是非常罕见。

这是为什么呢？研究发现，格陵兰本地人的饮食几乎全部来自于海豹和小鲸鱼的大块肉和脂肪。而海豹和鲸鱼只以三文鱼等冷水鱼为食，鱼肉中富含 ω-3 族脂肪酸，这反过来给食用它们的人提供了保护。

必需脂肪酸 ω-3、ω-6 都是细胞的重要组成部分。ω-3 系列不饱和脂肪酸可用以协调人体自身免疫系统，能有效降低血脂和胆固醇，防止心血管疾病的发生，更是脑部、视网膜及神经系统所必不可少的物质，有增强脑功能、防治老年痴呆和预防视力减退的功效。此外，还能有效地预防诸如糖尿病等慢性疾病。在欧美国家，深海鱼油还被用来辅助治疗糖尿病、牛皮癣、类风湿性关节炎及系统性红斑狼疮疾病。深海鱼油还对过敏性疾病、局限性肠胃炎和皮肤疾患有特殊疗效。

ω-6 是合成人体内前列腺素和凝血恶烷的前躯物质。另外，对于减轻经前综合症，减轻关节肿大和关节炎的疼痛，以及修复糖尿病和高胆固醇带来的神经损伤也很有帮助。

还有一类不饱和脂肪酸 ω-9 对人体也极有帮助，可有效地预防衰老，包括对于记忆损伤等一系列退行性疾病有明显的预防作用。

（11）不饱和脂肪酸好处多

①调节血脂

高血脂是导致高血压、动脉硬化、心脏病、脑血栓、中风等疾病的主要原因，鱼油里的主要成分 EPA 和 DHA，能降低血液中对人体有害的胆固醇和甘油三脂；有效地控制人体血脂的浓度；并提高对人体有益的高密度载脂蛋白的含量。对保持身体健康，预防心血管疾病、改善内分泌都起着关键的作用。

②清理血栓

能够促进体内饱和脂肪酸的代谢，减轻和消除食物内饱和脂肪对人体的危害，防止脂肪沉积在血管壁内，抑制动脉粥样硬化的形成和发展，增强血管的弹性和韧性。降低血液黏稠度，有效防止血栓的形成，预防中风。

③免疫调节

可以增强机体免疫力，提高自身免疫系统战胜癌细胞的能力。日本的研究发现，鱼油中的 DHA 能诱导癌细胞"自杀"。另据有关资料报道，鱼油对预防和抑制乳腺癌等作用十分显著。

④提高视力

DHA 是视网膜的重要组成部分，约占 40%~50%。补充足够的 DHA 对活化衰落的视网膜细胞有帮助，对用眼过度引起的疲倦、老年性眼花、视力模糊、青光眼、白内障等疾病有治疗作用。DHA 可提供视觉神经所需营养成分，并防止视力障碍。

⑤补脑健脑

DHA 是大脑细胞形成发育及运动不可缺少的物质基础。人有记忆力、思维功能都有赖于 DHA 来维持和提高。补充 DHA 可促进脑细胞充分发育，防止智力下降、健忘及老年痴呆等。

⑥改善关节炎

ω-3 系列不饱和脂肪酸可以辅助形成关节腔内润滑液，提高体内白细胞的消炎杀菌的能力，减轻关节炎症状，润滑关节，减轻疼痛。

⑦具有抗过敏、增强免疫作用

合理摄入适量的 DHA，可减少过度的炎症反应与过敏机会，增强免疫。

（12）不饱和脂肪酸存在于哪些食品中？

ω-3：蛋黄、深海鱼如三文鱼、金枪鱼、鳕鱼等、坚果、大豆菜籽油和亚麻籽油。

ω-6：暗绿色叶子蔬菜、蛋黄、全谷物及植物种子。比如：琉璃苣和月见草。

ω-9：橄榄油、花生油、芝麻油、坚果油、鳄梨和鳄梨油。

（13）怎样"减脂"才合理？

①减少盐分摄入

过咸的食物会引致身体水肿，大量水液积存在身体里难以被代谢出体

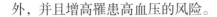

外，并且增高罹患高血压的风险。

②减少糖分摄入

高糖类食物在血液里转化为葡萄糖，大量剩余葡萄糖会被迅速转化为脂肪。糖分还会强迫身体产生大量的胰岛素，增加罹患糖尿病和心血管疾病的风险。

③拒绝反式脂肪

少吃煎炸食物及加工食品。反式脂肪是无法被身体接受和识别的脂肪，代谢出身体外的时间为 51 天。是正常脂肪的 7 倍。

④避免饮酒过量

酒精会令身体水分流失。大量酒精累积在肝脏中会影响肝脏的代谢功能，使得肝脏代谢脂肪能力减弱。

⑤适量运动

每周至少坚持运动 3 次，每次至少 1h 以上才能达到减脂目的。无氧运动与有氧运动要同时进行。每次有氧运动不低于半小时才能达到有效减脂的目的。

⑥晚餐时间提前

尽量不要在 20：00 以后进餐，时间过晚不但对肠胃造成负担。而且不易代谢，容易导致积食，使得身体发胖。晚餐不要吃太多，尽量清淡。

⑦合理搭配膳食

增加不饱和脂肪食物如海鱼、坚果、橄榄油摄入比例，搭配少量的饱和脂肪食物如黄油、牛肉和奶制品。同时大量食用生鲜水果、蔬菜及谷物类。

春日养肝正当时

1. 导语

《黄帝内经》有言："春三月，此谓发陈。天地俱生，万物以荣。"春季属木，主生发，与肝特性相通，另外一到春天，很多人容易脾气急躁，而平时形容生气常用的一个词就是"大动肝火"。说到底，这些到底和肝脏有什么内在联系呢?

2. 春天为何易燥郁

俗话说"油菜黄,癫子狂"。冬去春来,万物生长,也到了精神病高发的季节。春天属木,性主生发。而肝本身主调节情志。在五行亦属木,对应的季节为春。在春季,肝会顺应节气更加体现其特性,所以情绪原本就不稳定的个体,容易因为肝气的萌动,而引起情绪的过度波动,从而导致精神疾病的高发。

3. 将军之官

肝位于腹部,横隔之下,右胁下而稍偏左,右肾之前。左右分叶,其色紫赤。是人体里最大的器官,主要承担新陈代谢功能的器官,并负担着去氧化,储存肝糖,此外还负责制造胆汁的功能。中医认为,肝在五行中属木,主疏泄藏血,喜条达而恶抑郁。与四时之春相应,具有刚强急躁之性,其气主升主动,故有"将军之官"之称。

4. 肝主疏泄

中医认为,肝主疏泄,是指肝具有维持全身气机津液疏通畅达的作用。而从西医角度,肝脏是人体最重要的解毒器官,对许多来自体内和体外的非营养性物质,如各种药物、毒物以及体内某些代谢产物,具有生物转化作用。通过新陈代谢将它们彻底分解或以原形排出体外。很多有毒物质经过肝脏生物转化,可以转变为无毒或毒性较小,易于排出体外。

5. 左肝右肺

《黄帝内经》有云:"肝生于左而肺藏于右"。这一点经常为西医所诟病,也拿来作为中医不够科学的证据之一。其实,左肝右肺并非指实际的解剖部位而言,而是对肝和肺的生理功能的描绘,中医认为人身之气,左为阳升,右为阴降。肝属木居东,肺属金居西。肝为阴中之阳主生发,肺为阳中之阴主速降。因此,有"左肝右肺"之说。

6. 肝的生理功能

肝主疏泄和藏血,二者相辅相成,肝疏泄有度,气息调畅,血液才能有序归藏和调节。反过来,血藏得当,肝体柔和,肝阳不亢,疏泄才能正常。肝的生理功能主要有以下几方面。

①调节情志

正常的情志活动有赖于气机调畅,而肝恰能调畅气机,所以肝能调节精神情志，肝的疏泄功能正常，肝气条达舒畅，则人体气机调畅，气血调和。就能较好地协调自身精神活动。反之如果肝失疏泄，气机不调，就会引起情志活动异常。

②促进消化吸收

脾胃是人体主要的消化器官，肝脏主要通过协调脾胃气机升降和促使胆汁分泌进入小肠两方面促进脾胃消化吸收。

③维持气血运行

肝的疏泄功能直接影响气机调畅，只有气机调畅，才能充分发挥心主血脉，肺助心行血，脾统摄血液和肝藏血的血液循环的过程。

④调节水液代谢

水液代谢调节主要由肺、脾、肾及三焦共同完成，但由于肝主疏泄，能调畅三焦气机，促进肺、脾、肾三脏调节水液代谢。肝疏泄正常，则三焦气治，水运畅通。

⑤调节生殖功能

这一功能主要是通过调理冲任二脉来实现的，冲任二脉与女子生理功能密切相关，又与足厥阴肝经相通而隶属于肝，所以肝通过调节气机疏泄来调理冲任二脉生理活动，另外肝主藏血调节血量，可根据女子生理情况调节冲任二脉的血量，从而影响女性生理活动。

7. 伤肝恶习知多少

①久坐不动

中医认为，肝主筋。关节、肌腱、韧带属于肝系统，是肝脏赖以疏泄条达的结构基础。久坐不但关节肌腱韧带僵硬，肝疏泄条达系统内的通道不畅通。越是坐着不运动，人就会越是郁闷或脾气暴躁。

②抽烟喝酒

烟中含有的尼古丁和酒的代谢产物乙醇对肝脏来说极其不利。而且经常饮酒会提高发生脂肪肝、酒精性肝病的几率。

③胡乱吃药

因为服用多种药物容易产生交互作用，影响肝脏代谢。有肝病的人就医时，应告知医师正在服用的所有药物，以作为医师处方时的参考。

④嗜食油腻

太多脂肪含量高的油腻食品对肝脏代谢造成负担，则是健康饮食的禁忌，容易引发脂肪肝。

⑤垃圾食品

肝脏是人体的解毒器官，而过度加工的食品通常是热量高、缺乏营养素、高淀粉及高脂肪垃圾食品，充满人体无法识别的有害添加物，对肝脏有百害而无一益。

⑥气郁难宣

肝气郁结反映出胃痛、腹痛、头痛、胸闷、月经不调、乳腺增生一系列躯体疾病。人往往多次大怒后会导致肝气横逆、肝阳暴涨，对身体伤害很大。

⑦睡眠不足

凌晨1~3点适逢肝经当令，这个时段正是养肝血的时候。如果睡眠不足，不去休息，就会引起肝脏血流不足，影响肝脏细胞的营养滋润，导致抵抗力下降。

8. 肝与其他脏腑之间的关系

①肝与心

心主行血而肝主藏血，心主神明而肝主疏泄、调畅情志。因此，心与肝的关系主要表现在行血和藏血及精神情志的调节两方面。心神不安与肝气郁结，心火亢盛与肝火偏旺，可互相引动。

②肝与脾

肝主疏泄，脾主运化；肝主藏血，脾主生血统血。肝与脾的生理关系，主要表现在疏泄与运化功能的相互依存，藏血与统血的相互协调关系。

③肝与肺

中医上有"左肝右肺"的说法，指的是肺与肝在人体气机升降协同调节方面，肝主升发之气在左，肺主肃降之气在右。肝升肺降，互相依存，互相为用。对全身气机调畅，气血调和，起着重要的调节作用。

④肝与肾

古代医籍经常提到"肝肾同源"因肝主藏血而肾主藏精，肝主疏泄而肾主封藏，肝为水之子而肾为木之母。故肝肾关系主要表现在精血同源，藏泄互用以及阴液互养等方面。

⑤肝与胆

肝与胆互为表里，互为相合。同居右胁，胆附于肝叶之间。肝主疏泄，主谋虑。胆主藏泄，主决断。肝与胆的关系，主要表现在同司疏泄，共主勇怯等方面。肝气郁滞，则影响胆汁疏利。胆藏湿热，影响肝气疏泄，最终导致肝胆火旺、情志抑郁、惊慌胆怯等症。

⑥养肝有道

•适当运动

适当运动不但让身体维持正常体重。降低脂肪比例，降低罹患脂肪肝的机率。甚至肝功能指数明显下降。肝脏喜条达恶抑郁。而且运动会让人心情愉快，肝气条达舒畅，人体才能气机调畅，气血调和。

•健康饮食

不均衡的饮食易增加肝脏负担。对肝脏来说，把非碳水化合物转化成能量，比把碳水化合物转化成能量更吃力。因此，过度节食和暴饮暴食一样不可取。此外，不喝生水，也不要生食蛤、蚝以及贝类等容易受到肝炎病毒感染的海鲜。

•戒酒戒烟

饮酒会提高发生脂肪肝、酒精性肝病的机会，有肝病的人应该完全戒酒。抽烟和罹患肝癌有密切关系。

•谨慎服药

平时尽量保持身体健康，不要一有小毛小病就胡乱服药。所有吃进去的药物都要经过肝脏解毒。特别服用多种药物容易产生药物交互作用，对肝脏代谢造成更大负担。

•注意睡眠

成年人正常的睡眠时间应该为8h，凌晨1：00~3：00是养肝血的最佳时间，这个时间应该进入深睡眠状态。

•避免血液感染

避免不必要的输血、打针、穿耳洞、刺青、与他人共享牙刷和刮胡刀等，以及减少接触可能受到血液污染的器具。

专家 Q&A：

唐忻，台湾籍中医师，精通中西医治疗，擅长内分泌及妇科调理，对于针灸、方剂、推拿、拔罐均有一定造诣。

Q：生气就是动肝火，但为何人一生气容易食不下咽？

A：从五行上说，肝属木，脾属土。肝木对脾土有克制作用。生气容易造成肝火上升郁结。肝主疏泄，肝郁或肝火会影响肝气疏泄的作用，进而导致脾胃、肝脾不合，脾胃运化功能受阻，自然会食欲不振，食不下咽。

Q：人若长期精神抑郁容易引发肝脏病变，这是为什么？

A：肝属木，其特性喜条达、恶抑郁，肝又主情志，所以长期精神抑郁容易引发肝的病变。其实不只长期抑郁有影响，像我在临床遇到许多患者平时性格平稳或开朗，偶有抑郁或发怒，其脉象受影响甚至可长达一周之久。现在不论中或西医，对于人长期处于压力或抑郁的状态下都认为容易引起身体许多部位的恶性病变，所以压力的疏解及情绪的调控至关重要，切勿习以为常。

Q：女子容易血亏，但是为什么很多补血的药比如玫瑰花却是走肝经的？

A：中医认为肝藏血、脾统血；若本身血虚，那肝自然无血可藏。若造血正常，但因肝气郁结或其他方面影响，也容易造成无法藏血或是所藏之血无法正常疏泄等问题。最常见的关联性问题就是女性经期及血量常受肝气是否条达的影响。

Q：肝与胆互为表里，胆结石的形成和肝脏疏泄失常有关吗？怎样预防？

A：中医认为胆有助肝疏泄的特性；胆又有贮存胆汁并将其浓缩的功能，所以若肝胆疏泄不利，胆汁在胆囊中积存不出，久之自然形成胆结石。而胆结石成因可分为：（1）湿热内蕴；（2）肝气郁滞；（3）热毒炽盛；（4）血瘀内阻型。预防方式：作息规律，饮食正常（三餐定时定量），避免过食肥甘辛辣，饮酒有节，维持情绪平稳乐观等。

Q：女性月经不调和肝脏有关系吗？

A：肝气的种种特性在影响女性生理期方面扮演着重要角色。例如，肝瘀气滞、气滞血瘀、气虚血瘀、肝血虚、肝阴虚等症，都会造成月经周期、量、色、质的变化，甚至痛经、经行头痛、经行前易怒等都有可能由肝的功能失调所导致。

Q：肝主疏泄，所以补养肝的药物是否也以清泄为主？

A：从寓泄于补的角度来说，使用具清泄功能的药（非泄下药）来对应肝主疏泄之特性，从而达到调理肝气、恢复肝脏正常功能的中药，是调理肝气药物中的一大类，如：菊花、柴胡、决明子等都是耳熟能详的药。但若是属于肝气虚、肝血虚、肝阴虚等虚性病症，则应使用当归、枸杞等补虚补血药物进行调治。其他像气滞血瘀等问题都须由中医师进行辩证后，针对性调治方为合理。

Q：为何说肝脏也与人体生殖功能相关联？

A：前面有提到肝藏血及主疏泄等特性对女性生殖系统的影响，而肝气生发、喜条达的特性也对男性生殖系统有所影响。而五行生克关系中，肾水涵养肝木，肝木过旺则反而消耗肾水，此肝肾同源的现象也可说明部分肝与人生殖功能的关系。

山楂决明玫瑰茶

功效：消食化积、清肝明目、润肠通便、疏肝养血。

食材：生山楂、生决明子、玫瑰花、枸杞子、鲜薄荷、蜂蜜适量、水。

步骤：将食材及配料置入锅中，加水。大火煮开转小火滚 15~20min，关火静置。

浸泡 4~8h，将锅中汤液过滤倒出，放入蜂蜜拌匀即可饮用。

温馨提示：蜂蜜请合用 50℃ 以下水温的水冲泡。所有榨汁类饮品请尽量在榨汁后 30min 内饮用，以免造成营养流失或活性下降。

芹菜小麦草汁

功效：清热凉血、清肝解毒、疏肝行气。

食材：西洋芹（或本芹）、小麦草、鲜柠檬 0.5~1 颗、鲜薄荷 10~15g、生姜 2~3 片。蜂蜜适量、水。

步骤：小麦草与鲜薄荷洗净、西洋芹洗净去粗筋切段备用。鲜柠檬榨汁备用。

将食材及配料放入调理机中加入水、蜂蜜。开机打碎绞拌均匀后简单过滤即可饮用。

温馨提示：本品药性偏凉，不建议寒性体质的人久服。

疏肝乌梅汤

功效：疏肝解郁、顺肠通便、理气消食、杀虫消积。

食材：乌梅、菊花、生山楂、枸杞、生决明子、陈皮、月季花、生甘草、鲜薄荷、生姜、冰糖与蜂蜜适量、水。

步骤：将食材与配料用干净棉布袋盛装并封口置入锅中，加入冰糖及饮用水。大火煮开转小火滚15~20min，关火静置。

浸泡2~4h，将锅中棉布包取出，放入蜂蜜拌匀即可饮用。

杞菊西芹安康肝

功效：疏肝养木、清血明目、解毒利便、降血压。

食材：西芹、安康鱼肝、鲜菊花瓣适量、生姜、枸杞、大葱段、鲜薄荷叶少许、盐、米酒或、香油（麻油）少许、蜂蜜少许。

步骤：将西芹洗净，用刀削去粗皮粗边，切成长小段备用。将菊花瓣泡入盐水中备用。枸杞放入少许温水中浸泡备用。

在盘底铺上葱及姜片，将鱼肝洗净后铺在葱姜上，放入盐、料酒、香油。蒸锅内倒入水适量，大火烧开转小火蒸鱼肝10~15min，关火。

静置放凉后将鱼肝切成约西芹段大小，厚度约0.6~1cm。

取西芹段略点3~5滴蜂蜜，将菊花铺在蜂蜜上，再放上安康鱼肝，最后枸杞与薄荷点缀。

鲑鱼红花海鲜饭

功效：益气健脾、养肝补血、活血化瘀。

食材：鲜鲑鱼肉、虾、米饭、鸡蛋、生姜、葱花适量、配菜适量（可依各人需求搭配胡萝卜丁、玉米粒、青豆等蔬菜）、西红花、盐、米酒或绍兴料酒、香油（麻油）、水。

步骤：将鲑鱼切丁、虾洗净、配菜洗净或切丁、鸡蛋加盐及葱花打散、红花泡温水、米饭蒸熟放凉备用。

锅中倒入少许色拉油，放入姜片，开中火将姜片煸至微黄，放入鲑

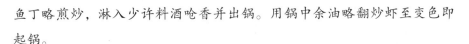

鱼丁略煎炒，淋入少许料酒呛香并出锅。用锅中余油略翻炒虾至变色即起锅。

清洗炒锅，倒入新油炒蛋及饭，饭粒较分明时放入配菜、虾及鲑鱼丁继续翻炒。

起锅前倒入西红花水及香油略翻炒，上色均匀即可出锅装盘。

温馨提示：建议血脂较高人群不要加入鱿鱼、虾或其他甲壳类同食

用什么打败你，恼人的过敏

1. 导语

你有过这样狼狈的经历吗？好好在吃饭，身上忽然痒不可耐，呼的就起一大片红疹；冷热空气一交替，鼻子就开始发痒，连打 10 个喷嚏还流鼻水；彻夜狂欢喝酒加泡吧，早上起来身上又红又肿又痒；女生快到生理期的时候，不但身体水肿，脸色到处起包……诸如此类的过敏的例子还有很多，轻则为日常生活带来不便，重则有可能引发生命危险。过敏到底是怎么回事？有哪些症状？有没有办法治疗或改善？

2. 你为什么会过敏

在正常的情况下，身体的免疫系统会制造抗体，用来保护身体不受疾病的侵害，但过敏者的免疫系统却与众不同，就像一个特别敏感的报警装置，会将正常无害的物质误认为是有害的东西，动不动就拉响警报。所谓过敏是指有机体对某些药物或外界刺激的感受性不正常地增高的现象，当你吃下、摸到或吸入某种物质的时候，身体会产生过激反应。导致这种反应的物质被称为"过敏原"。

3. 自由基和过敏

众所周知，自由基是人体衰老之源，许多疾病的产生都与其密切相关。但是你可能不知道的是，自由基也是过敏体质形成的罪魁祸首，自由基会直接氧化人体的肥大细胞和嗜碱细胞，导致细胞膜破裂释放出组织胺，产生过敏反应。实验证明：过敏人群体内自由基数量比非过敏人群高出许多，因此，改善过敏体质就要清除自由基。

自由基来源于两个渠道：一是人体本身氧化代谢过程中不断产生自由

基；二是环境污染、辐射、不良生活习惯等，也会不断产生自由基。

4. 中医怎样看过敏

中医认为，过敏的产生，除了元气受损导致身体抵抗力下降，也有可能是肝气郁结、肝脾不和、气机代谢不畅导致湿气和毒素无法及时排出体外等原因引起。比如皮肤敏感是禀赋不耐，与遗传基因及体质有关。另外，饮食失调也有可能导致过敏，如进食甲壳类、蛋类、奶制品和药物等。另外，脾胃失调、湿热内生、七情郁压，再加上外界的风、湿、热邪引起如人体失眠、压力、暴怒从而引发过敏。

肌肤敏感大致可分两类，"暂时敏感"和"体质敏感"，产生暂时敏感的人，只要一熬夜，隔天肌肤就会泛红发痒，或者在压力太大或疲劳时就会出现敏感症状；而体质敏感的人，多有家族性过敏病史，肤质比较脆弱，抵抗力差，水分经皮肤蒸发的速度比一般人快。

5. 为啥肺不好易皮肤过敏

虽然每个人都有自家过敏原，但中医认为肺虚的人较易过敏，所有外界的致病因素都是邪气，人体中肺主皮毛，统领皮肤与自然界的气息交流。为了保护自己，肺脏在体表周围建立了一套防御系统，保证毛孔适时开合，使外界风邪类致病物质无法侵入，称之为"卫气"。当肺虚时，卫气就会失灵，也就是中医所说的"肺卫失调"。若当邪气侵犯肺或皮肤组织时，皮肤会不耐邪气而出现过敏。不幸接触到过敏原，轻微的皮肤会痕痒，严重的即会变得口肿面肿，当出现冷热交替时，微血管明显，形成红血丝。有些人发生敏感时脸上还会冒出粉刺疮痘，皮肤变得粗糙、红干和痕痒，更有可能缺乏光泽，脸颊易充血红肿，如因接触化妆品或季节过敏，更会红、肿、痒。

6. 什么样的人群容易产生过敏

肺部不好，包括平时吸烟、在粉尘较大环境中工作的人。

长期熬夜加班、日夜颠倒、作息时间不正常的人。

长期化妆又缺乏良好卸妆护肤习惯的人。化妆品本身含有自由基，对皮肤是很大负担。另外，与此相反的是，过度美容护肤也容易对肌肤造成负担引发过敏。

爱发脾气、肝火比较大或者有酗酒习惯的人容易因为肝郁造成代谢不畅的人。

长期坐办公室、以车代步、很少走路的人。容易因为体内湿气停聚，无法及时代谢引发过敏。

月经期的女生，由于雌性激素下降，身体水肿容易产生痤疮等过敏问题。

怀孕期的妇女由于身体抵抗力下降，接触化妆品及染发剂等含有化学成分的物品极其容易引发过敏。

嗜食生冷辛辣的人，容易因为脾胃不和引发过敏。女性容易影响到生殖系统引发一系列生理问题。

7. 小心身边的过敏原

吸入式过敏原：花粉、柳絮、粉尘、螨虫、动物皮屑、油烟、油漆、汽车尾气、煤气、香烟等。

食入式过敏原：如牛奶、鸡蛋、鱼虾、牛羊肉、海鲜、动物脂肪、异体蛋白、酒精、毒品、抗菌素、消炎药、香油、香精、葱、姜、大蒜以及一些蔬菜、水果等。

接触式过敏原：如冷空气、热空气、紫外线、辐射、化妆品、洗发水、洗洁精、染发剂、肥皂、化纤用品、塑料、金属饰品（手表、项链、戒指、耳环）、细菌、霉菌、病毒、寄生虫等。

注射式过敏原：如青霉素、链霉素、异种血清等。

自身组织抗原：精神紧张、工作压力、受微生物感染、电离辐射、烧伤等生物、理化因素影响而使结构或组成发生改变的自身组织抗原，以及由于外伤或感染而释放的自身隐蔽抗原，也可成为过敏原。

8. 过敏症状你有哪些

过敏性皮炎：皮肤红肿、搔痒、疼痛、荨麻疹、湿疹、斑疹、丘疹、风团皮疹、紫癜等。

过敏性哮喘：过敏性哮喘好发于春天花开季节，秋冬寒冷季节，致敏介质作用于支气管上，使支气管平滑肌痉挛，导致广泛小气道狭窄，造成喘、憋、咳嗽，严重者窒息甚至死亡。

过敏性鼻炎：典型症状主要有 3 个：一是阵发性连续性的喷嚏；二是喷嚏过程后大量清水样的鼻涕；三是鼻腔的堵塞，每次发作可持续十几分钟或几十分钟不等。

脸部红血丝：红血丝主要是因为面部毛细血管扩张引起的面部过敏现象。

过敏性休克：是指强烈的全身过敏反应，症状包括血压下降、皮疹、喉头水肿、呼吸困难。50% 的过敏性休克是由药物引起的，最常见的便是青霉素过敏，多发生在用药后 5min 内。

花粉过敏：对花粉过敏的人就会出现眼、鼻、耳、黏膜及皮肤的发痒，过敏性鼻炎的患者表现为打喷嚏、流鼻涕，如过敏发生在支气管黏膜上，病人就会出现哮喘症状。

化妆品过敏：由于对化妆品的成分敏感。导致皮肤红、肿、热、痛、起水泡等过敏症。

空气过敏：花粉、尘螨、柳絮、冷空气等都会引发过敏性鼻炎，主要症状为连续性喷嚏、大量流清涕、鼻塞、鼻痒、咽痒、外耳道痒等，有的是常年性的，有的是季节性的，发病时鼻甲肿胀、湿润、颜色苍白，表面光滑。

食物过敏：食用鱼、虾、蟹、蛋、奶等食物或服用某些药物后可发生肠胃道过敏，主要表现为恶心、呕吐、腹泻、腹痛等症状。

9. 治疗过敏从吃开始

（1）春天喝蜂蜜

蜂蜜不但是一种营养丰富的食品，也有一定药用功效，有消炎、祛痰、润肺、止咳的功效，长期服用，还可以缓解哮喘症的发作。由于蜂蜜中含有一定的花粉粒，经常喝的人就会对花粉过敏产生一定的抵抗能力。

（2）红枣天天吃

红枣中含有大量抗过敏物质——环磷酸腺苷，因此，过敏者多吃红枣有好处，水煮、生吃都可以，每次 10 颗，每天 3 次。中医对红枣也有很高的评价，仅古代医学家张仲景在《伤寒杂病论》中，用红枣的古方就有58 种。

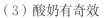

（3）酸奶有奇效

"春城无处不飞花"，然而也不少人饱受花粉过敏的困扰，打喷嚏、流鼻涕、鼻子堵塞。酸奶里乳酸菌能增强人体抵抗力，从而一定程度上缓解过敏症状。因此，建议患有花粉过敏症的人最好每天喝一些酸奶。

（4）增加维生素 C 摄入

维生素 C 本身是非常好的抗氧化剂，可有效清除身体的自由基，可在一定程度上抑制过敏。此外，对过敏性紫癜有辅助治疗作用，还能缓解过敏性鼻炎症状。

（5）少吃野生杂菜

相当一部分野菜，比如：野芹菜、野葱、莼菜、灰菜、马齿苋、槐花、野生小蒜等，都含有导致过敏的物质，容易在某些特殊体质的人身上引起过敏反应。

（6）慎食水产品

鱼虾贝类中的蛋白在进入人体后会刺激机体产生抗体，释放出过敏物质，一般人可以承受而没有过敏现象，但对于过敏体质的人，则会诱发过敏反应。轻者如皮疹、湿疹，重者出现过敏性哮喘等。

（7）小心菠萝、芒果、山药、芋头

菠萝甜美多汁，但是却不宜多吃，因为菠萝里的酕类对人的皮肤和口腔黏膜有一定刺激性，所以吃了未经处理的生菠萝后口腔觉得发痒。菠萝蛋白酶可能引起腹痛、恶心、呕吐、麻疹等反应，严重的还会呼吸困难。其他如芒果、山药、芋头则分别对不同人群具有一定程度的致敏可能。

10. 养成良好生活习惯

（1）作息睡眠规律

尽量在晚 11 点前入睡，这个时间是中医传统认为肝脏排毒时间。睡眠时间过晚容易导致肝脏排毒不畅，引发过敏。

（2）减少酒精摄入

过多的酒精对肝脏和肾脏造成负担。代谢与解毒功能下降容易引发过敏。

（3）不吃辛辣生冷

辛辣生冷等刺激性食物容易对肺脏及脾胃造成刺激引发过敏。

（4）注意劳逸适度

避免过度劳累。过度劳累会使得身体免疫力下降，产生大量自由基引发过敏。

（5）运动应当适量

适当运动流汗，不但能帮助身体排除有害物质，更可有效提高身体免疫力，对抗过敏更有效。

（6）注意防寒保暖

季节变换、冷热交替的时候注意保护口鼻，避免吸入冷空气，引发过敏性鼻炎。

（7）避免吸入粉尘

春季到来或者沙尘暴的天气记得带好口罩，避免吸入灰尘及花粉引发过敏。

11. 治过敏常用中药

金银花、蒲公英、野菊花、紫花地丁、紫背天葵这五味药构成中医著名的古方"五味消毒饮"，归肺、肝及心经。主要功效为清热解毒、消散疗疮。对于饮食不当、身体毒素累积以及代谢不畅引发的过敏特别是皮肤过敏有很强的功效，加上白芷可更增加消炎去毒的作用。另外，连翘、蝉蜕、蛇皮等也是常见消肿去毒、清除体内毒素的中药。

白芷：【药性】辛，温。归肺、胃大肠经。

【功效】解表散寒，祛风止痛，通鼻窍，燥湿止带，消肿排脓。

金银花：【药性】甘，寒。归肺、心、胃经。

【功效】清热解毒，疏散风寒。

连翘：【药性】苦微寒。归肺、心，大肠经。

【功效】清热解毒，消肿散结，疏散风热。

蒲公英：【药性】苦甘寒。归肺、胃经。

【功效】清热解毒，消肿散结，利尿通淋。

野菊花：【药性】苦辛微寒。归肝，心经。

【功效】清热解毒。

紫花地丁:【药性】苦辛寒。归心肝经。

【功效】清热解毒,凉血消肿。

柴胡:【药性】苦辛微寒。归肝,胆经。

【功效】解表退热,疏肝解郁,升举阳气。

蛇蜕:【药性】苦咸平。归肝经。

【功效】祛风,定惊,退翳,解毒止痒。

蝉蜕:【药性】甘寒。归肺肝经。

【功效】疏散风热,利咽开音,透疹,明目退翳,息风止痉。

白鲜皮:【药性】苦寒。归脾胃膀胱经。

【功效】清热燥湿,祛风解毒。

长夏时节养脾胃

1. 导语

很多人一到夏天就会出现困倦嗜睡、食不下咽等症状。而阳历的 7 月底至 9 月初,历来被称为"长夏",在五行中属土,对应的脏腑正是脾胃。《脾胃论》认为,脾胃在人体生理活动中最为重要,提出"内伤脾胃,百病由生"的观点。下面告诉你,在炎炎夏日,如何通过调养脾胃来让你的身体更健康。

2. 夏天为何胃口差

一年中夏末秋初,从大暑、立秋、处暑到白露 4 个节气为长夏。其时气候多雨而潮湿。可说是一年中湿气最为旺盛的时期,由于脾属土,对应季节又为长夏,因此脾气与长夏之气相通,脾主运化水湿,其性喜燥而恶湿。长夏之时湿浊之邪最易侵蚀肌体,湿热困于脾胃,损伤脾之阳气。使得脾失健运而容易引起胸脘痞满,食少倦怠。大便溏薄,口甜多涎,舌苔滑腻等症状。

3. 脾胃到底是什么

与西医不同,中医习惯将脾胃合称,认为脾胃与肉、唇、口等构成人体主要消化系统。胃位于腹腔上部,上连食道,下通小肠。脾位于腹腔上部，横膈之下，附于胃的背侧左上方。脾胃同居中焦，在水谷精微的受纳、消化、吸收、输布过程中共同发挥重要作用。脾胃在五行中都属土，但胃为阳明燥土，因此喜湿；脾为太阴湿土，因此喜燥，两者互为表里，同为气血生化之源。

4.脾胃的生理功能

脾胃在人体的健康中，发挥着决定性的作用。脾胃之气不足，则元气无所养。人自然身体虚弱，百病丛生。在生理功能中，脾主运化。胃主受纳，脾气主升而胃气主降，脾喜温燥而胃喜湿润，两者阴阳互济，相反相成。《平人气象论》有云：人以水谷为本，故人绝水谷则死，脉无胃气亦死……元气之充足，皆由脾胃之气无所伤，而后能滋养元气；若胃气之本弱，饮食自倍，则脾胃之气既伤，而元气亦不能充，而诸病之所由生也。

5.胃主受纳脾主运化

胃具有接受和容纳消化水谷；脾具有将水谷化为精微，并传送至全身各脏腑组织的作用。包括运化水谷和运化水液两个方面。胃的受纳消化能力强，脾的运化功能正常，脾气健运，机体的消化功能才健全。气血生化有源，全身的脏腑组织才能得到充分的营养，从而维持正常的生理功能。此外，脾在运化水谷精微的同时，还对水液代谢具有调节作用。脾运化水液功能健旺，则能使体内各种组织器官得到水液充分的滋润和濡养，而又不致水湿停聚。反之如果脾运化水湿功能失常，会导致人体产生水湿痰饮及水肿。

6.胃主腐熟脾主生血

胃将食物进行初步消化，其精微物质通过脾的运化而营养全身，而脾运化的水谷精微构成血液的主要物质基础，脾的运化功能健旺，则气血生化旺盛，血液充足。脾统血的功能是通过气摄血而实现的。脾运化水谷精微主要靠脾气的气化和生清作用，以及脾阳的温熙作用，因此，脾的统血功能与脾气和脾阳的旺盛与否密切相关。

7.胃主降浊脾主升清

胃的气机宜保持通畅下降的特性，而脾具有将其运化和吸收的水谷精微等营养物质向上输送至心肺头目，通过心肺的气化功能颐养全身的特

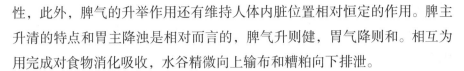

性，此外，脾气的升举作用还有维持人体内脏位置相对恒定的作用。脾主升清的特点和胃主降浊是相对而言的，脾气升则健，胃气降则和。相互为用完成对食物消化吸收，水谷精微向上输布和糟粕向下排泄。

8. 脾与其他脏腑之间的关系

（1）心与脾

心主血而脾生血，心主行血而脾主统血，心血供养于脾以维持其正常的运化功能。水谷精微通过脾的运输升清上输于心肺贯注于心脉化为血液。

（2）肺与脾

肺司呼吸而摄纳清气，脾主运化而化升谷气，肺主通调水道，脾主运化水液。肺与脾之间关系，主要表现在气的生成和水液代谢两方面。

（3）肝与脾

肝主疏泄，脾主运化；肝主藏血，脾主生血统血。肝与脾的生理联系，主要表现在疏泄与运化的相互依存、藏血与统血的相互协调关系。

（4）肾与脾

肾为先天之本，脾为后天之本，两者关系首先表现在先天与后天关系。肾为主水之脏，脾主运化水液，肾脾之间关系其次表现在水液代谢方面。

9. 伤脾胃恶习知多少

（1）生冷不忌

多食生冷寒凉饮食，可引起胃及血管收缩，胃的蠕动和分泌发生紊乱，日久就会导致胃病发生。同时可能引发女性血瘀，子宫寒凉。

（2）顿顿肥甘

顿顿高蛋白高脂肪，表面看似营养，其实对脾胃是很大的负担，过多食肥甘厚味的食物，可以影响脾胃的功能，造成食停消化。

（3）饥饱不定

过度饥饿时胃黏膜分泌的胃酸和胃蛋白酶对胃壁形成不良刺激；暴饮暴食又使胃壁过度扩张，食物在胃中停留时间过长，这都会对胃造成很大的伤害和负担。

（4）饮酒无度

长期饮酒或一次大量摄入酒精，可发生急性胃黏膜炎症。

（5）嗜甜如命

过量食用甜食可引起脾胃滋腻造成湿气停聚，难以排出体外，引起人倦怠懒动，食欲低下。

（6）思虑过度

中医有言："思伤脾"。思虑过度不但让人气郁难宣，可能导致气滞血瘀，更影响脾胃，令人食不下咽。

10. 脾胃之颐养有道

（1）三餐定时

胃肠的活动和消化液的分泌形成昼夜节律，一日三餐必须定时定量，这样才能使消化系统的昼夜节律不被破坏。

（2）饮食清淡

每餐吃到七分饱，根据自己体质多吃水果蔬菜杂粮，适当补充蛋白质及脂肪。

（3）适当运动

运动有养胃健脾之功。此外，从经络看，胃经是经过脚的第二趾和第三趾之间，经常活动脚趾可以起到健脾养胃的作用。

（4）注意保暖

脾胃喜暖恶寒，不但要在饮食上注意尽量少吃寒凉食物，穿衣时候也要注意上护脾胃，中护肚脐，下护子宫。

11. 脾胃养生菜谱

山楂决明玫瑰茶

功效：消食化积、肝脾两调、行气化瘀、润肠通便。

食材：生山楂、生决明子、玫瑰花、枸杞子、鲜薄荷、蜂蜜适量、水。

步骤：将食材及配料置入锅中，加水。大火煮开转小火滚 15~20min，关火静置。浸泡 4~8h，将锅中汤液过滤倒出，放入蜂蜜拌匀即可饮用。

温馨提示：蜂蜜请合用 50℃以下水温的水冲泡。所有榨汁类饮品请尽量在榨汁后 30min 内饮用，以免造成营养流失或活性下降。

四神汤

功效：滋补脾胃、除湿利尿、固精益肾、养心安神。

食材：猪肚、薏仁、莲子、芡实、茯苓、盐、米酒。

步骤：将猪肚完全清洗干净，再放入沸水中氽煮2min去除腥气。锅中重新放入清水，将薏仁、莲子、芡实和茯苓用清水冲洗干净放入锅中，倒入适量清水大火烧沸后放入猪肚继续用小火烧煮30min。

南瓜小米粥

功效：补脾养胃、补中益气、补肾利水、祛湿排毒。

食材：南瓜、小米、大米。

步骤：将南瓜去皮切丁，然后将小米和大米以2∶1的比例放入锅中洗净加大量水煮开，后放入南瓜丁至煮烂，用锅铲将米粥和南瓜完全混合。

温馨提示：可根据个人需要添加红枣枸杞或红糖，更可增强健脾暖胃养血之功效。

内金鳝鱼

功效：消痞化积、消食健胃、补血益气、散风通络。

食材：黄鳝、鸡内金、佐料。

步骤：将黄鳝去掉内脏洗净切段，加水少许与鸡内金放入酱油与调料同蒸即可。

山药枣泥糕

功效：滋补脾胃、益气养阴、固精止带、养血安神。

步骤：将干红枣放入热水中浸发起后用小刀剖开挖出枣核。山药洗净去皮切段。将红枣和山药小段分别放入蒸锅加热后将红枣捣烂混合均匀，再用筛网过滤去枣皮，制成枣泥。将山药用搅拌机打成泥。将山药泥小团压成小饼，在中间放入少许枣泥，完全包裹住，搓成球状。放入模子中，压实后再倒扣出来放入盘中即可。

沈其昀医学博士、主任医师、教授、硕士研究生导师。1942年生于中医世家，其父为沈六吉（全国名老中医、原上海市华东医院中医科主任），自幼习医。曾任上海第二医科大学内科学教授、硕士生导师，慢性阻塞性肺病研究室副主任，附属仁济医院呼吸科主任医师。现任上海中西医结合学会呼吸病专业委员会顾问。

专家 Q&A

Q：为什么人一生气就会食不下咽？

A：生气引起的厌食，从中医理论解释是由情志所伤，肝气郁结，使脾之气机郁滞、脾胃不和所致。

Q："思伤脾"为什么人若思虑过度也会影响胃口？

A：思虑劳神太过可伤及心脾，不仅引起气滞血瘀，而且使脾气不升，脾胃运化失调，以致食纳受阻。

Q：人为什么会恶心呕吐？

A：呕吐为胃失和降，胃气上逆之表现。可分为实证和虚证。

实证多由外邪犯胃，饮食停滞，痰饮内停，肝气犯胃所致。

虚证多由脾胃虚弱，运化功能减退，或胃阴不足所致。

Q：脾对应的五味是甜味，但是过多的甜食却容易滋腻脾胃，这是为什么？

A：根据中医五行学说，黄色，甜味能调养、补益脾胃之气，因此脾胃虚弱者，宜食小米、红薯、玉米、南瓜、黄豆等滋养脾胃之佳品。但补益应适度，过多进甜食会增加脾胃负担，并易致湿气内行，脾失健运，影响食欲。

Q：如何判断脾胃是否有湿气？

A：脾胃湿气重，可表现为口甜多涎、胸闷、胃脘痞满、大便溏薄、厌食倦怠，舌胖苔白厚腻、体态略肿等症。

Q：为什么有的人从小脾胃吸收不好？跟遗传有关吗？

A：自幼消化吸收不良，除与先天遗传因素有关外，与后天喂养不当、营养不良及其他病理因素亦有关。

Q：什么中药和食物可以帮助脾胃健运、消化食物？

A：理气健脾，疏肝解郁：陈皮、枳壳、川朴、木香、香附、佛手、香橼、玫瑰花。

芳香化湿：藿香、佩兰、香薷、砂仁、白豆蔻。

健脾化湿：白术、茯苓、山药、扁豆、芡实、莲藕、莲子、薏苡仁。

清暑化湿：赤小豆、绿豆、西瓜翠衣、丝瓜、冬瓜、苦瓜。

消食（助消化）药：山楂、神曲、谷麦芽、莱菔子、鸡内金。

Q：为什么说太过寒凉的食物会伤及脾胃？脾胃为什么会怕寒凉？

A：生冷寒凉食物易伤脾胃，不难理解。胃的功能是"受纳腐熟水谷"。要把食物腐熟，必须耗费足够的热量。长期多食寒凉食物，会不断消耗胃的阳气，日积月累可使脾胃运化功能受到损害。

Q：为何补脾的食物如红枣、山药、茯苓和薏苡仁多以平性或温性为主？

A：脾有"喜温恶寒"的特性，因此中医历来就主张暖食。进食平性、温化食物，有利于脾胃的气血运行，即所谓"血得热则行，遇寒则凝"。可减轻脾胃的负担，起护胃健脾作用。

Q：进食时间过晚会伤阳气，这种说法有根据吗？

A：进食过晚，势必造成胃的饥饿状态过久，扰乱正常运行节律，长此以往，会损害脾胃功能，影响食物消化及营养成分的吸收，从而伤及阳气。

远离反式脂肪的骗局

1.何为反式脂肪

反式脂肪，又称为反式脂肪酸、逆态脂肪酸或转脂肪酸，是一种加工过在室温下呈固态的多聚不饱和脂肪酸。

动物的肉品或乳制品中所含的天然反式脂肪相当少，如果用天然脂肪反复煎炸，也会生成少量的反式脂肪。人类食用的反式脂肪主要来自经过部分氢化的植物油。"氢化"是在20世纪初期发明的食品工业技术，并于1911年被食用油品牌"CRISCO"首次使用。部分氢化过程会改变脂肪的分子结构（让油更耐高温，不易变质，并且增加保存期限），但氢化过程也将一部分的脂肪改变为反式脂肪。由于能增添食品酥脆口感，并使得食品易于长期保存，此类脂肪被大量运用于市售包装食品、餐厅的煎炸食品中。

TIPS

早在1965年，安塞乐基斯医生就宣称部分氢化植物油中的反式脂肪是健康的大敌。但食品工业界迅速制止了这项宣称，把指责转移到动物脂肪上。迫于压力，基斯医生接下来写了后来影响深远的"1966年七国调查"，此项调查提供了食用高饱和脂肪人群直接和高心脏病发病率相关的证据。也正是由于此项调查，奠定了美国人对饱和脂肪根深蒂固的恐惧。该调查被认为有严重缺陷，因为涉嫌为证实其预设目的而故意选择被调查的国家。事实上，从动物脂肪换成固态的植物油的30年间，心脏病人从1930年的3000例增长到了后来的50万例。

2. 反式脂肪为何会流行

由于科学界的误导，再加上西方食品工业界蓄意地推波助澜，几十年来，人们普遍认为，吃富含饱和脂肪的食物会升高血液中的胆固醇，并不可避免地导致动脉堵塞。

因为反式脂肪被归类为不饱和脂肪，所以在发现其危害之前，是被视为取代饱和脂肪的符合健康的替代品，尤其因为普遍宣传的健康饮食观念更助长了反式脂肪的使用量。许多快餐连锁店也因此由原来的含有饱和脂肪酸的油脂改用反式脂肪。

3. 反式脂肪如何产生

大豆油在高压下加氢氢化，大豆油分子上的部分不饱和脂肪酸变成了饱和脂肪酸，于是本来可流动的大豆油变成了半固体状不流动的的氢化大豆油。大豆油加氢氢化后，分子中不饱和脂肪酸的双键被氢化，加氢的双键呈两侧分布，而通常状态下的饱和脂肪酸是同侧分布。这就形成了所谓"反式脂肪酸"。

一般而言，液体植物性脂肪含反式脂肪较少，油脂被固化后含反式脂肪较多，平均占总脂肪的30%左右，如豆油、色拉油和人造黄油中反式脂肪含量一般为5%~45%，最高可达65%；油脂精练通常需要250℃以上高温炼制2h，在这一过程中，也会产生一定数量的反式脂肪。另外，牛、羊等反刍动物的肉和奶。反刍动物体脂中反式脂肪的含量占总脂肪的4%~11%，牛奶、羊奶中的含量占总脂肪的3%~5%。

4. 危险的反式脂肪

为何这么说？先要从反式脂肪的结构说起，反式脂肪又被称为部分氢化油，其实是加工过在室温下呈固态的多聚不饱和脂肪。由于分子结构与一般的顺式脂肪不同，可说是一种错位的脂肪分子。之所以如此危险是因为它们升高低密度载脂蛋白LDL，同时降低高密度载脂蛋白HDL、甘油三酯和脂蛋白的水平。反式脂肪不但替代了可以提供必需脂肪酸的天然油脂，而且还阻止人体吸收必需脂肪酸。堆积在原本应该是必需脂肪酸所在的细胞膜上，除了损伤细胞膜以外，还阻碍了原本必需脂肪酸的生化反应，此外由于反式脂肪的结构异于普通天然脂肪，身体无法识别，因此非常难以被代谢。有研究发现，天然脂肪被人体吸收后大约 7 天左右能顺利代谢并排出体外，而反式脂肪酸则需要 51 天。

5. 反式脂肪七宗罪

（1）降低记忆力。反式脂肪引起的高密度脂蛋白（HDL）含量下降。而（HDL）与人的记忆力密切相关。青壮年时期如果摄入过量反式脂肪，老年时患老年痴呆症的比例更大。

（2）引发肥胖。经常吃薯片、奶油及油炸食品的人更容易发胖。这是因为反式脂肪不容易被人体消化，容易在腹部积累。经过计算，同样的数量，反式脂肪酸对肥胖的催化力是脂肪总体平均效应的 7 倍，是饱和脂肪的 3~4 倍。

（3）更易形成血栓。反式脂肪酸堆积在细胞壁上，增加血液黏稠度和因而使人容易产生血栓，对于血管壁脆弱的老年人来说，危害尤为严重。

（4）引发血压升高、动脉硬化等心血管疾病。反式脂肪酸令好胆固醇（HDL）水平下降，令坏胆固醇（LDL）水平上升，使血管发生堵塞，增加冠心病的风险。

（5）影响生长发育。研究发现，反式脂肪酸可通过胎盘转运给胎儿，母乳喂养的婴幼儿会因母亲摄入人造黄油，被动摄入反式脂肪酸。会使胎儿或新生儿比成人更容易患上必需脂肪的缺乏症，影响其生长发育。

（6）诱发糖尿病。研究发现，摄入反式脂肪会显著增加患上 II 型患糖尿病的危险。原因是一旦反式脂肪酸附着在细胞壁上，细胞便会对胰岛素产生抵抗性，使血糖不能进入。

（7）影响男性生育能力，减少男性荷尔蒙分泌，对精子产生负面影响，中断精子在身体内的生成。

6. 身边的反式脂肪

只要到任何超市里的糕点零食货架随便找一个饼干、薯片或低价巧克力配料表，就会发现反式脂肪以"氢化植物油"或者"代可可脂"等名字出现在配料表里。植物黄油其实就是一整块反式脂肪。含有反式脂肪的食品还有：带酥皮的面包，如法式牛角、带酥皮的点心或奶油蛋糕、奶油面包；蛋黄派或草莓派；大部分饼干；泡芙、薄脆饼、油酥饼、麻花；代可可脂巧克力制品；沙拉酱；人造奶油冰淇淋；咖啡伴侣或速溶咖啡及方便面等。

事实上，只要用花生油、玉米油或其他常用植物油来高温油炸食品就会不可避免地产生反式脂肪。

7. 区分好脂肪

在很多人观念里，一提到"脂肪"，已经习惯地和"不健康"划上等号。实际上脂肪是人体重要的组成部分，也是新陈代谢不可缺少的必要成分。特别是必需脂肪酸。所谓必需脂肪酸是指机体生命活动必不可少，但又不能自己合成的一类不饱和脂肪，必须由食物供给的不饱和脂肪酸。身体的许多功能都依靠必需脂肪酸维持。它们被用来制造二十碳烯酸类和前列腺素——控制血压和体温，调节炎症和肿痛，还参与血液凝结、过敏反应以及合成其他激素。

必需脂肪酸主要包括两种：一种是 ω-3 系列，主要存于鱼、蛋黄、坚果和坚果油；一种是 ω-6 系列，主要存在于暗绿色蔬菜、蛋黄和全谷物及种子中。还有一类脂肪酸 ω-9 系列，不是必需的，但是对人体帮助极大，主要存在于橄榄油中，另外在花生油、芝麻油、坚果油、鳄梨和鳄梨油也有发现。

8. 必需脂肪酸好处多

早在 1908 年，格陵兰岛的本地人几乎没有得心脏病。尽管这些人几乎完全依靠肉类为食。在 20 世纪 30 年代，再次对样本进行研究时，仍然没有发现心脏病。直至今天，在那些以传统食物，即包括鲸鱼、海豹和冷水鱼为食的格陵兰人中，心脏病还是非常罕见。

这是为什么呢？格陵兰本地人的饮食几乎全部来自于海豹和小鲸鱼的大块肉和脂肪。而海豹和鲸鱼只以三文鱼等冷水鱼为食，鱼肉中富含 ω-3 族脂肪酸，这反过来给食用它们的人提供了保护。

必需脂肪酸 ω-3、ω-6 都是是细胞的重要组成部分。ω-3 能有效降低血脂和胆固醇，防治心血管疾病，更是脑部、视网膜及神经系统所必不可少的物质，有增强脑功能、防治老年痴呆和预防视力减退的功效。此外，还能有效地预防诸如糖尿病等慢性疾病的发生、发展，具有很高的营养价值。因为ω-3大量存在于深海鱼中，因此建议每周至少要吃一次海鱼。此外，吃鱼也可降低死于癌症的几率。一项在意大利针对8000人的重要调查表明，与不吃鱼的人相比，每周吃两次或以上海鱼的人罹患食道癌、胃癌、结肠癌、直肠癌和胰腺癌的可能性降低了30%~50%。

BOX：如何远离反式脂肪

购买食品的时候一定注意食品包装后的配料成分表：氢化植物油、起酥油、植脂末、代可可脂、麦淇淋、植物黄油、人造奶油都是反式脂肪的不同外衣，其实本质是一样的。

炒菜的时候尽量油温不要过高，烧七成热即可，不要等到冒烟才放入食物。花生油、玉米油、葵花籽油等多聚不饱和脂肪遇到高温也会产生反式脂肪。如有条件尽量用猪油（饱和脂肪）或者橄榄油（单聚不饱和脂肪）。

不吃快餐店的食品，如薯条、炸鸡、炸猪排等。因为快餐店用的一般都是多聚不饱和脂肪如花生油，反复使用，使得食物里面含有大量反式脂肪。

转基因，"是"还是"不"

1. 导语

前一段时间，一则关于"小白鼠喂食转基因玉米长满肿瘤"的消息在微博上被转发2万多次，一时间，转基因食品成了"邪恶食品"的代名词。该消息可信度有多高？转基因食品是否真的对人体有害，为什么会这样？既然如此，为什么还要研发转基因食品？

2. 什么是转基因食品

在美国，超市里经常能看到一些蔬菜、水果，像西红柿、黄瓜、青椒和胡萝卜，新鲜诱人，最神奇的是，个头比通常见到大了一倍还不止！美国作为转基因作物种植第一大国，这些其实就是转基因食品技术的成果。

所谓转基因食品，就是利用现代分子生物技术，将某些生物的基因片段按照人的意志转移到需要进行改造的物种中去，藉以改造生物的遗传物质，使其在外在性状、营养要求、消费品质等方面达到人们的需要。将转基因生物作为食品原料，直接食用或以此原料制造的食品，统称为"转基因食品"。

3. 揭开转基因的面纱

简单地说，转基因技术其实就是跨物种育种技术。动植物的品种改良，往往是通过杂交手段，这种手段过去只能在同种中进行。如水稻对水稻、玉米对玉米；羊对羊、狗对狗。狮子和老虎杂交，有个体偶尔存活，但不可能再有下一代。转基因技术却是把不同种物种的遗传基因进行组合，形成杂种优势，而且这种优势可以代代遗传下去。如科学家看中了北极熊的基因，认为它有抵抗冷冻的作用，于是将其分离取出有抵抗冷冻的基因，再植入番茄之中，培育出耐寒番茄。

转基因技术培育出不少高产、优质、抗病毒、抗虫、抗寒、抗旱、抗涝、抗盐碱、抗除草剂等特性的作物新品种，降低农业成本，提高单位面积的产量，改善食品的质量，缓解世界粮食短缺的矛盾，这是科学的进步。但是转基因食品自从问世以来一直受到质疑。例如，科学家研究发现，有些转基因生物产品可能存在过敏原，含过敏原的食品会使过敏体质的人致敏。美国某研究中心的实验报告说，与一般大豆相比，耐除草剂的转基因大豆中，异黄酮成分显著减少。

4. 转基因食品类别区分

（1）植物性转基因

植物性转基因食品很多。例如，面包生产需要高蛋白质含量的小麦，而目前的小麦品种含蛋白质较低，将高效的蛋白基因转入小麦，做成的面包焙烤起来更香更可口。又比如，番茄是一种营养丰富、经济价值很高的果蔬，但是有不耐贮藏的问题。为了解决番茄这类果实的贮藏问题，研究者发现，控制植物衰老激素乙烯合成的酶基因，是导致植物衰老的重要基因，如果能够利用基因工程的方法抑制这个基因，那么番茄也就不会容易变软和腐烂了。美国、中国等国家的多位科学家经过努力，已培育出了这

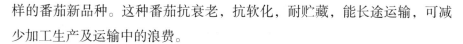

样的番茄新品种。这种番茄抗衰老，抗软化，耐贮藏，能长途运输，可减少加工生产及运输中的浪费。

（2）动物性转基因

动物性转基因食品也有很多种类。比如，牛体内转入了人的基因，牛长大后产生的牛乳中含有基因药物，提取后可用于人类病症的治疗。在猪的基因组中转入人的生长素基因，猪的生长速度增加了一倍，猪肉质量大大提高，现在这样的猪肉在澳大利亚已被请上了餐桌。

（3）微生物转基因

转基因微生物比较容易培育，所以微生物是转基因最常用的转化材料，应用也最为广泛。科学家利用生物遗传工程，将普通的蔬菜、水果、粮食等农作物，变成能预防疾病的神奇的"疫苗食品"。例如，科学家培育出了一种能预防霍乱的苜蓿植物。用这种苜蓿来喂小白鼠，能使抗病能力大大增强。而且这种霍乱抗原，能经受胃酸的腐蚀而不被破坏，并能激发人体对霍乱的免疫能力。于是，越来越多的抗病基因正在被转入植物，使人们在品尝鲜果美味的同时，达到防病的目的。

5. 转基因食品问题知多少

（1）毒性问题

对于基因的人工提取和添加，可能在达到某些人们想达到的效果的同时，也增加和积聚了食物中原有的微量毒素。

（2）过敏反应

科学家将玉米的某一段基因加入到核桃、小麦和贝类动物的基因组中，转移产生玉米的蛋白质，那么，以前吃玉米过敏的人就可能对这些核桃、小麦和贝类食品过敏。这样有过敏史的人有可能会对以前他们不过敏的食物产生过敏。

（3）营养问题

外来基因可能会以一种人们还不甚了解的方式破坏食物中的营养成分。例如，含有耐除草剂转基因的大豆中，异黄酮成分显著减少。

（4）抗生素抵抗

当科学家把一个外来基因加入到植物或细菌中去，这个基因会与别的基因连接在一起。人们在食用这种改良食物后，食物会在人体内将抗药性基因传给致病的细菌，使人体产生抗药性。

（5）威胁环境

在许多基因改良品种中包含有从杆菌中提取出来的细菌基因，会产生一种对昆虫和害虫有毒的蛋白质，从而引起了生态学家们的另一种担心。那些不在改良范围之内的其他物种有可能成为改良物种的受害者，从而对生态系统构成威胁。

（6）安全性存疑

转基因食品是利用新技术创造的新生事物，对于食用转基因食品的安全性一直存有疑问。其实，最早提出这个问题的人是英国的普庇泰教授。1998年，他在研究中发现，幼鼠食用转基因土豆后，会使内脏和免疫系统受损。随即，英国皇家学会对这份报告进行了审查，但却于1999年5月宣布此项研究"充满漏洞"。

6.近年来转基因食品事件

1998年，苏格兰Rowett研究所的普庇泰教授的实验证明，实验鼠食用转基因食物后，肾脏、胸腺和脾脏生长异常或萎缩或生长不当，多个重要器官也遭到破坏，免疫系统变弱。

1997~1998年，英国科学家实验分析发现转基因食品导致某些动物健康异常，食用了转基因土豆的老鼠出现了肝脏癌症早期症状、睾丸发育不全、免疫系统和神经系统部分萎缩等异常现象。

2004年，瑞士联邦技术研究院海尔比克教授发现，转基因玉米饲料中用来毒杀欧洲玉米螟的Bt毒素，无法分解，最终毒死了奶牛。

2005年，澳大利亚联邦科学与工业研究组织（CSIRO）发表的一篇研究报告显示，一项持续4个星期的实验表明，被喂食了转基因豌豆的小白鼠的肺部产生了炎症，发生过敏反应，并对其他过敏原更加敏感。

2006年，俄罗斯科学院科学家研究发现，食用转基因大豆食物的老鼠，其幼鼠一半以上在出生后头3个星期死亡，是没有食用转基因大豆老鼠死亡率的6倍。

2008年，意大利的科学家发现，用抗草甘膦转基因大豆喂养雌性小鼠

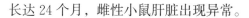

长达 24 个月，雌性小鼠肝脏出现异常。

2009 年，《生物科学国际期刊》上发表的研究结果表明，3 种孟山都公司的转基因玉米能让老鼠的肝脏、肾脏和其他器官受损。3 种转基因玉米品种，一种设计能抗广谱除草剂（即所谓的 Roundup-ready），另外 2 种含有细菌衍生蛋白质，具有杀虫剂特性。

专家 Q&A

出场专家：吉鹤立，毕业于复旦大学生物系，上海市食品添加剂和配料行业协会常务副会长，协会专家委员会主任，上海市健康产业协会专家委员会专家，《中国食品添加剂和配料使用手册》主编。

Q：中国公共食品领域有哪些转基因食品在市场上流通？

A：我国农业部已经批准种植的转基因农作物有：玉米、水稻、甜椒、西红柿、土豆等。

进口的转基因食品有大豆、玉米、油菜子等。

Q：有没有完全无害的转基因食品？

A：所有转基因食品都是通过基因重组实现的。生物界中，基因重组是生物进化的动力，通过基因重组、自然选择过程，出现新的生物物种，这样的物种在自然里能够生存，繁殖产生下一代。所谓有毒、无毒，是这个物种的特征。例如，真菌类的蘑菇有许多种类，就分为有毒和无毒两个类别。它们的原始类别不一定有毒，但是通过基因重组、自然选择，出现两个类别；同为伞形科的芹菜类有旱芹、水芹、毒芹，它们也是基因重组、自然选择的结果。这些重组和选择经过不知多少年、多少代，才有现在的这些种类。有些人不知道蘑菇、芹菜有有毒、无毒之分，认为只要是蘑菇，或只要是芹菜都可食用，结果出现了因食用毒蘑菇、毒芹菜而食物中毒。

人为的方法，通过转基因实现的基因重组，得到了新的物种，它具有很强的生命力，这些通过转基因产生的新物种和原来的物种相比，产生了新的蛋白质，这种新产生的蛋白质进入人体，有的已被证明是一种过敏原，一些过敏体质的人食用转基因食品，有可能出现过敏症状。转基因食品究竟还有没有其他危害，特别是会不会产生可遗传性疾病，要经过很长时期若干代的临床试验方可确定。

通过转基因产生新的食品，不能一概排斥，认为都对人有害；也不能全盘接受，起码要在动物身上尽量多做几代实验。

肯定有完全无害的转基因食品，但是要经过若干代的实验观测才能做出结论。

Q：转基因食品在何种情况下才可被证明完全无害？

A：现在的转基因食品是通过安全性风险评估，在现有科学知识认识和技术能力范围内，证明对人体身体健康无任何危害，产品投放市场，供应消费者。当然，有些转基因食品不敢保证，经过多少年、多少代以后，可能对人体身体健康产生危害。

Q：为何转基因食品的影响会到第二代甚至第三代才会体现？

A：转基因食品，如果有潜在的可遗传性疾病因子存在，在第一代没有表现出来，可能会在第二代、第三代，或再下一代表现出来，这是由基因的遗传特性所决定的。如一些遗传疾病，有的是隔代遗传，有的是性别遗传等。

Q：网上现在盛传小鼠服用转基因玉米致癌的说法是否属实？为何会导致这样的后果？

A：实验确有其事，但是问题在于是实验设计是否合理。例如，选用的小鼠个体是否健康？数量是否达到技术要求？实验时有没有其他可能致死因素？实验是否具有可重复性等，撰写的实验报告应该交待清楚。单个实验只是个案，只有证明实验具有可复制性和普遍性，食品的毒性才可被证明。

Q：利用转基因技术生产的食品是否会破坏食物的营养价值？

A：利用转基因技术生产食品目的就是要提高产量、提高食品的营养素含量。转基因技术使用除了上述目的外，还有抗病虫害、抗干旱等目的。

Q：转基因食品对环境是否会产生不利影响？

A：一般而言，目前转基因食品的生产一般是受到严格控制的。例如，种植转基因玉米、大豆，种子是专门培育，得到的产品是不育的，对环境不会产生不利影响。

Q：如何在日常生活中识别转基因食品？

A：转基因食品和非转基因食品在外表上没有太大的区别，不容易被

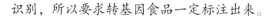

识别，所以要求转基因食品一定标注出来。

Q：和传统的遗传杂交改良，转基因技术也是为了获得更优良的遗传性状，请问转基因和传统的杂交改良有何区别？

A：传统的遗传杂交只是种内不同品系间的杂交，选出或高产、或抗病虫害等优良的性状，得到新的品系；转基因技术不是同一品系间，而是远缘杂交。转基因技术可将不同种属的某种植物，甚至是某种动物、某种微生物中某个基因片段转移过来，得到新的品种。

Q：既然转基因食品有这么多风险，为什么还要花这么大力气去研发？

A：世界上人口越来越多，许多地方的自然环境恶化不利于食品生产，发展转基因食品是人类生存发展的需要。转基因食品是新的科技产物，现在还存在这样或那样的问题，但随着科技的发展，它的所有利弊都会彻底展现在世人面前。只有按照严格的不对人与环境有害的立法规定去做，中国生物技术的发展才会是健康、有序的，我们的生活也会因生物技术带来的转基因食品而变得更加丰富精彩。

食品有毒？到底怎么吃才安全

1. 引言

食品安全"草木皆兵"：水源被污染，土壤存在农药残留，转基因食品有可能导致未来人类产生基因突变，更可怕的是近年来有不少厂家和商贩为了追求利润，往食品中非法添加大量化工原料！如何吃才能不中招？才能健康地活着？已经成了全体国民的心病，下面为你讲述如何挑选鉴别安全的食品。

2. 天下无毒不可能

其实，每天我们都多多少少在食物中摄入有毒物质，在一定剂量范围内，肝脏可以产生解毒物质将有毒物质或降解、或螯合再排出体外。不会对身体产生危害。要求食品完全不存在任何有毒物质是不可能的，关键在于食品生产商家对于剂量的控制和相关部门的监控，在安全性评价中，通过试验，可将这种成分确定为：极毒、剧毒、中等毒、低毒、实际无毒。就食品添加剂而言，极毒或剧毒的物质，无论在食品中作用有多大都不允许用于食品。中等毒尽量少用，多用低毒或无毒。

TIPS：关于亚硝酸盐

许多食品中含有亚硝酸盐，如泡菜、酸菜含有亚硝酸盐、绿叶蔬菜煮熟以后，上顿没吃完，放到下一顿就会有亚硝酸盐出现。亚硝酸盐毒性属于中等，正常人一次摄入 2000mg 即中毒致死，但是肉制品加工需要亚硝酸盐，只是有严格的限制，要求每公斤肉制品中亚硝酸的含量不超过 30mg，在这个范围内，人体可将之正常代谢，不会造成伤害。

3. 毒从哪来？

引发食品安全问题的有毒物质种类非常多。按来源来区分，可大致分为 3 类。

（1）食品本身具有的天然有毒物质；比如发芽的土豆含有茄碱，新鲜的黄花菜中含有秋水仙碱等有毒物质，河豚鱼的生殖腺和皮肤中含有大量的河豚鱼毒素。

（2）工业化进程环境或其他因素造成的，包括农药残留、兽药残留、抗生素、有害元素及霉菌污染等。比如 1999 年欧洲发生的"二恶英"猪肉事件和疯牛病事件。

（3）不法厂家和商贩人为添加非食用化工原料或者超范围、超剂量使用食品添加剂。造成今年来大量食品安全事故不断发生。比如"苏丹红事件""硼砂事件"就是这一类事件的代表。

4. 近年来重大食品安全事故

① 2008 年 10 月，甲醛银鱼事件

无锡市农贸市场所售太湖银鱼经采样检测，首次发现含有大量甲醛成分。长期吸入可导致男子精子畸形、死亡，性功能下降，严重的可导致生殖能力缺失，全身症状有头痛、乏力、胃纳差、心悸、失眠、体重减轻以及植物神经紊乱等。

② 2008 年年底，三聚氰胺奶粉事件

三鹿奶粉被查出含有三聚氰胺，接着其他品牌也纷纷落马，三聚氰胺在肾里结合成不溶物，妨碍尿液的正常排出，尿中有害物质沉积在肾里，对肾脏造成危害。这种情况对于婴幼儿特别危险。

③ 2011 年 9 月，地沟油事件

媒体曝光每年多达 300 万 t 的地沟油流向国人餐桌，地沟油回收—加工—生产—销售—回流到餐桌已经形成了一个庞大的购销网络，每天有数以吨计的地沟油在恶劣的环境下生产并供应到餐馆。

④ 2011 年 12 月，蒙牛黄曲霉素事件

蒙牛某批次牛奶被查出黄曲霉素超标 140%。它由奶牛的饲料进入牛奶，普通杀菌方法很难消除，最好的预防只有控制饲料中的黄曲霉素含量。

⑤ 2012 年 4 月，立顿农药超标事件

绿色和平组织发布了全球最大的茶叶品牌——"立顿"牌袋泡茶叶调查结果。4 份样品共含有 17 种农药残留；绿茶、茉莉花茶和铁观音样本中均含有至少 9 种农药残留；其中绿茶和铁观音样本中农药残留多达 13 种。

⑥ 2012 年 4 月，防腐剂蜜饯事件

媒体曝光某些蜜饯生产厂家随意添加防腐剂、漂白剂，伪造检测报告，更改生产日期，生产环境肮脏不堪。

⑦ 2012 年 5 月，工业明胶事件

记者发现国家明令禁止用作食品药品原料的工业明胶被广泛用于老酸奶、果冻、珍珠奶茶、胶囊里，此种明胶易出现重金属铬超标。

5. 蔬菜选购原则"三不要"

不要购买来路不明的蔬菜，在路边地摊销售不能购买，买菜最好到正规市场去买，正规市场的蔬菜实行了市场准入制度，对农药残留有控制要求。

不要购买城市近郊闲置地种植的蔬菜。这样的蔬菜栽培用过量化肥，尤其是尿素、硫酸铵，会造成蔬菜的硝酸盐含量过多，肉眼是无法鉴别的。

不要购买反季节蔬菜，这类蔬菜在大棚中种植，气温较高，不利于农药降解，会残留在蔬菜上；光照不足，施用氮肥不当，使其硝酸盐含量高，消费者如长期食用这种被污染的蔬菜，会造成慢性或急性中毒。

一般而言，蔬菜中亚硝酸盐的含量，根菜类多于薯芋类，薯芋类多于绿叶类，而花果种子最少。平时多吃点瓜、果、豆和食用菌，如黄瓜、番

茄、毛豆、香菇更安全。

6.如何挑选新鲜健康的蔬菜

（1）观颜察色

蔬菜颜色不正常，要特别注意，如菜叶失去平常的绿色而呈墨绿色，毛豆碧绿异常等，它们在采收前可能喷洒或浸泡过甲胺磷农药。

（2）分辨形状

反季节蔬菜或提前上市蔬菜，经过激素或催熟剂处理，番茄用过激素，顶尖会形成奶头状，用过催熟剂，全红而内有空穴或青籽；韭菜的叶子特别宽大肥厚，比一般宽叶韭菜还要宽得多，可能在栽培过程中用过激素，未用过激素的韭菜叶较窄，吃时香味浓郁。

（3）判断鲜度

已经枯萎、变软的蔬菜不可食用；霉烂蔬菜不仅霉烂部分，它的大部分都不可食用；绿叶蔬菜，30℃以上，放置时间超过6~10h最好不要食用，反复用水浸渍更不要食用。

（4）如何去除蔬菜中的农药残留

去除蔬菜中的农药残留方法有以下几种：

浸泡法：主要适用于叶类菜和花类菜，如菠菜、生菜、小白菜和韭菜花、金针菜等，可以用清专用蔬果清洗剂水浸泡等。先用水冲洗掉表面污物，然后用清水浸泡，浸泡时间不少于10min。

去皮法：对于带皮的蔬菜胡萝卜、冬瓜、南瓜、茄子、马铃薯、萝卜等，可以削去含有残留农药的外皮，只食用肉质部分。

漂烫法：常用于芹菜、菜花、圆白菜、青椒、豆角等。可先用清水将表面污物洗净，放入沸水中漂烫2~5min捞出，然后用清水冲洗1~2遍。此法可清除90%的残留农药。

贮存法：购买蔬菜后，在室温下放1天左右，残留农药平均消失率为5%；放置10~15天，效果更好。此法适用于冬瓜、南瓜等瓜果类以及根茎类等便于贮藏、不易腐烂的蔬菜。

日照法：使蔬菜中部分残留农药被分解、破坏。据测定，蔬菜在阳光下照射5min，有机氯、有机汞农药的残留量损失达60%。

7. 如何挑选好猪肉

首先是看颜色。好猪肉皮肤呈乳白色，脂肪洁白且有光泽。肌肉呈均匀红色，表面微干或稍湿，但不粘手，弹性好，指压凹陷立即复原，具有猪肉固有的鲜、香气味。正常冻肉呈坚实感，解冻后肌肉色泽、气味、含水量等均正常无异味。

问题猪肉颜色往往是深红色或者紫红色。猪脂肪层厚度适宜（一般应占总量的33%左右）且是洁白色、没有黄膘色、盖有检验章的为健康猪肉。此外，还可以通过烧煮的办法鉴别，不好的猪肉放到锅里一烧水分很多，没有猪肉的清香味道，汤里也没有薄薄的脂肪层，再用嘴一咬肉很硬，肌纤维粗。

TIPS：怎样识别猪肉中是否有"瘦肉精"

肉色异常鲜艳，尤其是猪肝；

切成二三指宽的猪肉比较软，不能立于案；

瘦肉与脂肪间有黄色液体流出；

猪肉脂肪层厚度不足1cm，正常猪肉脂肪层厚度一般在2cm以上。

8. 如何挑选和购买乳奶制品

选用有SC标志的产品，购买时应注意产品包装标志是否齐全（产品名称、厂名、厂址、生产日期、保质期、净含量、执行标准）。

分清"超高温灭菌奶"和"巴氏灭菌奶"。前者采用135~152℃瞬间高温将牛奶中的有害细菌全部杀死，保存时间长不易变质，但有益菌少。后者在62~75℃条件下杀灭有害细菌，能最大程度保留对人体有益的菌种，但保质期很短，多为3~4天，如果冷藏不符合要求，容易变质。这两种奶都无需加热可直接饮用。

贮存温度并非越低越好。乳制品正常贮存温度为 -2~10℃，贮存温度过低，虽能使奶中多数细菌死亡，但对牛奶的化学结构、还原后的组织状况等都会有所影响。

区分牛奶、复原奶和含乳饮料。牛奶、复原奶和含乳饮料的营养价值有很大差别。复原奶是拿奶粉勾兑而成，注意看清产品名称有无"饮料"或"饮品"字样。例如，"酸酸乳饮品"为含乳饮料。

TIPS: 鲜奶和奶制品购买尽量遵循就近购买原则,尽量挑选当地规模较大,生产和发展时间较长的知名企业。比如在北京可选择三元,在上海可选择光明,这样的厂家一是奶源有保证,二是生产过程中质量有保障。现在有些奶品企业由于过度扩大生产规模,下游的供应链跟不上,于是奶制品质量问题层出不穷。

专家 Q&A

出场专家:吉鹤立,上海市食品添加剂和配料行业协会常务副会长,协会专家委员会主任,上海市健康产业协会专家委员会专家,《中国食品添加剂和配料使用手册》主编。

Q:转基因食品对人体健康到底有害吗?

A:判断转基因食品对人体健康有害否,需要知道对食用转基因食品的人群几代以后的人身体健康影响,这就对安全性风险评估带来困难。但是人类进化发展数百万年来所摄入的食物,才造就今天的身体结构和生理生化过程,食物分子结构发生改变,对后代健康的影响不是在短时间内可以显现的。婴幼儿、青少年、育龄男女最好谨慎食用转基因食品。

Q:味精吃多了对人有害吗?鸡精真的是鸡的精华?

A:有些人很忌讳味精,因此选择鸡精,其实这是一种误解,首先成人每天食用味精不超过 6g 无害。其次鸡精中也含有味精成分,合格的鸡精中味精占有 35%~40%,鸡的成分不占有太大的比例,真正的鸡精含有鸡的浸出物成分,还含有味精、肌苷酸、鸟苷酸、鸡肉香精及糊精填充料等。

Q:过期食用油为什么不能吃?

A:食用油中不饱和脂肪酸不断被氧化,过了保质期,油脂因氧化酸败而不合格。油脂氧化产生小分子的酮、醛等,这些物质对人体有害。路边烧烤的问题更严重,马路上车辆经过,含菌、含毒物的尘土飞扬;汽车尾气中碳氢化合物、氮氧化合物、一氧化氮、二氧化硫等更是对人体有害,这些地方烧烤不能吃,更何况,烧烤里还含有苯并芘,是强致癌物。

Q:有没有办法可判断牛奶的优劣?怎样挑选奶制品?

A:首先认真阅读标签,注意是鲜奶还是复原奶。所谓复原奶是指用奶粉还原的牛奶，营养成分自然比不上鲜奶。还要关注配料表，要将乳和乳饮料区别开来。奶制品的挑选，尤其注意用了什么替代品。奶制品选择最好遵循就近选择的原则，尽量选择本地的奶品供应商。

Q：现在茶叶上农药超标很厉害，如何挑选茶叶？

A：茶叶鉴别，可分香气、滋味、汤色、叶底。有异味者为劣。茶叶含有农药，消费者是无法鉴别的，要靠茶叶质检部门用物理或化学的方法来鉴别茶叶是否含有农药。

◢附　录◣

附录一　常见食品营养含量表

（每100g食物中所含营养成分）

食物种类	食物名称	总热量/kcal	蛋白质/g	脂肪/g	碳水化合物/g
主食	米饭	116	2.6	0.3	25.9
	馒头	221	7	1.1	47
	面包	312	8.3	5.1	58.9
	面条	284	8.3	0.7	61.9
	油条	386	6.9	17.6	51
	粥	46	1.1	0.3	9.9
肉类	猪肉肥（瘦）	395	13.2	37	2.4
	猪肉（瘦）	143	20.3	6.2	1.5
	牛肉（瘦）	106	20.2	2.3	1.2
	酱牛肉	246	31.4	11.9	3.2
	羊肉（瘦）	118	20.5	3.9	0.2
	鸡肉	181	16	13	0
蛋类	鸡蛋	147	12.8	10.1	1.4
	鸡蛋白	60	11.6	0.1	3.1
	鸭蛋	180	12.6	13	3.1
水产品	鱼肉	113	16.6	5.2	0
	虾肉	83	16.6	1.5	0.8
奶制品	牛奶	54	3	3.2	3.4
	酸奶	72	2.5	2.7	9.3
	奶酪	328	25.7	23.5	3.5

食物种类	食物名称	总热量 /kcal	蛋白质 /g	脂肪 /g	碳水化合物 /g
豆制品	豆腐	81	8.1	3.7	4.2
	豆浆	14	1.8	0.7	1.1
蔬菜类	黄瓜	15	0.8	0.2	2.9
	西红柿	19	0.9	0.2	4
	白菜	17	1.5	0.1	3.2
	生菜	15	1.4	0.4	2.1
	蘑菇	20	2.7	0.1	4.1
	胡萝卜	40	1.2	0.2	9.5
	土豆	76	2	0.2	17.2
	茄子	21	1.1	0.2	4.9
水果	苹果	52	0.2	0.2	13.5
	梨	44	0.4	0.2	13.5
	橘子	51	0.7	0.2	11.9
	西瓜	25	0.6	0.1	5.8
	香蕉	91	1.4	0.2	22
	葡萄	43	0.5	0.2	10.3
	猕猴桃	56	0.8	0.6	14.5
油脂	食用油	899	0	99.9	0

注：1kcal＝4.19kJ。

附录二　世界卫生组织最佳蔬菜排行榜

一、红薯

又称番薯、地瓜等，是一种药食兼用的健康食品。高质量的红薯应该外表光滑、形状好、坚硬、色泽发亮。它富含膳食纤维、胡萝卜素、维生素 A、维生素 B、维生素 C、维生素 E 以及钾、铁、铜、硒、钙等 10 多种微量元素，营养价值很高，被营养学家称为营养最均衡的保健食品。

二、芦笋

学名石刁柏。它含有丰富的维生素 B、维生素 A 以及叶酸、硒、铁、钙等微量元素，还含有其他蔬菜没有的芦丁等营养元素，这些元素对防治心脑血管疾病、癌症有效。它还含有对人体比例恰当的必需氨基酸，是一种低热量、高营养的蔬菜，是公认的高档保健蔬菜。

三、卷心菜

又称接球甘蓝，别名圆白菜。它既可以生吃也可以熟食，维生素 C 的含量很高，比大白菜要高出一倍。常吃卷心菜对皮肤有美容的功效，能防止皮肤色素沉淀，减少青年人的雀斑，延缓老年斑的出现。卷心菜中含有一定量的维生素 U，具有保护黏膜细胞的作用，它的新鲜汁液能治疗胃和十二指肠溃疡，有止痛及促进愈合作用，也有一定的抗癌作用。

四、菜花

又称花菜、花椰菜，属于十字花科蔬菜。它含有丰富的蛋白质、脂肪、碳水化合物、食物纤维、维生素及矿物质。常吃菜花可增强肝脏的解毒能力，并能提高机体的免疫力，预防感冒和坏血病的发生。具有防病保健、延缓衰老的功效。

五、芹菜

又名旱芹、药芹。市场上的芹菜主要有 4 种类型：青芹、黄心芹、白芹和西芹。它含有蛋白质、脂肪、碳水化合物、粗纤维、钙、磷、铁等多种营养物质，有很高的药用价值。中医认为芹菜有：甘凉清胃，涤热祛风，利口齿、咽喉，明目和养精益气，补血健脾，止咳利尿，降压镇静等功效。此外，芹菜叶营养胜过芹菜茎，所以，那种只吃芹菜茎不吃芹菜叶的习惯应该要改掉。

六、茄子

别名落苏。它含有多种维生素、脂肪、蛋白质、糖及矿物质，素于强化血管功能的蔬菜，被称为"心血管之友"。中医认为，茄子性味甘寒，入脾、胃、大肠经，有活血化淤、清热消肿宽肠之效。

七、甜菜

甜菜根被称为"天然的综合维生素"。它含有丰富的钾、磷及容易消化吸收的糖，可促进肠胃的蠕动，助消化，它的纤维可促进锌的吸收，有助于儿童和老人获得均衡的营养，能消除体内废物，它也是妇女及素食者补血的最佳天然营养品。

八、胡萝卜

又叫黄萝卜。胡萝卜的营养很全面，味甘、性平，有健脾和胃、壮阳补肾、化滞下气等功效，它的胡萝卜素可以促进肌体正常生长与发育，维持上皮组织，防止呼吸道感染，保持视力正常，增强人体免疫力。

九、荠菜

又叫护生草、鸡心菜、净肠草。其药用价值很高，具有明目、清凉、解热、利尿的功效，也可降低人体血液中的胆固醇含量，同时改善血糖。

十、金针菇

是菇类的蛋白质库，金针菇营养丰富，有促进儿童智力和健脑的作用，也被称为"健脑益智菇"。它含有18种氨基酸，长期食用还能使儿童体重、身高明显增加。金针菇中的朴菇素，具有抗癌的功能，可预防高血压，降低胆固醇，防治心脑血管疾病，还有利于美容、减肥。

十一、雪里红

又名叶芥菜，它所含的蛋白质可分解为16种氨基酸，参与代谢，改善神经系统功能，还可以解毒消肿，促进伤口愈合，对感染性疾病有辅助治疗作用。

十二、大白菜

传统中医认为白菜性味甘、平寒无毒、清热利水、养胃解毒，可用于治疗咳嗽、咽喉肿痛等症，热量低，含丰富的维生素 E，是一种能防斑的养颜蔬菜，它具有除烦的功能，可调节紧张的神经，考试前多吃些大白菜，能以平静的心态进入考前准备。大白菜还具有抗氧化的效果，女性每天吃些大白菜，可降低患乳腺癌的危险。

附录三　世界卫生组织（WHO）公布的全球十大垃圾食物

一、油炸类食品

导致心血管疾病元凶（油炸淀粉）；含致癌物质；破坏维生素，使蛋白质变性。

二、腌制类食品

导致高血压，肾负担过重，导致鼻咽癌；影响肠胃黏膜系统；易得溃疡和发炎。

三、加工类肉食品（肉干、肉松、香肠等）

含三大致癌物质之一：亚硝酸盐；含大量防腐剂（加重肝脏负担）。

四、饼干类食品（不含低温烘烤和全麦饼干）

食用香精和色素过多（对肝脏功能造成负担）；严重破坏维生素；热量高，营养成分低。

五、汽水、可乐类食品

含磷酸、碳酸，会带走体内大量的钙；含糖量过高，喝后有饱胀感，影响正餐。

六、方便类食品（主要指方便面和膨化食品）

盐分过高，含防腐剂、香精（损肝）；只有热量，没有营养。

七、罐头类食品（包括鱼肉类和水果类）

破坏维生素，使蛋白质变性；热量高，营养成分低。

八、话梅蜜饯类食品（果脯）

含三大致癌物质之一：亚硝酸盐；盐分过高，含防腐剂、香精（损肝）。

九、冷冻甜品类食品（冰淇淋、冰棒和各种雪糕）

含奶油，极易引起肥胖；含糖量过高，影响正餐。

十、烧烤类食品

含大量"三苯四丙吡"（三大致癌物质之首）；1只烤鸡腿＝60支烟的毒性；导致蛋白质炭化变性（加重肾脏、肝脏负担）。

附录四 2006—2016 年重大
食品安全事故一览

2006 年 2 月硼砂面粉事件

北京市工商局针对食品中非法添加硼砂事件展开了突击抽检，涉及面条、挂面、饺子皮、猫耳朵、粽子样本，查处"硼砂面条""硼砂粽子"30多起。在面条、粽子等食品中添加有毒化工原料硼砂，以改善食品的口感，这已经成为行业内一个公开的秘密。

硼砂为硼醋钠的俗称，为白色或无色结晶性粉末，我国自古就习惯使用硼砂于食品，硼砂添加入食品中起防腐、增加弹性和膨胀等作用。腐竹、肉丸、凉粉、凉皮、面条、饺子皮等都可能有人非法添加硼砂。硼砂对人体健康有害，硼砂进入体内后经过胃酸作用转变为硼酸，硼酸在人体内蓄积，妨害消化道的酶的作用，引起食欲减退、消化不良，抑制营养素的吸收，促进脂肪分解，因而使体重减轻。硼酸急性中毒症状为呕吐、腹泻、红斑、循环系统障碍、休克、昏迷等所谓硼酸症。硼砂中的硼对细菌的 DNA 合成有抑制作用，但同时也对人体内的 DNA 产生危害。硼是人体限量元素，人体若摄入过多的硼，会引发多脏器的蓄积性中毒。硼砂的成人中毒剂量为 1~3g，成人致死量为 15g，婴儿致死量为 2~3g。

2006 年 6 月福寿螺线虫事件

北京蜀国演义酒楼黄寺店、劲松店经营的凉拌螺肉（又称香香嘴螺肉）中含有广州管圆线虫的幼虫，造成食用过黄寺店凉拌螺肉的 81 人患广州管圆线虫病，其中住院 60 人，门诊 21 人；造成食用过劲松店凉拌螺肉的 57 人患广州管圆线虫病。凉拌螺肉是该公司推出的一道创新菜，开始用角螺（一种海螺）来做，后来将制作凉拌螺肉的原料改为福寿螺，因厨师加工不当，未彻底加热，没有杀灭螺肉中存在的广州管圆线虫，造成这起广州管圆线虫病暴发。

2006 年 7 月人造蜂蜜事件

武汉"人造蜂蜜"事件曝光，这些蜂蜜不但价格与白糖相差无几，有的甚至伪造产品质量检验报告，进入各大超市"特价"销售。据报道，现在蜂蜜造假的手段五花八门，有的是用白糖加水加硫酸进行熬制；有的直接用饴糖、糖浆来冒充蜂蜜；有的利用粮食作物加工成糖浆（也叫果葡糖浆）充当蜂蜜。造假分子还在假蜂蜜中加入了增稠剂、甜味剂、防腐剂、香精和色素等化学物质，假蜂蜜几乎没有营养价值可言，而且糖尿病、龋齿、心血管病患者喝了还可能加重病情。

2006 年 9 月瘦肉精事件

据不完全统计，1998 年以来，上海发生多起因食用猪内脏、猪肉导致的瘦肉精食物中毒事件，中毒人数达 1700 多人，死亡 1 人。

瘦肉精又名盐酸克仑特罗，是一种白色或类白色的结晶粉末，无臭、味苦，曾用于治疗支气管哮喘，其对心脏的副作用大，故已弃用。猪食用瘦肉精后在代谢过程中促进蛋白质合成，加速脂肪的转化和分解，明显增加瘦肉率，养猪户掺入饲料中使猪不长膘。但是人食用含有瘦肉精的猪肉后会出现头晕、恶心、手脚颤抖、心跳，甚至心脏骤停致昏迷死亡，特别对心律失常、高血压、青光眼、糖尿病和甲状腺机能亢进等患者有极大危害。因此，全球禁止用作饲料添加剂。

据业内专家介绍，含有"瘦肉精"的猪肉皮肤很红，臀部较大，猪肉的脂肪层很薄，通常不足 1cm，对有这类表象的猪肉产品，建议谨慎购买食用。此外，猪肝猪肺为猪体内瘦肉精等有害物质大量富集的脏器，即使在煮熟后也不易分解，建议谨慎食用。

2006 年 11 月苏丹红事件

河北一些禽蛋加工厂生产的"红心咸鸭蛋"在北京被查出含有苏丹红。接着一些食品厂家的辣椒粉、番茄酱也相继查出含有苏丹红。

苏丹红是一种人工合成的偶氮类、油溶性的化工染色剂，用于为溶剂、油、蜡、汽油增色以及鞋、地板等的增光。苏丹红进入人体，因为它不溶于水，故排除困难，代谢产物苯胺对人体有毒。苏丹红具有致敏性，过敏体质者可引起皮炎。苏丹红是动物致癌物，肝脏是苏丹红产生致癌性的主要靶器官，此外还可引起膀胱、脾脏等脏器滋长肿瘤。

国际癌症研究机构（IARC）也将其归为三类致癌物，而像黄曲霉毒素、亚硝胺、苯并芘等则是一类致癌物。实际在辣椒粉中苏丹红的检出量通常较低，因此对人健康造成危害的可能性很小，偶然摄入含有少量苏丹红的食品，引起的致癌性危险性不大，但如果经常摄入含较高剂量苏丹红的食品就会增加其致癌的危险性，特别是由于苏丹红代谢产物苯胺是人类可能致癌物，因此应尽可能避免摄入这些物质。

2006 年 11 月多宝鱼事件

上海公布了对 30 件冰鲜或鲜活多宝鱼的抽检结果，30 件样品中全部被检出含有多种违禁鱼药残留。多宝鱼学名大菱鲆，主产于大西洋东部沿岸，俗称欧洲比目鱼，在中国又称"多宝鱼"和"蝴蝶鱼"，是名贵的低温经济鱼类，20 世纪 90 年代引入我国后，人工养殖发展迅速。由于多宝鱼本身抗病能力较差，养殖技术要求较高，一些养殖者大量使用违禁药物，用来预防和治疗鱼病，导致多宝鱼体内药物残留严重超标。

硝基呋喃类药物：在国际国内均为禁用鱼药，人体长期大量摄食含硝基呋喃类药物的食品存在致癌可能。

孔雀石绿：是化工产品，既是杀真菌剂，又是染料，具有较高毒性，高残留，而且长期服用之后，容易导致人体产生癌症，引起畸变、突变等，对人体绝对有害。

抗生素药：恩诺沙星、环丙沙星、氯霉素、红霉素均是抗生素类药。长期从食品中摄入微量的抗生素，可降低人体对药物的耐受性。

2006 年 12 月剧毒猪油事件

媒体曝光浙江台州地区的温岭市繁昌油脂厂长期收购来路不明的废弃油脂，加工成食用猪油进入市场，已经形成了一个庞大的购销网络。随后，又有媒体报道广州番禺区每天有数以吨计的"黑猪油"在恶劣的环境下生产并供应到广州的食肆。

后果：经检测，黑猪油样品酸价值超出国家标准 11 倍多，酸败物质可能会引起食物中毒，人体摄入后甚至会出现基因突变等现象。更严重的是，黑猪油里还检测出了剧毒农药——"六六六"和"滴滴涕"。

2006 年 12 月吊白块事件

北京市食品安全办通报，烟台德胜达龙口粉丝有限公司生产的龙口粉丝中检出含有毒的工业用漂白剂"吊白块"。吊白块被一些不法厂商用作增白剂在食品加工中添加，使米粉、面粉、粉丝、银耳、面食品及豆制品等色泽变白，有的还能增强韧性，不易腐烂变质。

吊白块，化学名称为次硫酸氢钠甲醛和甲醛混合物，为半透明白色结晶或小块，易溶于水。高温下具有极强的还原性，有漂白作用。吊白块水溶液在 60℃ 以上就开始分解出有害物质。吊白块在印染工业用作拔染剂和还原剂，生产靛蓝染料、还原染料等。吊白块的毒性与其分解时产生的甲醛有关：大鼠经口 LD_{50}（半数致死量）$>2g/kg$（体重）。打喷嚏、咳嗽、胸痛、声音嘶哑、食欲缺乏、头晕、头痛、恶心、呕吐、疲乏无力、肝区疼痛，甚至黄疸、畏寒、发热、少尿、血压下降等，这些都是食用含吊白块食品表现的症状。

2006 年 12 月陈化粮事件

原国家食品药品监督管理局发出紧急通知，媒体报道北京、天津等地相继发现万吨"陈化粮"，并称这些"陈化粮"均是"东北米"。长期贮存的陈化粮中，油脂会发生氧化，产生对人体有害的醛、酮等物质。陈化粮会感染黄曲霉菌，继而产生黄曲霉毒素。

黄曲霉素是目前所知致癌性最强的化学物质。用每千克含黄曲霉毒素 $1\mu g$ 的饲料喂大鼠，68 周后即可引起肝癌。黄曲霉素可诱发多种癌，主要诱发肝癌，还可诱发胃癌、肾癌、泪腺癌、直肠癌、乳腺癌、卵巢及小肠等部位的肿瘤，还可出现畸胎。

2008 年 10 月甲醛银鱼事件

无锡市农贸市场所售太湖银鱼经采样检测，首次发现含有大量甲醛成分。无锡市民反映，称其所购银鱼炒熟后韧性十足，嚼如橡胶，用手竟难以扯断，外表可清晰拨出一层皮状物，疑为假银鱼。这种能蜕皮的银鱼，是商贩为了防腐保鲜，将银鱼经高浓度甲醛溶液浸泡，加上放置时间过久所致。中国食品卫生法禁止在鱼类食品中使用甲醛，但不法商贩们在极难保鲜的水产品或水发食品中添加甲醛已成潜规则。经甲醛浸泡后的银鱼，可保持数日不腐，色泽异常洁白透亮，极具"卖相"，韧性也大大增强。

甲醛是无色、具有强烈气味的刺激性气体，其含量 35%~40% 的水溶液通称福尔马林。甲醛是原浆毒物，能与蛋白质结合，皮肤直接接触甲醛，可引起皮炎、色斑、坏死；吸入少量甲醛，能引起慢性中毒，出现黏膜充血、皮肤刺激症、过敏性皮炎；吸入高浓度甲醛后，会出现呼吸道的严重刺激和水肿、眼刺痛、头痛，也可发生支气管哮喘；孕妇长期吸入可能导致新生婴儿畸形，甚至死亡；男子长期吸入可导致男子精子畸形、死亡，性功能下降，严重的可导致生殖能力缺失，全身症状有头痛、乏力、胃纳差、心悸、失眠、体重减轻以及植物神经紊乱等。口服甲醛溶液后很快吸收，口服 10~20mL，可致人死亡。

2008 年底三聚氰胺奶粉事件

三鹿奶粉中被查出含有三聚氰胺，接着其他品牌的奶粉中也纷纷发现。一时间，舆论哗然，国内外消费者普遍地对中国的食品安全性提出质疑。三聚氰胺到底是什么可怕的东西？

三聚氰胺是一种有机化工原料，被用于木材加工、塑料、涂料、造纸、纺织、皮革、电气、医药化工等行业，和食品毫不相关。然而三聚氰胺却在 2008 年将中国的食品安全推到悬崖。

在国内外的食品质量标准中，凡涉及蛋白质指标的，都要求达到规定的含量，含量不足的被认为是不合格产品。食品工业上普遍采用的凯氏定氮法测定牛奶中蛋白质的含量，这是 19 世纪后期丹麦人约翰·凯达尔发明的方法。原理很简单：蛋白质含有氮元素，用强酸处理样品，让蛋白质中的氮元素释放出来，测定氮的含量，就可以算出蛋白质的含量。三聚氰胺的特点是含氮量很高，达 66%，于是有些食品企业为了满足私利，就在产品中添加三聚氰胺，根据食品检测的标准方法，会使蛋白质测定含量虚高，从而达到做假的目的。

三聚氰胺对人体是低毒物质，摄入少量三聚氰胺对于健康并无妨碍。但是大量摄入，会严重影响身体健康。三聚氰胺还含有残留的伴生物质三聚氰酸。三聚氰胺、三聚氰酸在肾里结合成不溶物，呈网状结构，妨碍了尿液的正常排出，尿中有害物质沉积在肾里，对肾脏造成危害。这种情况对于婴幼儿特别危险。

2011 年 4 月辽宁沈阳毒豆芽事件

被称为有毒豆芽,它外表看似新鲜,但是至少含 4 种违法添加剂物。2011 年 4 月 17 日,沈阳警方端掉一黑豆芽加工点,老板称这种豆芽"旺季每天可售出 1000kg"。

沈阳市农委法规处介绍:"生产豆芽过程中是不允许使用任何添加剂的。而该黑加工点使用了至少 4 种添加剂,其中尿素含量严重超标,恩诺沙星是一种兽用药,6-苄氨基腺嘌呤是一种激素。加入尿素和 6-苄氨基腺嘌呤可使豆芽长得又粗又长,而且可以缩短生产周期,增加黄豆的发芽率。但是人食入后,会在体内产生亚硝酸盐,长期食用可致癌。"

2011 年 4 月台湾塑化剂事件

2011 年 4 月,台湾岛内卫生部门例行抽检食品时,在一款"净元益生菌"粉末中发现,里面含有 DEHP 即邻苯二甲酸(2-乙基己基)酯物质,浓度高达 600×10^{-6}。追查发现,DEHP 来自昱伸香料公司所供应的起云剂。此次污染事件规模之大为历年罕见,在台湾引起轩然大波。连日来,台湾岛内多家媒体均对此事进行报道,相关机构仍在持续追查相关食品业者。截至 6 月 6 日,受事件牵连的厂商已经达到 278 家,可能受污染产品为 938 项。

台湾塑化剂事件对大陆食品添加剂产业影响很大,香料香精业受影响更大,甚至有企业产品检出塑化剂而被强行查封。直到当年 8 月,卫生部出台相关标准,这一事件方告一段落。

2011 年 6 月 3 日广东发现含高浓度亚硝酸盐的毒燕窝

6 月 3 日,广东查获的染色燕窝,大部分都是用白燕窝染色而成,而且为了追逐更高利润,不良商家所用的白燕窝都是质量差、外观不好看的低价白燕窝,所含的亚硝酸盐含量都很高,有的每公斤甚至达到了几千毫克(千克),对人体危害很大。

2011 年 7 月 26 日毒油条惊现人们餐桌

民间早有添加洗衣粉炸出的油条好看又好吃的传闻。

南方一些城市惊现"洗衣粉炸油条",不良商贩在炸油条时,在面粉里放少量的洗衣粉,炸出来的油条外观口感都比其他油条好得多。

2011 年的地沟油

"地沟油"来源主要有：将宾馆、酒楼的剩饭、剩菜经过简单加工、提炼出的油；用于油炸食品的油使用次数超过规定要求；劣质猪肉、猪内脏、猪皮加工以及提炼后产出的油；下水道中的油腻漂浮物。

被捞回的"地沟油"加工后，勾兑出新油流入食品、餐饮行业。

"地沟油"的油脂本身结构发生改变不利于人体健康。另外受污染产生的黄曲霉毒性易使人发生多种癌症。

2012 年 4 月 15 日吉林修正等 9 家知名药厂使用铬超标"毒胶囊"

央视《每周质量报告》曝光河北一些企业用皮革废料作原料，用生石灰、工业强酸强碱进行脱色漂白和清洗，随后熬成工业明胶，卖给浙江新昌县药用胶囊生产企业，最终流向药品企业，进入消费者腹中。记者调查发现，9 家药厂的 13 个批次药品所用胶囊重金属铬含量超标。

2012 年 4 山东曝菜贩喷甲醛溶液保鲜白菜

山东有媒体曝光，有菜农使用甲醛溶液喷洒大白菜保鲜。知情人士称，使用保鲜剂是业内"潜规则"。

记者暗访时，有菜贩称，白菜水分多，外面气温又高，两三天就烂掉了，更何况不少白菜还要销往外地，需要经过长途运输，所以不少人喷洒甲醛进行保鲜。记者在市场上买了一些白菜送到检测机构，有两份白菜样本显示含有甲醛。

当地菜商表示，使用保鲜剂几乎是业内的一个潜规则，有的保鲜剂是生物提炼的，还有的是化学的，甚至有人自己配制甲醛溶液。

2012 年 7 月山东成吨滑石粉直接掺进面粉

山东省平度市质监部门接到群众举报，联合警方将平度市良金面粉厂依法查处，执法人员在仓库内当场查获滑石粉 200 余袋，以及 200 多袋尚未出售的面粉。

滑石粉对人体口腔具有强烈刺激作用，长期食用会导致口腔溃疡和牙龈出血，直接威胁身体健康。

2013 年使用剧毒农药"神农丹"种植生姜

2013 年 5 月 9 日，山东潍坊农户使用剧毒农药"神农丹"种植生姜，被央视焦点访谈曝光，引发全国舆论哗然。而这次曝光则是记者在山东潍坊地区采访时，一次意外的反面查获报道。本来是准备对生姜种植大市收集素材，对潍坊菜蓝子工程作正面的典型报道，没有想到从当地田间突然发现了剧毒农药包装袋，记者看到这个蓝色包装袋，上面显示神农丹农药。每包重1kg，正面印有"严禁用于蔬菜、瓜果"的大字，背面有骷髅标志和红色"剧毒"字样。这一发现让记者大吃一惊，这里竟然还有人明目张胆滥用剧毒农药种植生姜，这可不是一般的小问题，而是涉及众多老百姓的生命安全问题。记者不动声色，在3天的时间里，默默走访了峡山区王家庄街道管辖的10多个村庄，发现这里违规使用神农丹的情况比较普遍。田间地头随处都能看到丢弃的神农丹包装袋，姜农们不是违法偷偷用，而是成箱成箱地公开使用这种剧毒农药。此报道一出，立即成为一个公共事件。

据悉，神农丹主要成分是一种叫涕灭威的剧毒农药，50mg就可致一个50kg重的人死亡。当地农民对神农丹的危害性都心知肚明，使用剧毒农药种出的姜，他们自己根本就不吃。而且当地生产姜本身就有两个标准。一个是出口国外的标准，那是绝对不使用剧毒农药的，因为检测严格骗不了外商。另一个就是国内销售的标准，可以使用剧毒农药，因为国内的检测不严格，当地农民告诉记者，只要找几千克不施农药的姜送去检验，就能拿到农药残留合格的检测报告出来。

2013年5月生产、销售伪劣保健食品案

江苏沛县蒋某等涉嫌生产、销售伪劣保健食品案。2013年5月，根据群众举报，江苏沛县公安机关联合食药监部门破获一起特大生产、销售伪劣深海鱼油案，打掉"黑工厂"6家，抓获犯罪嫌疑人20余名，查扣假劣鱼油胶囊180万粒，查明犯罪嫌疑人蒋某从山东、江苏多家公司利用废弃深海鱼油下脚料生产伪劣鱼油250余吨，案值近1亿元。

2013年湖南"镉大米"流入广东

2013年5月，湖南省攸县3家大米厂生产的大米在广东省广州市被查出镉超标事件经媒体披露。广东佛山市顺德区通报了顺德市场大米检测结果，在销售终端发现了6家店里售卖的6批次大米镉含量超标；在生产

环节，发现3家公司生产的3批次大米镉含量超标；在流通环节抽检了湖南产地的大米。5月16日，广州市食品药品监督管理局在其网站公布了2013年第一季度抽检结果，不合格的8批次原因都是镉含量超标。从5月19日开始，攸县召集农业、环保等多个政府部门组成调查组对此展开调查。就问题大米的披露过程来看，监管部门也像挤牙膏一般，最初只是公布了抽检结果，数天后才公布问题企业的名单。这种犹抱琵琶半遮面的信息披露方式，让消费者手里的饭碗端得愈加沉重。

2013年6月湖北武汉生猪非法注射沙丁胺醇案

2013年6月，湖北武汉公安机关侦破一起特大给生猪注射沙丁胺醇案，一举打掉以闵××为首的犯罪团伙，端掉6个"黑窝点"，查获有毒有害生猪525头及注射器、沙丁胺醇药水等作案工具，抓获涉案人员38人。经查，2012年下半年以来，闵××犯罪团伙在武汉城乡结合部控制6个屠宰点屠宰生猪，并向生猪注射沙丁胺醇。该犯罪团伙直接经营其中一个窝点，并负责向另外5个无证屠宰点供应生猪，销售"沙丁胺醇"注射剂，按每头猪40元的标准收取"保护费"，案值3000余万元。

2015年初河北省邢台及山东冠号等地生产销售假冒伪劣白酒案

2015年初，邢台市食品药品监管局接到公安机关通报，称邢台市豫西市场冉××涉嫌购进假冒名牌白酒在市场上销售。经鉴定，冉××从河南濮阳祥和商贸有限公司等地购进的大量所谓名牌白酒均为假冒产品。邢台市食品安全办立即调集邢台市食品药品监管局执法骨干与公安干警组成联合专案组展开侦破工作，并商请河南、山东、四川等地食品药品监管部门进行案件协查。经过近8个月的缜密侦查，邢台市食品药品监管局与邢台市公安局联合对制售假酒犯罪链条各环节人员进行了抓捕。专案组在邢台将犯罪嫌疑人冉××抓获，在其经营的门市、库房查获假冒名牌白酒共2500余件；在山东冠县，一举端掉郑××的制假窝点，查获假冒各种名牌酒6000余件，查封了一条用于灌装假酒的生产线以及大量制假设备；在河南濮阳对祥和商贸有限公司进行全面摸排，查获公司负责人××委托包材公司定制的大量相关品牌的酒盒、酒箱等包材；在成都市，查清邓×批发假冒名酒违法事实，并实施抓捕。该案共抓获犯罪嫌疑人11名，捣毁窝点 7 处,查获假冒白酒制品共计 7.2 万余件(约 45 万瓶);查处包材公司 2 家,查获假酒包装盒 30 万个、外包装箱 4 万余个,涉案金额 3000 余万元。

2015 年 6 月广西柳州市桂坤酒厂、德顺酒厂生产销售有毒有害配制酒案

2015 年 6 月 2 日,柳州市食品药品监管局根据公安机关通报的线索,到柳州市桂坤酒厂进行调查,对该厂生产的"金锅功夫酒"进行抽检,在其中检出西地那非成分。经联合公安机关进一步调查,柳州市桂坤酒厂为使其产品达到宣称的功效,利用柳州绿神生物有限公司提供的含有西地那非成分的原料,生产"金锅功夫酒"。调查时发现,柳州市德顺酒厂也从柳州绿神生物有限公司购买含西地那非成分原料,生产"瑶健酒"和"柳霸神养生酒"进行销售。柳州市食品药品监管局联合公安机关共同行动,查获"金锅功夫酒""瑶健酒""柳霸神养生酒"共 17000 余瓶,相应半成品酒 1124kg;抓获犯罪嫌疑人 3 名。

2015 年 6 月广东省惠州市老铁烤鱼店生产销售有毒有害食品案

2015 年 6 月,根据公安机关掌握的线索,惠州市惠阳区食品药品监管局联合公安机关对惠阳区孙××经营的老铁烤鱼店进行突击检查,执法人员对餐后汤底和该店使用的调味料"草果粉"抽样检验。结果显示,在调味料"草果粉"中检出罂粟碱。2015 年 7 月 7 日,惠阳区食品药品监管局将此案移送公安机关。经查,老铁烤鱼店老板孙××为吸引消费者来店就餐,在调味料"草果粉"中违法添加罂粟壳。惠阳区检察机关对老铁烤鱼店老板孙××和厨师孙××以涉嫌构成生产销售有毒有害食品罪批准逮捕并提起公诉。2015 年 12 月 16 日,经惠州区法院判决,被告人孙××犯生产销售有毒有害食品罪,判处有期徒刑 1 年,并处罚金 2 万元;被告人孙××犯生产、销售有毒、有害食品罪,判处有期徒刑 7 个月,并处罚金 5000 元。

2015 年 7 月浙江省温州市赖××卤味烤肉店加工销售有毒有害食品案

2015 年 7 月,浙江省温州市瓯海区食品药品监管部门接到群众举报,称对赖××、蒋××经营的卤味烤肉店销售的卤肉上瘾,怀疑添加违禁

物质。瓯海区食品药品监管部门联合公安机关对该店进行了突击检查，现场查获混有罂粟粉的调味料 20g、罂粟壳 350g。经查，赖 ×× 为拉拢回头客，自 2014 年 8 月，在加工卤肉时采用将完整罂粟壳放在汤料包里置于卤汤中，或将罂粟壳碾磨成粉末，混入其他香料，直接撒在卤肉上等方式，进行非法添加。根据赖 ×× 供述，执法人员查处了向其销售罂粟壳的仟家味调味品店，以及该店的上线位于福建省福州市的淑芳香料商行，共查获罂粟壳 19kg。卤味烤肉店经营者赖 ××、蒋 ×× 被瓯海区食品药品监管部门列入 2015 年第二期瓯海区食品安全黑名单，向社会公示。

2015 年 7 月江苏省南京市"7·21"特大生产销售有毒有害食品案

南京市建邺区食品药品监管局接到群众举报，称有多家成人用品店销售的保健食品疑似为假冒伪劣产品。2015 年 7 月 21 日，建邺区食品药品监管局联合公安机关对 11 家性保健店进行了突击查处，发现 11 家性保健店存在销售宣称壮阳功能的假冒保健食品行为。经检验，在相关产品中均检出"西地那非""他达拉非"等药物成分。经深入追查，涉案假冒保健食品的生产窝点位于河南郑州和三门峡市，犯罪嫌疑人为檀 ××、席 ××。席 ×× 等人以租赁的房屋为加工窝点，购卖大量空胶囊、西地那非、淀粉等原料，以及空瓶子和外包装盒等包装材料，将西地那非和淀粉混合装进空胶囊，包装后制成成品销售至江苏、山东等多个省份。上述 11 家性保健店经营者通过陕西省西安市的郝 × 和翟 ×× 购进这些假冒保健食品进行销售。此案共查获"金伟哥""植物伟哥""德国黑蚂蚁"等有毒有害保健食品近百个品种，共计 90 多万颗，西地那非粉末 25kg，涉案金额约 1300 万元，抓获犯罪嫌疑人 27 人。

2015 年 9 月 1 日海南邓 ×× 生产销售伪劣产品"糖精枣"案

2015 年 9 月 1 日，根据群众举报，海南省食品药品监管局在海口市南北水果批发市场查获疑似问题青枣 3.3t，经检测含有糖精钠（网友称之为"糖精枣"），含量为 0.3g/kg。海南省食品药品监管局执法人员联合公安机关成立专案组，经过缜密调查，会同广东食品药品监管部门在广东省雷州市英利镇一举捣毁加工"糖精枣"的"黑窝点"，当场查获大量腐烂青枣及加工工具和设备。经查，2015 年 8 月 20 日以来，涉案人邓 ×× 从外地运来青枣，先在烧热的水中过一遍，然后将焯过水的青枣倒入水池里，加入糖精钠、甜蜜素、苯甲酸钠等添加剂进行浸泡，制成"糖精枣"，然后运往南宁、北海、海口等地销售，总数达 30 余吨。

按照国家标准，糖精钠、甜蜜素、苯甲酸钠等添加剂严禁在青枣使用。依据《中华人民共和国刑法》第一百四十条的规定，邓××等生产销售"糖精枣"的行为涉嫌构成生产、销售伪劣产品罪。该案已移送当地公安机关立案侦查。

附录五 《中国居民膳食指南（2016）》
推荐内容

推荐一 食物多样，谷类为主

每天的膳食应包括谷薯类、蔬菜水果类、畜禽鱼蛋奶类、大豆坚果类等食物。

平均每天摄入 12 种以上食物，每周 25 种以上。

每天摄入谷薯类食物 250~400g，其中全谷物和杂豆类 50~150g，薯类 50~100g。

食物多样、谷类为主是平衡膳食模式的重要特征。

推荐二 吃动平衡，健康体重

各年龄段人群都应天天运动，保持健康体重。

食不过量，控制总能量摄入，保持能量平衡。

坚持日常身体活动，每周至少进行 5 天中等强度身体活动，累计 150min 以上；主动身体活动最好每天 6000 步。

减少久坐时间，每小时起来动一动。

推荐三 多吃蔬果、奶类、大豆

蔬菜水果是平衡膳食的重要组成部分，奶类富含钙，大豆富含优质蛋白质。

餐餐有蔬菜，保证每天摄入 300~500g 蔬菜，深色蔬菜应占 1/2。

天天吃水果，保证每天摄入 200~350g 新鲜水果，果汁不能代替鲜果。

吃各种各样的奶制品，相当于每天液态奶 300g。

经常吃豆制品，适量吃坚果。

推荐四 适量吃鱼、禽、蛋、瘦肉

鱼、禽、蛋和瘦肉摄入要适量。

每周吃鱼 280~525g，畜禽肉 280~525g，蛋类 280~350g，平均每天

摄入总量 120~200g。

优先选择鱼和禽。

吃鸡蛋不弃蛋黄。

少吃肥肉、烟熏和腌制肉制品。

推荐五　少盐少油，控糖限酒

培养清淡饮食习惯，少吃高盐和油炸食品。成人每天食盐不超过 6g，每天烹调油 25~30g。

控制添加糖的摄入量，每天摄入不超过 50g，最好控制在 25g 以下。

每日反式脂肪酸摄入量不超过 2g。

足量饮水，成年人每天 7~8 杯（1500~1700mL），提倡饮用白开水和茶水；不喝或少喝含糖饮料。

儿童少年、孕妇、乳母不应饮酒。成人如饮酒，男性一天饮用酒的酒精量不超过 25g，女性不超过 15g。

推荐六　杜绝浪费，兴新食尚

珍惜食物，按需备餐，提倡分餐不浪费。

选择新鲜卫生的食物和适宜的烹调方式。

食物制备生熟分开、熟食二次加热要热透。

学会阅读食品标签，合理选择食品。

回家吃饭，享受食物和亲情。

传承优良文化，兴饮食文明新风。

后 记

　　本书内容丰实，涵盖诸多学科。本书在撰写过程中，得到中医世家、仁济医院主任医师、上海交大医学院教授、上海中西医结合学会呼吸病专业委员会顾问沈其昀博士，高级评茶员、国家茶艺师职业资格考试考评员、《茶叶鉴赏与购买指南》作者俞元宵专家，葡萄酒专栏作家、《酒尚》杂志酒品顾问梁竞志专家，在京台湾地区著名中医师唐忻专家的详尽指导，在此表示衷心感谢！

著者

2017 年 2 月